普通高等院校机电工程类系列教材

互换性与技术测量

主编 孙庆唐

参编 赵丽丽 张春翊 杨洁 王道青

U0378362

清华大学出版社
北京

内 容 简 介

本书主要包括概论、尺寸极限与配合、配合公差的应用、几何公差及检测、公差原则及几何公差选择、表面粗糙度、光滑极限量规、尺寸链、公称尺寸常用测量工具等内容,集理论教学、实操实训为一体,采用最新国家标准,文字叙述精炼,内容图文并茂、通俗易懂。

本书既可作为高职高专院校机械设计与制造、机电一体化、数控技术、工业机器人、模具及汽车维修等专业的基础课教材,也可作为成人高校、函授大学等相关专业学员的教材,还可以作为企业工程技术人员的参考用书。

图书在版编目(CIP)数据

互换性与技术测量/孙庆唐主编.—北京:清华大学出版社,2022.6
普通高等院校机电工程类系列教材
ISBN 978-7-302-61143-1

Ⅰ.①互… Ⅱ.①孙… Ⅲ.①零部件－互换性－高等学校－教材 ②零部件－技术测量－高等学校－教材 Ⅳ.①TG801

中国版本图书馆 CIP 数据核字(2022)第 105985 号

责任编辑:冯 昕 苗庆波
封面设计:傅瑞学
责任校对:赵丽敏
责任印制:朱雨萌

出版发行:清华大学出版社
网　　　址:http://www.tup.com.cn, http://www.wqbook.com
地　　　址:北京清华大学学研大厦 A 座　　邮　　编:100084
社 总 机:010-83470000　　邮　　购:010-62786544
投稿与读者服务:010-62776969, c-service@tup.tsinghua.edu.cn
质量反馈:010-62772015, zhiliang@tup.tsinghua.edu.cn
印 装 者:三河市铭诚印务有限公司
经　　销:全国新华书店
开　　本:185mm×260mm　印　张:14　　字　　数:340 千字
版　　次:2022 年 6 月第 1 版　　　　　印　　次:2022 年 6 月第 1 次印刷
定　　价:42.00 元

产品编号:094544-01

前　　言

我国高职高专教育的根本任务是培养综合素质高、实践能力强和创新能力突出的一线复合技能型人才。在这种职业改革精神的引领下，教学团队对"互换性与技术测量"课程不断进行教学改革与创新，以充实教学内容，注重学生理论学习与实践技能的双重提升。

本课程是机械类专业的重要基础课程，既涉及机械制图、机械设计等专业基础类课程，又与机械制造、加工等课程紧密结合，是联系设计和制造的纽带。本书在编写过程中认真调研了机械类行业对公差选配及质量检测相关专业技术人才需求的特点，结合高职高专教育培养目标及教学特点，采用最新的国家标准，并注重标准的实际应用，同时配备了大量习题，以便学生更快地掌握每个章节内容的重点。

全书由孙庆唐主编。具体编写分工如下：第1章和第9章由赵丽丽编写，第2~4章由孙庆唐编写，第5章和第8章由张春翊编写，第6章由王道青编写，第7章由杨洁编写，全书由孙庆唐统稿和定稿。

本书在编写过程中参考了大量有关互换性与技术测量方面的国家标准、论著、资料，在此向有关单位和作者表示衷心感谢。限于编者的学术水平和实践经验，书中难免存在不足之处，恳请有关专家和广大读者批评指正，以便修订时改进。

编　者
2021 年 12 月

目　　录

第1章 概　　论

【能力目标】

1. 明确本课程的性质、研究对象与基本要求。

2. 识别完全互换和不完全互换在工程实际中的具体应用。

【学习目标】

1. 理解互换性的含义及其种类。

2. 掌握优先数系的优先顺序及其应用。

【学习重点和难点】

1. 本课程的研究对象、任务及要求。

2. 掌握互换性和标准化的概念。

3. 掌握优先数系的优先顺序以及选取优先数的方法。

【知识梳理】

GB/T 20000.1—2014《标准化工作指南　第1部分：标准化和相关活动的通用术语》

GB/T 321—2005《优先数和优先数系》

1.1　互换性概述

1.1.1　互换性的起源

随着机械行业的发展和科学技术水平的提高,在人类的日常工作和生活中需要各式各样物美价廉的技术装备和机械电子产品。而组成这些技术装备和机械电子产品的各个零(部)件,在现代化的机械产品设计、制造和使用过程中普遍遵守一个原则,即"互换性"原则。

互换性由来已久,其原理始于兵器制造。中国早在战国时期(公元前475年—前221年)生产的兵器便符合互换性的要求。西安秦始皇陵兵马俑坑出土的大量弩机(当时的一种远射程的弓箭)的组成零件都具有互换性。这些零件是青铜制品,其中方头圆柱销和销孔已能保证一定的间隙配合。18世纪初,美国批量生产的火枪实现了零件互换。20世纪初,汽车工业迅速发展,形成了现代化大工业生产,由于批量大和零部件品种多,要求组织专业化集中生产和广泛的协作。至此,互换性生产由军火制造行业扩大到了一般机械制造行业。而现代的互换性生产已经进入一个全新阶段。

1.1.2　互换性的含义

所谓的"互换性"是指在机械产品装配时,从制成的同一规格的零(部)件中任意取一件,无须进行任何辅助工作(挑选、调整或修配等),就能与其他零(部)件安装在一起而组成一台机械产品,并且达到预定的使用功能要求。

互换性已成为现代机械制造业中一个普遍遵守的原则,在生产实际中应用颇广。例如自行车的螺钉掉了,购买一个相同规格的螺钉装上后就能照常使用;手机的显示屏坏了,购买一款相同型号的显示屏装上后就能正常使用;家用缝纫机的传动带失效了,买一条相同型号的传动带换上后就能照常使用了。

1.1.3　互换性的种类

1. 按照互换性的程度划分

按照互换性的程度,可以将其分为完全互换(也称绝对互换)和不完全互换(也称有限互换)两类。

(1) 完全互换:同种零(部)件加工完成后,无须经过选择、调整或修配等辅助处理,便可顺利装配,并在功能上达到使用性能的要求。在大批量生产中,往往采用具有完全互换性的零件,如常见的螺栓、螺母、滚动轴承等标准件。

(2) 不完全互换:在同一规格的零(部)件中,经过分组,在组内具有互换性。在不完全互换中,按实现的方法又可分为分组互换、调整互换和修配互换3种。

完全互换的优点是零(部)件完全互换、通用,这为专业化生产和相互协作创造了条件,简化了修整工作,从而提高了经济性。其主要缺点是:当组成产品的零件较多、整机精度要求较高时,按此原则分配到每一个零件上的公差必然较小,使其加工制造困难、成本增高。不完全互换的优点是在保证装配、配合功能要求的前提下,能适当放宽制造公差,使得加工容易,降低了零件的制造成本。装配时,通过采取一些措施,可获得质量较高的产品。其主要缺点是:降低了互换性水平,不利于部件、机器的装配维修。

2. 按照使用场合划分

对于标准部件或非标准机构,互换性可分为外互换和内互换两类。外互换是指标准部件与机构之间配合的互换性。内互换是指标准部件内部各零件之间的互换性。

【典型实例1-1】　分析图1-1所示向心球轴承6205/P6的互换性。

解:滚动轴承外圈外径和箱体孔直径的配合尺寸以及内圈内径和轴颈直径的配合尺寸(见图1-1中$\phi52JS7$和$\phi25j6$等)均采用完全互换;轴承内、外圈滚道的直径与滚动体直径的结合尺寸,因其装配精度很高,则采用分组互换,即不完全互换。

滚动轴承内、外圈的滚道直径与滚动体直径的结合尺寸为内互换;而轴承与轴颈、箱体孔直径的配合尺寸(见图1-1中$\phi52JS7$和$\phi25j6$)属于外互换。

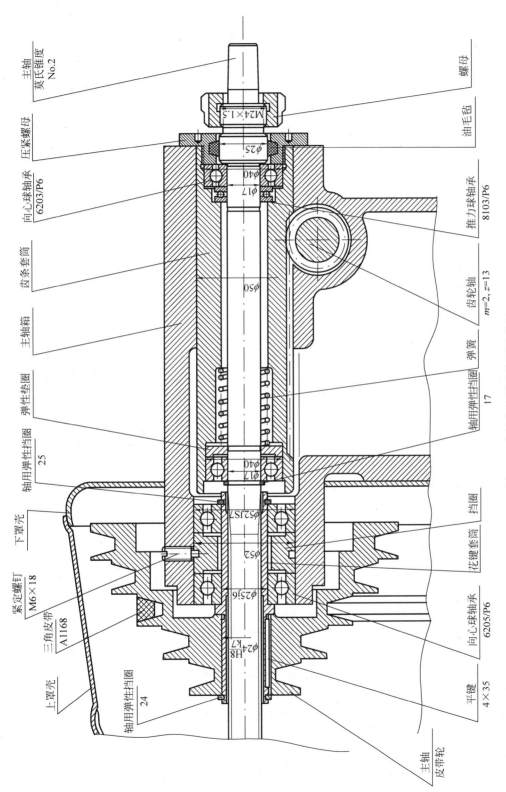

主轴莫氏锥度 No.2

螺母

压紧螺母

油毛毡

向心球轴承 6203/P6

推力球轴承 8103/P6

齿条套筒

主轴箱

齿轮轴 m=2, z=13

弹性垫圈

弹簧

轴用弹性挡圈 25

轴用弹性挡圈 17

下罩壳

挡圈

紧定螺钉 M6×18

花键套筒

三角皮带 A1168

向心球轴承 6205/P6

上罩壳

平键 4×35

轴用弹性挡圈 24

主轴皮带轮

M24×1.5

φ25

φ40

φ17

φ50

φ40

φ17

φ52JS7

φ52

φ25j6

φ24 H8/k7

图 1-1　台钻主轴部件装配示意图

1.2　标准化和优先数系

在机械制造中,标准化是广泛实现互换性生产的前提,而公差与配合等互换性标准是重要的基础标准。现代制造业的生产特点是规模大、分工细、协作单位多、互换性要求高。为了适应生产中各个部门的协调和各生产环节的衔接,必须有一种手段,使分散的、局部的生产部门和生产环节保持必要的统一,成为一个有机的整体,以实现互换性生产。标准和标准化是联系这种关系的主要途径和最有效的手段,而标准化又是实现互换性生产的基础。

1.2.1　标准与标准化的含义

在国家标准 GB/T 20000.1—2014《标准化工作指南　第 1 部分:标准化和相关活动的通用术语》中,把"标准"(standard)定义为:通过标准化活动,按照规定的程序经协商一致制定,为各种活动或其结果提供规则、指南或特性,供共同使用和重复使用的文件。"标准化"(standardization)的定义是:为了在既定范围内获得最佳秩序,促进共同效益,对现实问题或潜在问题确定共同使用和重复使用的条款以及编制、发布和应用文件的活动。

1. 标准化的意义

当今,任何产品的组成零件都可以在不同车间、不同工厂、不同地区乃至不同国家生产和协作完成。据统计,参加阿波罗宇宙飞船研制的单位、公司有 20 000 多家,大学和研究所120 多所,涉及 42 万人次。显然,产品在生产过程中都要依赖各方面的工作人员以及有关企业,提供技术、原料、动力、设备、配件、协作件和工具等的支持,否则,生产就会中断。生产越发展,生产的社会化程度越高,企业之间的联系就越密切。为了使各个独立的、分散的工作者、工业部门或工厂企业之间保持必要的技术协调和统一,必须有一种手段,这就是"标准化"。为了达到上述目的,关键的工作是加强标准化与质量管理。

2. 标准的分类

标准可以按不同的方法分类。标准按照其性质,可以分为技术标准、工作标准和管理标准。技术标准是指根据生产技术活动的经验和总结,作为技术上共同遵守的法规而制定的各项标准。工作标准是指对工作范围、构成、程序、要求、效果和检查方法等所作的规定。管理标准是指对标准化领域中用于协调、统一和管理所制定的标准。

技术标准按照标准化对象的特征,可以分为以下几类:

(1) 基础标准,即以标准化共性要求和前提条件为对象的标准。它是为了保证产品的结构、功能和制造质量而制定的,一般工程技术人员必须采用的通用性标准,也是制定其他标准时可依据的标准。计量单位、术语、概念、符号、数系、制图和技术通则标准,以及公差与配合标准等,均属于基础标准范畴。这类标准是产品设计和制造中必须采用的技术数据和工程语言,也是精度设计和检测的依据。国际标准化组织(ISO)和各国标准化机构很重视基础标准的制定工作。

(2) 产品标准,即为保证产品的适用性而对产品必须达到的某些或全部要求所制定的标准。其主要内容有:产品的适用范围、技术要求、主要性能、验收规则以及产品的包装、运转和储存方面的要求等。

（3）方法标准，即以试验、检查、分析、抽样、统计、计算、测定、作业等各种方法为对象而制定的标准。如与产品质量鉴定有关的方法标准、作业方法标准、管理方法标准等。

（4）安全、卫生与环境保护标准。以保护人和物的安全为目的而制定的标准称为安全标准；为保护人的健康而对食品、医药及其他方面的卫生要求制定的标准称为卫生标准；为保护人身健康、保护社会物质财富、保护环境和维持生态平衡而对大气、水、土壤、噪声、振动等环境质量、污染源、监测方法或满足其他环境保护方面要求所制定的标准称为环境保护标准。

标准的分类如图 1-2 所示。

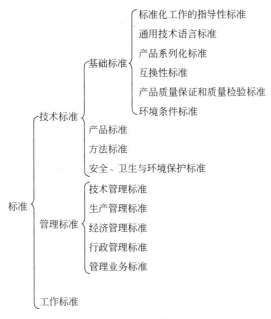

图 1-2　标准分类

1.2.2　优先数和优先数系

为了满足不同用户的不同要求，在产品设计、制造和使用中，产品的性能参数、尺寸规格参数等均须通过数值表达。同一品种的同一参数还要从大到小取不同的值，从而形成不同规格的产品系列。由于产品参数数值具有扩散传播的特性，如一定直径的螺栓将会扩散传播到螺母尺寸、螺栓检验环规尺寸、螺母检验塞规尺寸以及加工螺纹用的板牙和丝锥尺寸、紧固用的扳手等，因此，产品及各种产品系列确定得是否合理直接影响组织生产、协作配套、使用维修等方面的成效与费用。而这个系列确定得是否合理与所取数值如何分挡、分级有直接关系。优先数和优先数系就是一种科学的数值制度，它适合于各种数值的分级，是国际上统一的数值分级制度。

一个连续的数值范围（如 1～1 000），可以按等差级数（即算术级数）分级，也可以按等比级数（即几何级数）分级。按等差级数分级，例如分为 1,2,3,4,…,1 000（间隔为 1），也可以分为 1,1.1,1.2,1.3,1.4,…,1 000（间隔为 0.1）等；按等比级数分级，例如可以分为 1,1.6,2.5,4,6.3,10,…,1 000（公比约为 1.6）和 1,1.25,1.6,2,2.5,3.15,4,5,6.3,8,

10，…，1 000(公比约为 1.25)等。

　　按照等差级数分级，其各相邻项的绝对差相等，但其相对差不等，而且变化很大。同时，按等差级数分级的参数，在进行工程级数运算之后，其结果往往不再是等差级数。如相差为 1 的数列，1 与 2 之间的相对差为 100%，而 100 与 101 之间的相对差仅为 1%，数值越大，相邻项的相对差越小。如半径为 r 的圆钢材，如果其直径按等差级数分挡，则其横截面面积 πr^2 的数列就不再是等差数列了。

　　按照等比级数分级，其各相邻项的绝对差不等且变化很大，但其相对差相等。这样的参数经过公差级数运算后，其结果形成的数列仍为等比级数。例如，首项为 1(即 q^0)，公比为 q 的数列为 $q^0,q^1,q^2,q^3,\cdots,q^n$，其各相邻项的相对差均为 $(q-1)\times 100\%$，当被作为圆钢材半径 r 的系列时，则其横截面面积 πr^2 的数列仍为等比数列。

　　经验与统计资料表明，工业产品的参数系列，从最小到最大一般分布较宽，以适应大范围的需求，但分级又不必过密，最好按等比级数分级。为了协调统一，国际上明确了一种数值分级制度，能以较少的分级数满足广泛的需要，使数值传播更有规律，更好地反映级间的差别。它适合各种各样的需求，广泛地应用于标准的制定，也应用于标准制定前的规划、设计，从一开始就把产品品种的发展引入科学的标准化轨道。

　　《优先数和优先数系》(GB/T 321—2005)中的优先数系是一种十进制的近似等比数列，其代号为 Rr，数列中每项的数值称为优先数。R 是优先数系创始人 Renard 的名字的第一个字母，r 代表 5，10，20，40 和 80 等数字，其对应的等比数列的公比为 $q_r=\sqrt[r]{10}$，其实质是：在同一个等比数列中，R 项的后项与前项理论值的比值为 10。可表达为：若首项为 a，则其余各项依顺序为 $aq^1,aq^2,aq^3,\cdots,aq^n$，即 $a_i=aq^i$(其中 $i=1,2,\cdots$)。

　　标准规定了 5 种优先数系的公比，即 R5 系列，公比为 $q_5=\sqrt[5]{10}\approx 1.60$；R10 数系，公比为 $q_{10}=\sqrt[10]{10}\approx 1.25$；R20 数系，公比为 $q_{20}=\sqrt[20]{10}\approx 1.12$；R40 数系，公比为 $q_{40}=\sqrt[40]{10}\approx 1.06$；R80 数系，公比为 $q_{80}=\sqrt[80]{10}\approx 1.03$。

　　其中，R5，R10，R20，R40 为基本系列，是常用的数系；R80 为补充系列。GB/T 321—2005 列出了基本系列、补充系列的常用值，其中基本系列的常用值见表 1-1。此外，由于生产的需要，还有像 Rr/p 的变形、派生系列和复合系列。派生系列指从 Rr 系列中按一定的项差 p 取值所构成的系列。如 R10/3，即是在 R10 的数列中，按每隔 2 项取 1 项组成的数列，1，2，4，8，…，25，35.5，50，71，100，125，160，…，这一系列是由 R5，R20/3 和 R10 三种系列构成的复合系列。

　　优先数系具有一系列的优点：相邻两项的相对差相同，疏密适当，前后衔接不间断，简单易记，运用方便。工程技术人员应在一切标准化领域中尽可能地采用优先数系列中的优先数，以达到对各种技术参数协调、简化和统一的目的。

　　为了满足技术与经济的要求，应当按照 R5，R10，R20，R40 的顺序，优先选用公比较大的基本系列，而且允许采用补充系列 R80。

　　在确定零件的尺寸时，应尽量采用优先数系的常用值。在图 1-1 所示的台钻设计中，经强度设计公式估算轴的最小直径为 16.98 mm，则该处直径的公称尺寸按优先数系取值，即该处直径的公称尺寸应为 17 mm(为 R40 系列)。

表 1-1　优先数系基本系列的常用值

R5	R10	R20	R40	R5	R10	R20	R40	R5	R10	R20	R40
1.00	1.00	1.00	1.00			2.24	2.24		5.00	5.00	5.00
			1.06				2.36				5.30
		1.12	1.12	2.50	2.50	2.50	2.50			5.60	5.60
			1.18				2.65				6.00
	1.25	1.25	1.25			2.80	2.80	6.30	6.30	6.30	6.30
			1.32				3.00				6.70
		1.40	1.40		3.15	3.15	3.15			7.10	7.10
			1.50				3.35				7.50
1.60	1.60	1.60	1.60			3.55	3.55		8.00	8.00	8.00
			1.70				3.75				8.50
		1.80	1.80	4.00	4.00	4.00	4.00			9.00	9.00
			1.90				4.25				9.50
	2.00	2.00	2.00			4.50	4.50	10.00	10.00	10.00	10.00
			2.12				4.75				

此外,在几何量精度设计中均应采用最新颁布的几何量公差等国家标准,实现全国范围内的公差标准化。

1.3　计量技术发展的新趋势

近 10 余年来,从测量领域看,一部分测量仪器在自动化方面有了明显的进步;但从整个行业来看,测量仪器的进展远远滞后于机床行业,由此往往造成工序间的不平衡,众多厂家推出了提高检测速度、精度及性能等多样化的不同产品,有的仪器则是综合了多种测量工具的功能。例如,汽车车身或泵叶轮等大型零件的形状测量大都要求采用高速获取三维位置数据的测试手段,迄今主要使用带有关节臂或水平臂的接触式测量机进行测量。但接触式测量方法在测量大型零件时,会受到诸多限制,不利于提高测量效率。针对这种情况,又研发了多种非接触式测量方法,可对上述大型零件进行高精度、高速测量。日本东京精密公司开发了一种新型三坐标测量机,这是一种可移动式三维光学测量装置,它利用干涉条纹图像和三角测量方式进行非接触测量。机内装有三台摄像机,可对 220 mm(纵向)×330 mm(横向)视野内的物体位置坐标进行每秒最大密度为 4 点$/mm^2$ 的扫描,30～40 s 即可计算处理完毕。该机应用了一种新型数据处理技术,例如,按 0.5 mm 间距测量相当于 1 000 mm×1 500 mm 的汽车车门数据,包含各个测量工序在内,只需 40 min 即可完成测量作业,并对数据进行解析处理。这种可进行高精度、高速测量的技术,可应用于设计模型时的详细数值化等逆向工程技术领域。过去需使用多台测量机才能完成的测量作业,现在用一台多功能测量机即可完成,因此,可大幅度提高测量作业的效率。

1.3.1　现代测量技术的发展趋势

1. 精密化

科学技术向微小领域发展,由毫米级、微米级继而涉足纳米级,即微/纳米技术。微/纳米技术研究和探测物质结构的功能尺寸与分辨能力达到了微米至纳米级尺度,使人类在改造自然方面深入到原子、分子级的纳米层次。纳米级加工技术可分为加工精度和加工尺度两个方面。加工精度由 21 世纪初的最高精度微米级发展到现有的几个纳米数量级。具有微米及亚微米测量精度的几何量与表面形貌测量技术已经比较成熟,如 ZEISSPRISMO 机型三坐标测量机的精度高达 $0.5\ \mu\mathrm{m}$。

2. 自动化

在线测量机测量技术以及工位量仪、主动量仪是大批量生产时保证加工质量的重要手段,使计量型仪器进入生产现场、融入生产线、监控生产过程。因此,对仪器的高可靠性、高效率、高精度以及质量统计功能、故障诊断功能提出了新的要求,而近年来开发的各种在线测量机器逐渐满足了这些要求。

3. 智能化

智能化测量技术是数字化制造技术的一个重要的、不可或缺的组成部分;智能化测量仪器、智能化量具产品的不断丰富和发展,适合并满足了生产现场不断提高的使用要求。

4. 集成化

各测量机制造商独立开发的不同软件系统往往互不兼容,也因知识产权的问题,这些工程软件是封闭的。系统集成技术主要解决不同软件包之间的通信协议和软件翻译接口问题。利用系统集成技术可以把 CAD,CAM 在线工作方式集成在一起,形成数学实物仿形制造系统,大大缩短了模具制造及产品仿制的生产周期。

5. 经济化

在制造业中,质量保证的理想目标是实现生产的零废品制造。在实现这一目标的过程中,精密测量技术的作用和重要意义是不言而喻的。零部件的加工质量、整机的装配质量都与加工设备、测量设备以及测试信息的分析处理等有关,在加工工件前,应事先检测机床。如何快速准确地对加工设备进行校验,获得机床的精度状况,这对大幅度减少返工,甚至消除返工是非常有益的。生产过程中要求对工件进行在线测量或对工件进行 100% 检测,这就需要研究适合动态或准动态的测试设备,甚至能集成到加工设备中的特殊测试设备,做到实时测试,根据测试结果不断修改工艺参数,对加工设备进行补充调整或回馈控制。因此,实现零废品生产,利用现代精密测量技术加工机械零部件是提高经济性的必要途径。

6. 非接触化

非接触测试技术很多,特别是视觉测试技术。现代视觉理论和技术的发展,不仅在于模拟人眼能完成的功能,更重要的是它能完成人眼所不能胜任的工作,所以视觉技术作为当今的最新技术,在电子、光学和计算机等技术不断成熟和完善的基础上得到迅速发展。视觉测试技术是建立在计算机视觉研究基础上的一门新兴测试技术。与计算机视觉研究的视觉模式识别、视觉理解等内容不同,视觉测试技术重点研究物体的几何尺寸及物体的位置测量,如汽车车身三维尺寸的测量、模具等三维面形的快速测量、大型工件的同轴度和共面性的测量等。它可以广泛应用于在线测量、逆向工程等主动、实时测量过程。视觉测试技术在国外发展很快,早在 20 世纪 80 年代,美国国家标准局就预计,检测任务的 90% 将由视觉测试系统来完成。在 1999 年 10 月的北京国际机床博览会上已见到国外利用视觉检测技术研制的仪器,如流动式光学三坐标测量机、高速高精度数字化扫描系统、非接触式光学三坐标测量机等先进仪器。

7. 多功能化

多传感器融合技术是解决测量过程中测量信息获取的方法,它可以提高测量信息的准确性。由于多传感器是以不同的方法或从不同的角度获取信息的,因此可以通过它们之间的信息融合去伪存真,提高测量精度。

1.3.2　三坐标测量技术的发展趋势

三坐标测量机的发展可划分为三代:第一代,世界上第一台测量机是由英国的 FERRANTI 公司于 1959 年研制成功的。当时的测量方式是测头接触工件后,靠脚踏板来记录当前坐标值,然后使用计算器来计算元素间的位置关系。1964 年,瑞士 SIP 公司开始使用软件来计算两点间的距离,开始了利用软件进行测量数据计算的时代。第二代,随着计算机技术的飞速发展,测量机技术进入了 CNC 控制机时代,世界上第一台 CNC 式三坐标测量机(UMM500)可以完成复杂机械零件的测量和空间自由曲线曲面的测量,改善了人机界面,使用专门的测量语言,提高了测量程序的开发效率。第三代,从 20 世纪 90 年代开始,随着工业制造行业向集成化、柔性化和信息化发展,产品的设计、制造和检测趋向一体化,这就对作为检测设备的三坐标测量机提出了更高的要求,从而提出了第三代测量机的概念。其特点是:具有与外界设备通信的功能;具有与 CAD 系统直接对话的标准数据协议格式;硬件电路趋于集成化,并以计算机扩展卡的形式成为计算机的大型外部设备。

1.3.3　传统测量技术与三坐标测量技术的区别

在传统的机械检测领域,游标卡尺、千分尺、螺旋测微仪等工具是手工检测机械零件或装配件的主要工具。这种检测方式的优点是成本低、检测方便、易学易用,但缺点是检测精度不高、检测效率低、对于复杂零件的检测无能为力。三坐标测量机的特点是高精度(达到微米级)、高效率(数十倍,甚至数百倍于传统测量手段)、万能性(可代替多种长度计量仪器)。因而多用于产品测绘,复杂型面检测,工、夹具测量,研制过程中间测量,CNC 机床或柔性生产线在线测量等方面;只要测量机的测头能够瞄准(或感受)到的地方(接触式或非接触式均可),就可测出它们的几何尺寸和相互位置关系,并借助于测量软件和计算机完成数据处理。这种三维测量方法具有极大的万能性,同时还可方便地进行数据处理过程和过程控制。因而不仅在精密检测和产品质量控制上扮演着重要角色,同时在设计、生产过程控制、模具制造方面发挥着越来越重要的作用,并在汽车工业、航天航空、航海、机床工具、国防军工、电子、模具等领域得到广泛应用。

1.4　本课程的性质、研究对象与任务

1.4.1　本课程的性质与任务

在"互换性与技术测量"课程中,误差是前提、是问题;公差是规范、是标准;技术测量

是桥梁、是手段;精度设计是任务、是目标。本门课程的研究对象始终以误差、公差及技术测量为主线,论述和研究机器(零件)的精度设计问题。

"互换性与技术测量"课程的任务,就是通过对机器和零件的误差分析,给出其合理的公差要求(对机器和零件进行精度设计),并正确表达在设计图样中。通过技术测量,保证加工出合格的零件,装配出合格的机器,并保证加工出来的零件具有一定的互换性。

1.4.2　本课程在机械类课程中的位置

高等职业院校都是按照专业来培养人才的。不同的专业有不同的教学环节和课程设置,各个教学环节和课程设置对专业培养目标至关重要。从专业的角度来说,"互换性与技术测量"课程是机械类专业的一门技术基础课程,是机械类课程中各教学环节承上启下的重要连接点:它上承"机械制图""金工实习"和"机械设计基础"等课程和环节,下启"机械课程设计""专业课程设计"和"毕业设计"等教学环节。同时,也是学生毕业后工作的重要技术和技能基础。

【归纳与总结】

1. 重点理解互换性的含义及其种类。能够区别完全互换和不完全互换在工程实际中的具体应用。

2. 理解本课程的性质、研究对象与任务。

3. 掌握优先数系的优先顺序,学会如何选用优先数系。

1.5　课后微训

1. 名词解释训练

(1) 互换性的含义是什么?

(2) 完全互换性的含义是什么?

2. 填空训练

(1) 按照互换性的范围,可以将其分为_____和_____。

(2) 在不完全互换性中,按实现的方法又可分为_____、_____和_____。

3. 综合应用训练

(1) 现代测量技术的发展趋势有哪些?

(2) 优先数系的基本系列有哪些?

(3) 本课程的性质与任务是什么?

第 2 章　尺寸极限与配合

【能力目标】

1. 明确公差、偏差的概念及其换算关系。

2. 明确标准公差的概念,会查标准公差表和孔、轴的基本偏差数表。

3. 会画尺寸公差带图和配合公差带图。

4. 理解间隙配合、过盈配合、过渡配合之间的区别及其应用。

5. 理解基孔制和基轴制的含义。

6. 具备在图样上正确标注尺寸公差及配合公差的技能。

7. 根据已知条件会进行配合公差的一般设计。

【学习目标】

1. 理解有关极限与配合基础知识的相关概念。

2. 理解间隙配合、过渡配合和过盈配合的区别。

3. 掌握尺寸公差带图和配合公差带图的绘制方法。

4. 掌握在图样上标注尺寸公差、配合公差的方法。

5. 会进行简单的配合公差设计。

【学习重点和难点】

1. 掌握间隙配合、过渡配合和过盈配合的区别。

2. 根据已知条件会进行配合公差的一般设计。

3. 掌握尺寸公差带图和配合公差带图的绘制方法。

【知识梳理】

GB/T 1800.1—2020《产品几何技术规范(GPS)线性尺寸公差 ISO 代号体系　第 1 部分:公差、偏差和配合的基础》

GB/T 1800.2—2020《产品几何技术规范(GPS)线性尺寸公差 ISO 代号体系　第 2 部分:标准公差带代号和孔、轴的极限偏差表》

GB/T 1804—2000《一般公差　未注公差的线性和角度尺寸的公差》

GB/T 4458.5—2003《机械制图　尺寸公差与配合注法》

2.1　极限与配合的基本概念

2.1.1　孔和轴

1. 孔

孔为圆柱形的内表面,用以包容轴,还包括由两个平行平面或平行切面形成的非圆柱形内表面。孔在加工过程中越加工越大,其尺寸用 D 表示,如图 2-1 所示。

2. 轴

轴为圆柱形的外表面,被孔包容,还包括由两个平行平面或平行切面形成的非圆柱形外表面及其他外表面。轴在加工过程中越加工越小,其尺寸用 d 表示,如图 2-2 所示。

图 2-1　孔类零件

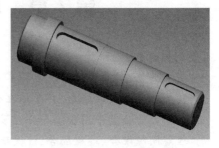

图 2-2　轴类零件

又如,图 2-3 所示为方孔与方轴及其相配合的实际应用——断桥铝平开门窗把手。

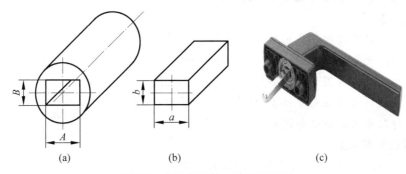

(a)　　　　　　　　　(b)　　　　　　　　　(c)

图 2-3　方孔与方轴及其实际应用
(a) 方孔;(b) 方轴;(c) 断桥铝平开门窗把手

2.1.2　有关尺寸的术语和定义

1. 尺寸

尺寸是以特定单位表示线性尺寸值的数值。机械图中标注的尺寸规定以 mm(毫米)为单位,不必注出单位。如图 2-4 中的数值 40,ϕ30 分别表示圆柱体的高度为 40 mm、直径为30 mm。

2. 基本尺寸

基本尺寸(公称尺寸)是设计给定的尺寸,是由图样规范确定的理想形状要素的尺寸。孔用 D 表示,轴用 d 表示,长度用 L 表示,如图 2-5 所示。公称尺寸可以是整数或小数值,例如 40,0.8,8.5 等。

3. 实际尺寸

测量零件时获得的尺寸称为实际尺寸,有时也称实测尺寸或局部尺寸。孔用 D_a 表示,轴用 d_a 表示,长度的实际尺寸用 L_a 表

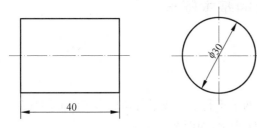

图 2-4　零件的公称尺寸(基本尺寸)

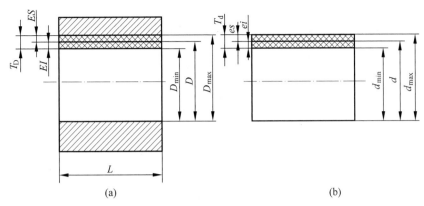

图 2-5　孔与轴的尺寸、公差与偏差的关系
(a) 孔；(b) 轴

示，如图 2-6 所示。由于存在测量误差，所以实际尺寸并非尺寸的真值，同时，由于形状误差等的影响，零件同一表面不同部位的实际尺寸往往是不相等的。

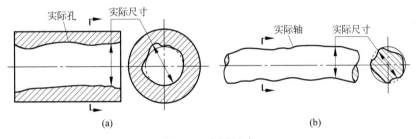

图 2-6　实际尺寸

4. 极限尺寸

极限尺寸是指尺寸要素允许尺寸的两个极端值。尺寸要素允许的最大尺寸称为上极限尺寸(最大极限尺寸)，尺寸要素允许的最小尺寸称为下极限尺寸(最小极限尺寸)。

孔的上极限尺寸和下极限尺寸分别用 D_{max}，D_{min} 表示，轴的上极限尺寸和下极限尺寸分别用 d_{max}，d_{min} 表示，如图 2-5 所示。

零件的实际尺寸通常介于它的最大极限尺寸和最小极限尺寸之间，也可以等于它的最大极限尺寸和最小极限尺寸。实际尺寸的合格条件为

$$\begin{cases} D_{min} \leqslant D_a \leqslant D_{max} \\ d_{min} \leqslant d_a \leqslant d_{max} \end{cases} \tag{2-1}$$

2.1.3　有关偏差与公差的术语和定义

尺寸公差与偏差是对零件尺寸误差变化范围提出的要求，它给出了合格零件的尺寸范围，是零件合格与否的判断标准之一。孔与轴的尺寸公差与偏差关系如图 2-5 所示。

1. 尺寸偏差

某一尺寸减去基本尺寸所得的代数差称为尺寸偏差。

2. 实际偏差

零件的实际尺寸减去基本尺寸所得的代数差称为实际偏差。

孔的实际偏差为

$$E_a = D_a - D \tag{2-2}$$

轴的实际偏差为

$$e_a = d_a - d \tag{2-3}$$

3. 极限偏差

极限尺寸减去基本尺寸所得的代数差称为极限偏差。极限偏差又分上偏差(ES,es)和下偏差(EI,ei)。

(1) 孔偏差。孔偏差由上极限偏差(ES)和下极限偏差(EI)组成。

孔的上极限偏差为

$$ES = D_{max} - D \tag{2-4}$$

孔的下极限偏差为

$$EI = D_{min} - D \tag{2-5}$$

(2) 轴偏差。轴偏差由上极限偏差(es)和下极限偏差(ei)组成。

轴的上极限偏差为

$$es = d_{max} - d \tag{2-6}$$

轴的下极限偏差为

$$ei = d_{min} - d \tag{2-7}$$

应该注意,偏差为代数值,可能为正值、负值或零。极限偏差用于控制实际偏差。加工后零件尺寸的合格条件常用偏差关系式表示。

孔合格的条件为

$$EI \leqslant E_a \leqslant ES \tag{2-8}$$

轴合格的条件为

$$ei \leqslant e_a \leqslant es \tag{2-9}$$

4. 尺寸公差

最大极限尺寸减去最小极限尺寸之差,或上偏差减去下偏差之差称为尺寸公差。孔、轴的公差分别用 T_D 和 T_d 表示。公差表示一个变动范围,所以公差数值前不能冠以符号。

孔公差为

$$T_D = | D_{max} - D_{min} | = | ES - EI | \tag{2-10}$$

轴公差为

$$T_d = | d_{max} - d_{min} | = | es - ei | \tag{2-11}$$

尺寸公差用于控制被加工零件的实际尺寸变动范围,工件的实际尺寸变动范围在公差规定的范围之内即为合格,工件的实际尺寸变动范围超出公差规定的范围即为不合格。

5. 尺寸公差带图

为了直观方便地理解尺寸与公差的概念,通常用尺寸公差带图来讨论尺寸公差。尺寸公差带图由零线和公差带两部分组成,如图 2-7 所示。

(1) 零线,即在公差带图中,表示公称尺寸的一条直线,以它为基准确定偏差和公差。正偏差位于零线上方,负偏差位于零线下方。

　　（2）公差带，即在公差带图中，由代表上极限偏差和下极限偏差或上极限尺寸和下极限尺寸的两条直线所限定的区域。

　　在公差带图中，通常公称尺寸以 mm（毫米）为单位，偏差和公差以 μm（微米）为单位。

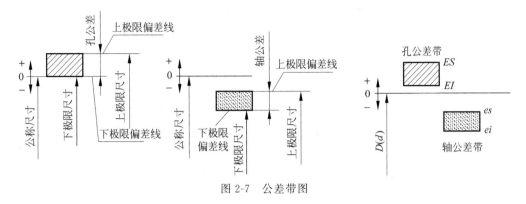

图 2-7　公差带图

　　在国家标准中，确定公差带的两个要素是公差带大小和公差带位置。公差带大小是指上、下极限偏差线或两个极限尺寸线之间的宽度，由标准公差确定；公差带位置是指公差带相对零线的位置，由基本偏差确定。

　　标准公差是国家标准在极限与配合制中所规定的任一公差。

6. 基本偏差

　　基本偏差是用来确定公差带相对于零线位置的上偏差或下偏差，一般指靠近零线的那个偏差。当公差带位于零线上方时，其基本偏差为下偏差；当公差带位于零线下方时，其基本偏差为上偏差，如图 2-8 所示。

　　【典型实例 2-1】　一孔的内径尺寸如图 2-9 所示，试确定其最大、最小极限尺寸及公差。

　　解： 由图 2-9 可知，孔的基本尺寸 $D = 25$ mm，孔的上极限偏差 $ES = -0.004$ mm，孔的下极限偏差 $EI = -0.017$ mm，孔的公差 $T_D = ES - EI = 0.013$ mm，则有：

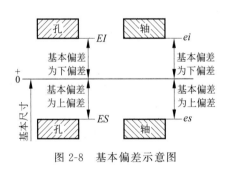

图 2-8　基本偏差示意图

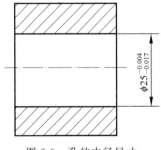

图 2-9　孔的内径尺寸

　　孔的上极限尺寸为
$$D_{max} = D + ES = 25 + (-0.004)\ \text{mm} = 24.996\ \text{mm}$$

　　孔的下极限尺寸为
$$D_{min} = D + EI = 25 + (-0.017)\ \text{mm} = 24.983\ \text{mm}$$

　　【典型实例 2-2】　试画出轴 $\phi 25^{+0.009}_{-0.004}$ 的公差带图。

　　解： 1）确定轴的偏差和公差

轴的上极限偏差：
$$es = +0.009 \text{ mm}$$
轴的下极限偏差：
$$ei = -0.004 \text{ mm}$$

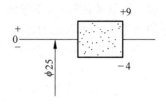

轴的公差：
$$T_d = es - ei = 0.009 - (-0.004) \text{ mm} = 0.013 \text{ mm}$$

图 2-10　轴 $\phi25^{+0.009}_{-0.004}$ 的公差带图

2）画出轴的公差带图（见图 2-10）

2.1.4　有关配合的术语和定义

1. 配合

公称尺寸相同，相互结合的孔、轴公差带之间的关系称为配合。

2. 间隙和过盈

如图 2-11 所示，令 $\delta =$ 孔的实际尺寸—轴的实际尺寸，若 $\delta > 0$，称为间隙（X）；若 $\delta < 0$，称为过盈（Y）。

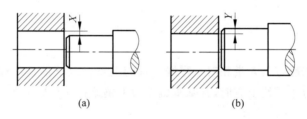

图 2-11　间隙和过盈

(a) 间隙；(b) 过盈

3. 配合的种类

1）间隙配合

间隙配合为具有间隙（包括最小间隙等于零）的配合，并且孔的公差带在轴的公差带之上，配合公差带在间隙区，如图 2-12 所示。其特征值是最大间隙 X_{max} 和最小间隙 X_{min}，即

$$X_{max} = D_{max} - d_{min} = ES - ei \quad \text{（最松状态）} \qquad (2-12)$$

$$X_{min} = D_{min} - d_{max} = EI - es \quad \text{（最紧状态）} \qquad (2-13)$$

任取一个轴与孔结合，出现平均间隙的概率最高，最大间隙和最小间隙的平均值为平均间隙（X_{av}），即

$$X_{av} = (X_{max} + X_{min})/2 \quad \text{（平均松紧状态）} \qquad (2-14)$$

配合公差（间隙公差）为

$$T_f = |X_{max} - X_{min}| = T_D + T_d \qquad (2-15)$$

2）过盈配合

过盈配合为具有过盈（包括最小过盈等于零）的配合，并且孔的公差带在轴的公差带之下，配合公差带在过盈区，如图 2-13 所示。其特征值是最小过盈（Y_{min}）和最大过盈（Y_{max}），即

$$Y_{max} = D_{min} - d_{max} = EI - es \quad \text{（最紧状态）} \qquad (2-16)$$

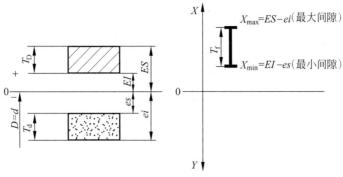

图 2-12 间隙配合

$$Y_{min} = D_{max} - d_{min} = ES - ei \quad (\text{最松状态}) \tag{2-17}$$

实际生产中，平均过盈（Y_{av}）更能体现其配合性质，即

$$Y_{av} = (Y_{max} + Y_{min})/2 \quad (\text{平均松紧状态}) \tag{2-18}$$

配合公差（过盈公差）为：

$$T_f = |Y_{min} - Y_{max}| = T_D + T_d \tag{2-19}$$

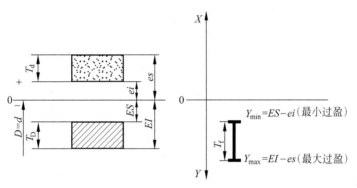

图 2-13 过盈配合

3）过渡配合

过渡配合为可能具有间隙也可能具有过盈的配合，并且孔的公差带与轴的公差带相互重叠，如图 2-14 所示。其特征值是最大间隙 X_{max} 和 最大过盈 Y_{max}，即

$$X_{max} = D_{max} - d_{min} = ES - ei \tag{2-20}$$

$$Y_{max} = D_{min} - d_{max} = EI - es \tag{2-21}$$

平均松紧程度可表示为平均间隙或平均过盈。若其值为正，则为平均间隙（X_{av}）；若其值为负，则为平均过盈（Y_{av}）。其表达式为

$$X_{av}（\text{或} Y_{av}）= \frac{X_{max} + Y_{max}}{2} \tag{2-22}$$

配合公差为

$$T_f = |X_{max} - Y_{max}| = T_D + T_d \tag{2-23}$$

4. 配合公差带图

配合公差与极限间隙、极限过盈之间的关系可用配合公差带图表示。配合公差带的大小取决于配合公差的大小。配合公差带相对于零线的位置取决于极限间隙或极限过盈的大

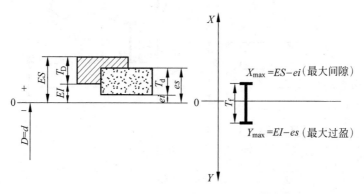

图 2-14　过渡配合

小。由图 2-15 可知,当配合公差带在零线上方时为间隙配合,在零线下方时为过盈配合,跨在零线上下两侧为过渡配合。由配合公差带的宽窄可以判断配合精度的高低,如图 2-15 中(6)组配合精度最高,(5)组配合精度最低。

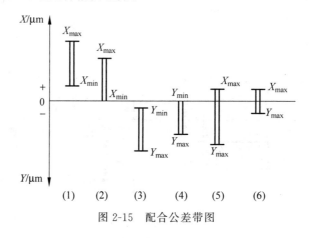

图 2-15　配合公差带图

2.2　线性尺寸公差的国家标准

为了实现"尺寸公差和配合"的标准化,必须掌握标准的有关内容和规定,为应用标准打下基础。《线性尺寸公差》主要包括两部分内容:一是极限制,二是配合制。

2.2.1　极限制

极限制是指标准化的公差与偏差制度,它包含尺寸的标准公差的数值系列和标准极限偏差的数值系列。

1. 标准公差系列

标准公差(IT)列出了标准化的公差与偏差制度。标准公差等级是指确定尺寸精确程度的等级。为了满足机械制造中零件各尺寸不同精度的要求,国家标准在公称尺寸至 500 mm 范围内规定了 20 个标准公差等级,用符号 IT 和数值表示为:IT01,IT0,IT1,IT2,…,IT18。其中,IT01 精度等级最高,其余依次降低,IT18 等级最低。在公称尺寸相同的条件下,标准公差数值随公差等级的降低依次增大。表 2-1 列出了国家标准尺寸公差等级及标准公差的数值。

表 2-1　公称尺寸至 500 mm 的标准公差数值(摘自 GB/T 1800. 1—2020)

公称尺寸/mm		标准公差等级																		
		IT01	IT0	IT1	IT2	IT3	IT4	IT5	IT6	IT7	IT8	IT9	IT10	IT11	IT12	IT13	IT14	IT15	IT16	IT17	IT18
大于	至	标准公差值																		
		μm												mm						
—	3	0.3	0.5	0.8	1.2	2	3	4	6	10	14	25	40	60	0.1	0.14	0.25	0.4	0.6	1	1.4
3	6	0.4	0.6	1	1.5	2.5	4	5	8	12	18	30	48	75	0.12	0.18	0.30	0.48	0.75	1.2	1.8
6	10	0.4	0.6	1	1.5	2.5	4	6	9	15	22	36	58	90	0.15	0.22	0.36	0.58	0.9	1.5	2.2
10	18	0.5	0.8	1.2	2	3	5	8	11	18	27	43	70	110	0.18	0.27	0.43	0.7	1.1	1.8	2.7
18	30	0.6	1	1.5	2.5	4	6	9	13	21	33	52	84	130	0.21	0.33	0.52	0.84	1.3	2.1	3.3
30	50	0.6	1	1.5	2.5	4	7	11	16	25	39	62	100	160	0.25	0.39	0.62	1	1.6	2.5	3.9
50	80	0.8	1.2	2	3	5	8	13	19	30	46	74	120	190	0.30	0.46	0.74	1.2	1.90	3	4.6
80	120	1	1.5	2.5	4	6	10	15	22	35	54	87	140	220	0.35	0.54	0.87	1.4	2.20	3.5	5.4
120	180	1.2	2	3.5	5	8	12	18	25	40	63	100	160	250	0.40	0.63	1	1.6	2.5	4	6.3
180	250	2	3	4.5	7	10	14	20	29	46	72	115	185	290	0.46	0.72	1.15	1.85	2.9	4.6	7.2
250	315	2.5	4	6	8	12	16	23	32	52	81	130	210	320	0.52	0.81	1.3	2.1	3.2	5.2	8.1
315	400	3	5	7	9	13	18	25	36	57	89	140	230	360	0.57	0.89	1.4	2.3	3.6	5.7	8.9
400	500	4	6	8	10	15	20	27	40	97	155	250	400	0.63	0.97	1.55	2.5	4	6.3	9.7

在表 2-1 中:

(1) 国家标准把公称尺寸分成了若干尺寸段,如>3~6,>6~10,>10~18,…。

(2) 在每个尺寸段中又规定了 IT01~IT18 共 20 个公差等级。

(3) 不同尺寸段对应的公差等级有确定的公差值,如>6~10 尺寸段对应的 IT01 级的公差值为 0.4 μm。

【典型实例 2-3】　查 ϕ40IT6, ϕ50IT8 和 ϕ140IT10 的公差值。

解:从表 2-1 中查得 ϕ40IT6, ϕ50IT8 和 ϕ140IT10 的公差值分别为:0.016 mm,0.039 mm 和 0.160 mm。

【典型实例 2-4】　查 $\phi 30_{-0.013}^{\ 0}$ mm 和 50 mm±0.031 mm 的公差等级。

解:从表 2-1 中查得 $\phi 30_{-0.013}^{\ 0}$ mm 和 50 mm±0.031 mm 的公差等级分别为 IT6,IT9。

2. 基本偏差系列

基本偏差是指两个极限偏差中靠近零线或位于零线的那个偏差,它是用来确定公差带位置的参数。在国家标准《线性尺寸公差》中,为了满足设计上各种不同的需要,对孔、轴各规定了 28 种基本偏差。

基本偏差的代号:对于孔,用大写字母 A,…,ZC 表示;对于轴,用小写字母 a,…,zc 表示。

在 26 个拉丁字母中,I(i),L(l),O(o),Q(q) 及 W(w) 不予采用。为满足表达的需要,特增加了 7 个双字母组合:CD(cd),EF(ef),FG(fg),JS(js),ZA(za),ZB(zb),ZC(zc)。

孔的基本偏差代号为：A，B，C，CD，D，E，EF，F，FG，G，H，JS，J，K，M，N，P，R，S，T，U，V，X，Y，Z，ZA，ZB，ZC。

轴的基本偏差代号为：a，b，c，cd，d，e，ef，f，fg，g，h，js，j，k，m，n，p，r，s，t，u，v，x，y，z，za，zb，zc。

这 28 种基本偏差代号确定了 28 类公差带的位置，构成了基本偏差系列，如图 2-16 所示。

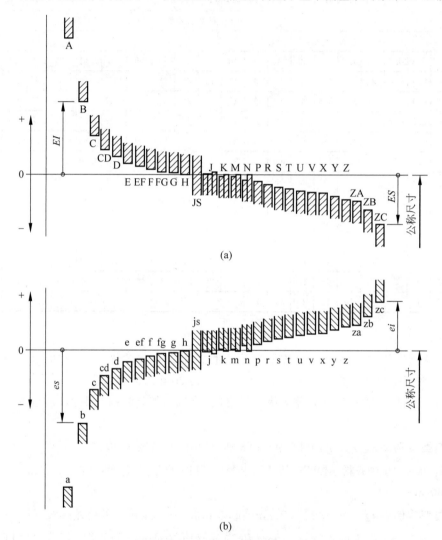

图 2-16　孔和轴的基本偏差系列图

(a) 孔的基本偏差系列；(b) 轴的基本偏差系列

基本偏差系列图表示公称尺寸相同的 28 种轴、孔基本偏差相对零线的位置。图中画的是"开口"公差带，因为基本偏差只表示公差带的位置，而不表示公差带的大小。图中只画出公差带基本偏差的偏差线，另一极限偏差线则由公差等级决定。

3. 孔、轴的基本偏差数值

孔、轴的基本偏差数值分别见表 2-2 和表 2-3。

表 2-2　公称尺寸≤500 mm 孔的基本偏差数值

μm

公称尺寸/mm 大于	至	基本偏差数值 下极限偏差 EI 所有公差等级 A	B	C	CD	D	E	EF	F	FG	G	H	JS	J IT6	J IT7	J IT8	上极限偏差 ES K ≤IT8	K >IT8	M ≤IT8	M >IT8	N ≤IT8	N >IT8
—	3	+270	+140	+60	+34	+20	+14	+10	+6	+4	+2	0		+2	+4	+6	0	0	−2	−2	−4	−4
3	6	+270	+140	+70	+46	+30	+20	+14	+10	+6	+4	0		+5	+6	+10	−1+Δ	—	−4+Δ	−4	−8+Δ	0
6	10	+280	+150	+80	+56	+40	+25	+18	+13	+8	+5	0		+5	+8	+12	−1+Δ	—	−6+Δ	−6	−10+Δ	0
10	14	+290	+150	+95	+70	+50	+32	+23	+16	+10	+6	0		+6	+10	+15	−1+Δ	—	−7+Δ	−7	−12+Δ	0
14	18	+290	+150	+95	+70	+50	+32	+23	+16	+10	+6	0		+6	+10	+15	−1+Δ	—	−7+Δ	−7	−12+Δ	0
18	24	+300	+160	+110	+85	+65	+40	+28	+20	+12	+7	0		+8	+12	+20	−2+Δ	—	−8+Δ	−8	−15+Δ	0
24	30	+300	+160	+110	+85	+65	+40	+28	+20	+12	+7	0		+8	+12	+20	−2+Δ	—	−8+Δ	−8	−15+Δ	0
30	40	+310	+170	+120	+100	+80	+50	+35	+25	+15	+9	0		+10	+14	+24	−2+Δ	—	−9+Δ	−9	−17+Δ	0
40	50	+320	+180	+130	+100	+80	+50	+35	+25	+15	+9	0		+10	+14	+24	−2+Δ	—	−9+Δ	−9	−17+Δ	0
50	65	+340	+190	+140	—	+100	+60	—	+30	—	+10	0		+13	+18	+28	−2+Δ	—	−11+Δ	−11	−20+Δ	0
65	80	+360	+200	+150	—	+100	+60	—	+30	—	+10	0		+13	+18	+28	−2+Δ	—	−11+Δ	−11	−20+Δ	0
80	100	+380	+220	+170	—	+120	+72	—	+36	—	+12	0		+16	+22	+34	−3+Δ	—	−13+Δ	−13	−23+Δ	0
100	120	+410	+240	+180	—	+120	+72	—	+36	—	+12	0		+16	+22	+34	−3+Δ	—	−13+Δ	−13	−23+Δ	0
120	140	+460	+260	+200	—	+145	+85	—	+43	—	+14	0		+18	+26	+41	−3+Δ	—	−15+Δ	−15	−27+Δ	0
140	160	+520	+280	+210	—	+145	+85	—	+43	—	+14	0		+18	+26	+41	−3+Δ	—	−15+Δ	−15	−27+Δ	0
160	180	+580	+310	+230	—	+145	+85	—	+43	—	+14	0		+18	+26	+41	−3+Δ	—	−15+Δ	−15	−27+Δ	0
180	200	+660	+340	+240	—	+170	+100	—	+50	—	+15	0		+22	+30	+47	−4+Δ	—	−17+Δ	−17	−31+Δ	0
200	225	+740	+380	+260	—	+170	+100	—	+50	—	+15	0		+22	+30	+47	−4+Δ	—	−17+Δ	−17	−31+Δ	0
225	250	+820	+420	+280	—	+170	+100	—	+50	—	+15	0		+22	+30	+47	−4+Δ	—	−17+Δ	−17	−31+Δ	0
250	280	+920	+480	+300	—	+190	+110	—	+56	—	+17	0		+25	+36	+55	−4+Δ	—	−20+Δ	−20	−34+Δ	0
280	315	+1050	+540	+330	—	+190	+110	—	+56	—	+17	0		+25	+36	+55	−4+Δ	—	−20+Δ	−20	−34+Δ	0
315	355	+1200	+600	+360	—	+210	+125	—	+62	—	+18	0		+29	+39	+60	−4+Δ	—	−21+Δ	−21	−37+Δ	0
355	400	+1350	+680	+400	—	+210	+125	—	+62	—	+18	0		+29	+39	+60	−4+Δ	—	−21+Δ	−21	−37+Δ	0
400	450	+1500	+760	+440	—	+230	+135	—	+68	—	+20	0		+33	+43	+66	−5+Δ	—	−23+Δ	−23	−40+Δ	0
450	500	+1650	+840	+480	—	+230	+135	—	+68	—	+20	0		+33	+43	+66	−5+Δ	—	−23+Δ	−23	−40+Δ	0

JS 列：偏差 $=\pm\dfrac{IT_n}{2}$，式中 n 为标准公差等级数

续表

基本偏差数值 上极限偏差 ES

≤IT7: P~ZC　　>IT7 的标准公差等级

在大于 IT7 标准公差等级的基本偏差数值上增加一个 Δ 值

公称尺寸/mm 大于	至	P	R	S	T	U	V	X	Y	Z	ZA	ZB	ZC	Δ值 IT3	IT4	IT5	IT6	IT7	IT8
—	3	−6	−10	−14	—	−18	—	−20	—	−26	−32	−40	−60	0	0	0	0	0	0
3	6	−12	−15	−19	—	−23	—	−28	—	−35	−42	−50	−80	1	1.5	1	3	4	6
6	10	−15	−19	−23	—	−28	—	−34	—	−42	−52	−67	−97	1	1.5	2	3	6	7
10	14	−18	−23	−28	—	−33	—	−40	—	−50	−64	−90	−130	1	2	3	3	7	9
14	18	−18	−23	−28	—	−33	−39	−45	—	−60	−77	−108	−150	1	2	3	3	7	9
18	24	−22	−28	−35	—	−41	−47	−54	−63	−73	−98	−136	−188	1.5	2	3	4	8	12
24	30	−22	−28	−35	−41	−48	−55	−64	−75	−88	−118	−160	−218	1.5	2	3	4	8	12
30	40	−26	−34	−43	−48	−60	−68	−80	−94	−112	−148	−200	−274	1.5	3	4	5	9	14
40	50	−26	−34	−43	−54	−70	−81	−97	−114	−136	−180	−242	−325	1.5	3	4	5	9	14
50	65	−32	−41	−53	−66	−87	−102	−122	−144	−172	−226	−300	−405	2	3	5	6	11	16
65	80	−32	−43	−59	−75	−102	−120	−146	−174	−210	−274	−360	−480	2	3	5	6	11	16
80	100	−37	−51	−71	−91	−124	−146	−178	−214	−258	−335	−445	−585	2	4	5	7	13	19
100	120	−37	−54	−79	−104	−144	−172	−210	−254	−310	−400	−525	−690	2	4	5	7	13	19
120	140	−43	−63	−92	−122	−170	−202	−248	−300	−365	−470	−620	−800	3	4	6	7	15	23
140	160	−43	−65	−100	−134	−190	−228	−280	−340	−415	−535	−700	−900	3	4	6	7	15	23
160	180	−43	−68	−108	−146	−210	−252	−310	−380	−465	−600	−780	−1000	3	4	6	7	15	23
180	200	−50	−77	−122	−166	−236	−284	−350	−425	−520	−670	−880	−1150	3	4	6	9	17	26
200	225	−50	−80	−130	−180	−258	−310	−385	−470	−575	−740	−960	−1250	3	4	6	9	17	26
225	250	−50	−84	−140	−196	−284	−340	−425	−520	−640	−820	−1050	−1350	3	4	6	9	17	26
250	280	−56	−94	−158	−218	−315	−385	−475	−580	−710	−920	−1200	−1550	4	4	7	9	20	29
280	315	−56	−98	−170	−240	−350	−425	−525	−650	−790	−1000	−1300	−1700	4	4	7	9	20	29
315	355	−62	−108	−190	−268	−390	−475	−590	−730	−900	−1150	−1500	−1900	4	5	7	11	21	32
355	400	−62	−114	−208	−294	−435	−530	−660	−820	−1000	−1300	−1650	−2100	4	5	7	11	21	32
400	450	−68	−126	−232	−330	−490	−595	−740	−920	−1100	−1450	−1850	−2400	5	5	7	13	23	34
450	500	−68	−132	−252	−360	−540	−660	−820	−1000	−1250	−1600	−2100	−2600	5	5	7	13	23	34

注：1. 公称尺寸≤1 mm 时，不适用基本偏差 A 和 B 以及 P～ZC 的基本偏差 N。

2. 标准公差≤IT8 级的 K，M，N 及≤IT7 级的 P～ZC 的基本偏差中的 Δ 值从续表右侧选取。

例：大于 18～30 mm 的 P7，因为 P8 的 ES′=−22 μm；而 P7 的 Δ=8 μm，因此 ES=ES′+Δ=−14 μm。

3. 特殊情况，对于公称尺寸大于 250～315 mm 的公差带代号 M6，ES=−9 μm（计算结果不是−11 μm）。

表 2-3 公称尺寸≤500 mm 轴的基本偏差数值 μm

公称尺寸/mm 大于	至	a	b	c	cd	d	e	ef	f	fg	g	h	js	j (IT5和IT6)	j (IT7)	j (IT8)	k (IT4~IT7)	k (≤IT3,>IT7)
—	3	−270	−140	−60	−34	−20	−14	−10	−6	−4	−2	0	偏差 $=\pm\dfrac{IT_n}{2}$，式中 n 为标准公差等级数	−2	−4	−6	0	0
3	6	−270	−140	−70	−46	−30	−20	−14	−10	−6	−4	0		−2	−4	—	+1	0
6	10	−280	−150	−80	−56	−40	−25	−18	−13	−8	−5	0		−2	−5	—	+1	0
10	14	−290	−150	−95	−70	−50	−32	−23	−16	−10	−6	0		−3	−6	—	+1	0
14	18	−290	−150	−95	−70	−50	−32	−23	−16	−10	−6	0		−3	−6	—	+1	0
18	24	−300	−160	−110	−85	−65	−40	−25	−20	−12	−7	0		−4	−8	—	+2	0
24	30	−300	−160	−110	−85	−65	−40	−25	−20	−12	−7	0		−4	−8	—	+2	0
30	40	−310	−170	−120	−100	−80	−50	−35	−25	−15	−9	0		−5	−10	—	+2	0
40	50	−320	−180	−130	−100	−80	−50	−35	−25	−15	−9	0		−5	−10	—	+2	0
50	65	−340	−190	−140	—	−100	−60	—	−30	—	−10	0		−7	−12	—	+2	0
65	80	−360	−200	−150	—	−100	−60	—	−30	—	−10	0		−7	−12	—	+2	0
80	100	−380	−220	−170	—	−120	−72	—	−36	—	−12	0		−9	−15	—	+3	0
100	120	−410	−240	−180	—	−120	−72	—	−36	—	−12	0		−9	−15	—	+3	0
120	140	−460	−260	−200	—	−145	−85	—	−43	—	−14	0		−11	−18	—	+3	0
140	160	−520	−280	−210	—	−145	−85	—	−43	—	−14	0		−11	−18	—	+3	0
160	180	−580	−310	−230	—	−145	−85	—	−43	—	−14	0		−11	−18	—	+3	0
180	200	−660	−340	−240	—	−170	−100	—	−50	—	−15	0		−13	−21	—	+4	0
200	225	−740	−380	−260	—	−170	−100	—	−50	—	−15	0		−13	−21	—	+4	0
225	250	−820	−420	−280	—	−170	−100	—	−50	—	−15	0		−13	−21	—	+4	0
250	280	−920	−480	−300	—	−190	−110	—	−56	—	−17	0		−16	−26	—	+4	0
280	315	−1050	−540	−330	—	−190	−110	—	−56	—	−17	0		−16	−26	—	+4	0
315	355	−1200	−600	−360	—	−210	−125	—	−62	—	−18	0		−18	−28	—	+4	0
355	400	−1350	−680	−400	—	−210	−125	—	−62	—	−18	0		−18	−28	—	+4	0
400	450	−1500	−760	−440	—	−230	−135	—	−68	—	−20	0		−20	−32	—	+5	0
450	500	−1650	−840	−480	—	−230	−135	—	−68	—	−20	0		−20	−32	—	+5	0

公称尺寸 /mm		基本偏差数值 下极限偏差 ei													
		所有公差等级													
大于	至	m	n	p	r	s	t	u	v	x	y	z	za	zb	zc
—	3	+2	+4	+6	+10	+14	—	+18	—	+20	—	+26	+32	+40	+60
3	6	+4	+8	+12	+15	+19	—	+23	—	+28	—	+35	+42	+50	+80
6	10	+6	+10	+15	+19	+23	—	+28	—	+34	—	+42	+52	+67	+97
10	14	+7	+12	+18	+23	+28	—	+33	—	+40	—	+50	+64	+90	+130
14	18	+7	+12	+18	+23	+28	—	+33	+39	+45	—	+60	+77	+108	+150
18	24	+8	+15	+22	+28	+35	—	+41	+47	+54	+63	+73	+98	+136	+188
24	30	+8	+15	+22	+28	+35	+41	+48	+55	+64	+75	+88	+118	+160	+218
30	40	+9	+17	+26	+34	+43	+48	+60	+68	+80	+94	+112	+148	+200	+274
40	50	+9	+17	+26	+34	+43	+54	+70	+81	+97	+114	+136	+180	+242	+325
50	65	+11	+20	+32	+41	+53	+66	+87	+102	+122	+144	+172	+226	+300	+405
65	80	+11	+20	+32	+43	+59	+75	+102	+120	+146	+174	+210	+274	+360	+480
80	100	+13	+23	+37	+51	+71	+91	+124	+146	+178	+214	+258	+335	+445	+585
100	120	+13	+23	+37	+54	+79	+104	+144	+172	+210	+254	+310	+400	+525	+690
120	140	+15	+27	+43	+63	+92	+122	+170	+202	+248	+300	+365	+470	+620	+800
140	160	+15	+27	+43	+65	+100	+134	+190	+228	+280	+340	+415	+535	+700	+900
160	180	+15	+27	+43	+68	+108	+146	+210	+252	+310	+380	+465	+600	+780	+1000
180	200	+17	+31	+50	+77	+122	+166	+236	+284	+350	+425	+520	+670	+880	+1150
200	225	+17	+31	+50	+80	+130	+180	+258	+310	+385	+470	+575	+740	+960	+1250
225	250	+17	+31	+50	+84	+140	+196	+284	+340	+425	+520	+640	+820	+1050	+1350
250	280	+20	+34	+56	+94	+158	+218	+315	+385	+475	+580	+710	+920	+1200	+1550
280	315	+20	+34	+56	+98	+170	+240	+350	+425	+525	+650	+790	+1000	+1300	+1700
315	355	+21	+37	+62	+108	+190	+268	+390	+475	+590	+730	+900	+1150	+1500	+1900
355	400	+21	+37	+62	+114	+208	+294	+435	+530	+660	+820	+1000	+1300	+1650	+2100
400	450	+23	+40	+68	+126	+232	+330	+490	+595	+740	+920	+1100	+1450	+1850	+2400
450	500	+23	+40	+68	+132	+252	+360	+540	+660	+820	+1000	+1250	+1600	+2100	+2600

注：公称尺寸小于或等于 1 mm 时，基本偏差 a 和 b 均不采用。

【典型实例 2-5】　画 $\phi 30$JS6 的尺寸公差带图。

解：基本偏差代号是大写的 JS,所以是画 $\phi 30$JS6 孔的尺寸公差带图。

(1) 确定公差值。由表 2-1 查得,孔 $\phi 30$ mm 的 6 级公差等级的公差值为 $T_D = 0.013$ mm。

(2) 确定孔的基本偏差。由表 2-2 查得,孔 $\phi 30$JS6 的基本偏差为 $\pm T_D/2 = \pm 0.013$ mm$/2 = \pm 0.006\,5$ mm,即

$$上极限偏差\ ES = +0.006\,5\ \text{mm}$$
$$下极限偏差\ EI = -0.006\,5\ \text{mm}$$

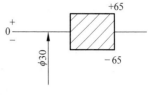

图 2-17　孔 $\phi 30$JS6 公差带图

(3) 画公差带图,如图 2-17 所示。

【典型实例 2-6】　画 $\phi 25$H7/k6 的尺寸公差带图。

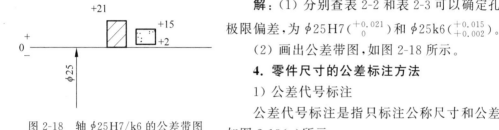

图 2-18　轴 $\phi 25$H7/k6 的公差带图

解：(1) 分别查表 2-2 和表 2-3 可以确定孔、轴的极限偏差,为 $\phi 25$H7$\binom{+0.021}{0}$ 和 $\phi 25$k6$\binom{+0.015}{+0.002}$。

(2) 画出公差带图,如图 2-18 所示。

4. 零件尺寸的公差标注方法

1) 公差代号标注

公差代号标注是指只标注公称尺寸和公差代号,如图 2-19(a)所示。

2) 公差数值标注

公差数值标注是指只标注公称尺寸和公差数值,如图 2-19(b)所示。

3) 混合标注

混合标注是指同时标注公称尺寸、公差代号和公差数值,如图 2-19(c)所示。

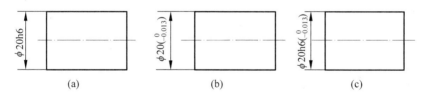

图 2-19　尺寸公差在图样上的标注方法

(a) 公差代号标注；(b) 公差数值标注；(c) 混合标注

2.2.2　配合制

配合制是一种由同一极限制的轴和孔组成的配合制度。国家标准规定了两种配合制,即基孔配合制和基轴配合制。

1. 基孔配合制

基孔配合制是指基本偏差为一定的孔公差带,与不同基本偏差的轴公差带形成各种配合的一种制度,简称基孔制。

在基孔制配合中,孔为基准孔,其基本偏差(下极限偏差)为 0,基准孔的基本偏差代号为 H,例如,H/a、H/b、…、H/x、H/y、H/z、…均为基孔制配合。其中,Ⅰ 为间隙配合,Ⅱ 为过渡配合,Ⅲ 为过盈配合。基孔制配合公差图如图 2-20 所示。

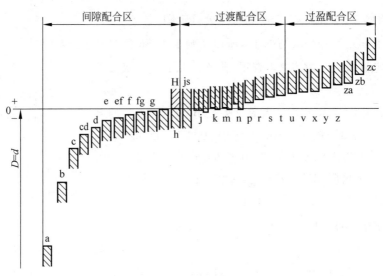

图 2-20　基孔制配合公差图

2. 基轴配合制

基轴配合制是指基本偏差为一定的轴公差带,与不同基本偏差的孔公差带形成各种配合的一种制度,简称基轴制。

在基轴制配合中,轴为基准轴,其基本偏差(上极限偏差)为 0,基准轴的基本偏差代号为 h,例如,A/h,B/h,…,X/h,Y/h,Z/h,…均为基轴制配合。其中,Ⅰ 为间隙配合,Ⅱ 为过渡配合,Ⅲ 为过盈配合。基轴制配合公差图如图 2-21 所示。

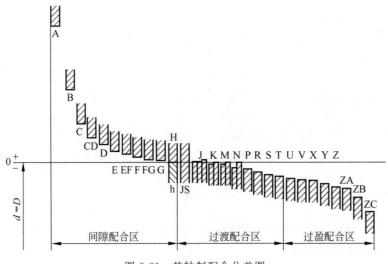

图 2-21　基轴制配合公差图

3. 配合系列

1) 配合代号

国家标准规定,用孔和轴的公差带代号以分数形式组成配合代号。其中,分子为孔的公差带代号,分母为轴的公差带代号,如 $\phi 30H7/g6$ 或 $\phi 30\dfrac{H7}{g6}$,解释为公称尺寸为 $\phi 30$,基孔制,由孔公差带 H7 与轴公差带 g6 组成间隙配合。

若配合的孔或轴中有一个是标准件,则仅标注配合件(非基准件)的公差带代号,如图 1-1 中的轴承内圈内径与花键套轴颈的配合,因为轴承是标准件,故配合代号为 ϕ25j6,在装配图上,仅标注配合件(非基准件)的公差带代号。若 P6 级轴承内圈内径与 ϕ25j6 配合,可解释为以标准件——轴承(公差等级 6 级)的内圈内径(孔)为基准,与轴的公差带 ϕ25j6 组成过渡配合。

2) 配合代号的标注

配合代号应标注在装配图上,两种标注方法如图 2-22 所示,其中图 2-22(a)的标注形式应用最广泛。

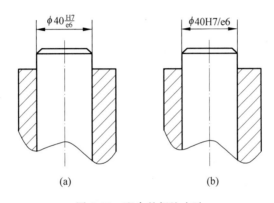

图 2-22 配合的标注方法

2.2.3 常用、优先选用的公差带与配合

1. 常用、优先选用的公差带

GB/T 1800.2—2020 中规定了 20 个等级的标准公差和 28 种基本偏差,可以组成很多种公差带,由孔、轴公差带又能组成大量的配合。但是,在生产实践中,如果公差带的使用数量过多,势必使标准繁杂,不利于生产。为了尽可能减少零件、定值刀具、量具和工艺装备的品种和规格,国家标准在满足我国实际需要和考虑生产发展需要的前提下,对所选用的公差带与配合做了必要的限制。

结合我国生产的实际情况,考虑各类产品的不同特点,兼顾今后发展的需要,国家标准制定了 3 个以供选用的标准(GB/T 1800.1—2020,GB/T 1803—2003 及 GB/T 1804—2000),在这些标准中,分别推荐了孔、轴公差带。在常用的尺寸标准中还推荐了优先、常用配合。

GB/T 1800.1—2020《产品几何技术规范(GPS) 线性尺寸公差 ISO 代号体系 第 1 部分:公差、偏差和配合的基础》要求:孔、轴公差带代号应尽可能从图 2-23 和图 2-24 给出的轴、孔公差带代号中选取。

(1) 轴公差带。国家标准推荐的常用和优先选用的轴公差带共有 50 种,如图 2-23 所示。其中,方框内为优先选用的公差带,共有 17 种。

(2) 孔公差带。国家标准推荐的常用和优先选用的孔公差带共 45 种,如图 2-24 所示。

					g5	h5	js5	k5	m5	n5	p5	r5	s5	t5		
				f6	g6	h6	js6	k6	m6	n6	p6	r6	s6	t6	u6	x6
			e7	f7		h7	js7	k7	m7	n7	p7	r7	s7	t7	u7	
		d8	e8	f8		h8										
b9	c9	d9	e9			h9										
		d10				h10										
a11 b11	c11					h11										

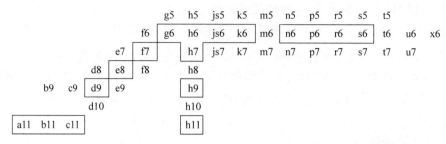

图 2-23　公称尺寸≤500 mm 推荐选用的轴公差带(框中为优先选用)

					G6	H6	JS6	K6	M6	N6	P6	R6	S6	T6		
				F7	G7	H7	JS7	K7	M7	N7	P7	R7	S7	T7	U7	X7
			E8	F8		H8	JS8	K8	M8	N8	P8	R8				
		D9	E9	F9		H9										
	C10	D10	E10			H10										
A11 B11	C11	D11				H11										

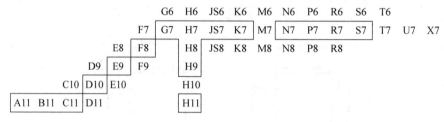

图 2-24　公称尺寸≤500 mm 推荐选用的孔公差带(框中为优先选用)

其中,优先选用的公差带有 17 种。

选用公差带时,应优先选择“优先选用”的公差带,其次选择图 2-23、图 2-24 中框格以外的公差带。若它们都不能满足要求,则按 GB/T 1800.1—2020《产品几何规范(GPS)线性尺寸公差 ISO 代号体系　第 1 部分:公差、偏差和配合的基础》中规定的标准公差和基本偏差组成的公差带选取。

2. 常用、优先选用的配合

国家标准 GB/T 1800.1—2020 推荐的基孔制的优先和常用配合如图 2-25 所示,基轴制的优先和常用配合如图 2-26 所示。

基准孔	轴公差带代号																	
	间隙配合							过渡配合				过盈配合						
H6						g5	h5	js5	k5	m5		n5	p5					
H7					f6	g6	h6	js6	k6	m6	n6		p6	r6	s6	t6	u6	x6
H8				e7	f7		h7	js7	k7	m7					s7		u7	
			d8	e8	f8		h8											
H9			d8	e8	f8		h8											
H10	b9	c9	d9	e9			h9											
H11	b11	c11	d10				h10											

图 2-25　基孔配合制优先选择的配合

通常的工程中,只需要许多可能的配合中的少数配合,而图 2-25、图 2-26 中的配合可满足普通工程机构需要。基于经济因素,如有可能,配合应优先选择框格中所示的公差带代号。

表 2-4 中列出了优先配合的基孔制和基轴制的选用说明。

基准轴	孔公差带代号																
	间隙配合							过渡配合				过盈配合					
h5						G6	H6	JS6	K6	M6		N6	P6				
h6					F7	G7	H7	JS7	K7	M7	N7		P7	R7	S7	T7	U7	X7
h7				E8	F8		H8										
h8			D9	E9	F9		H9										
				E8	F8		H8										
			D9	E9	F9		H9										
h9	B11	C10	D10				H10										

图 2-26　基轴配合制优先选择的配合

表 2-4　优先配合的选用说明

优先配合		选 用 说 明
基孔制配合	基轴制配合	
H11/c11	C11/h11	间隙极大,用于转速很高、轴孔温差很大的滑动轴承;精度要求低,有大间隙的外露部分;要求装配极方便的配合
H9/d9	D9/h9	间隙很大,用于转速较高、轴颈压力较大、精度要求不高的滑动轴承
H8/f7	F8/h7	间隙不大,用于中等转速、中等轴颈压力、有一定精度要求的一般滑动轴承;要求装配方便的中等定位精度的配合
H7/g6	G7/h6	间隙很小,用于低速转动或轴向移动的精密定位的配合;需要精确定位又经常装拆的不动配合
H7/h6 H8/h7 H9/h9 H11/h11	H7/h6 H8/h7 H9/h9 H11/h11	最小间隙为零,用于间隙定位配合,公差等级由定位精度决定,工作时一般无相对运动,也用于高精度低速轴向移动的配合
H7/k6	K7/h6	平均间隙接近于零,用于要求装拆的精密定位的配合
H7/n6	N7/h6	较紧的过渡配合,用于一般不拆卸的更精密定位的配合
H7/p6	P7/h6	过盈很小,用于要求定位精度高、配合刚性好,且不能只靠过盈传递载荷的配合
H7/s6	S7/h6	过盈适中,用于靠过盈传递中等载荷的配合
H7/u6	U7/h6	过盈较大,装配时需加热孔或冷却轴,用于靠过盈传递较大载荷的配合

2.3　公差带与配合的选用

2.3.1　极限与配合的选择方法

极限与配合标准是实现互换性生产的重要基础。合理地选用极限与配合,不但可以更好地促进互换性生产,而且有利于提高产品质量,降低生产成本。一般选用下列 3 种方法。

1. 计算法

计算法就是根据一定的理论和公式,计算出所需的间隙或过盈。对间隙配合中的滑动轴承,可用流体润滑理论来计算以保证滑动轴承处于液体摩擦状态所需的间隙,根据计算结果,选用合适的配合;对过盈配合,可按弹塑性变形理论,计算出必需的最小过盈,选用合适的过盈配合,并按此验算在最大过盈时是否会损坏工件材料。由于影响配合间隙量和过盈量的因素很多,理论的计算也是近似的,所以,在实际应用中还需经过试验确定。

2. 试验法

试验法就是对产品性能影响很大的一些配合,往往用试验的方法来确定机器工作性能的最佳间隙或过盈。例如,风镐锤体与镐筒配合的间隙量对风镐的工作性能有很大影响,一般采用试验法较为可靠,但这种方法需要进行大量试验,成本较高。

3. 类比法

类比法就是根据同类型机器或机构中,经过生产实践验证的已用配合的实用情况,再考虑所设计机器的使用要求,参照确定需要的配合。

极限与配合的选用主要用以解决以下 3 个问题:

(1) 基准制的选用。

(2) 公差等级的选用。

(3) 配合类型的选用。

2.3.2　基准制的选用原则

1. 优先选用基孔制

一般情况下,应优先选用基孔制,这主要是从工艺上和宏观经济效益方面来考虑的。例如,用钻头、铰刀等定值刀具加工小尺寸高精度的孔,每一把刀具只能加工某一尺寸的孔,而用同一把车刀或一个砂轮可以加工大小不同尺寸的轴。改变轴的极限尺寸在工艺上所产生的困难和增加的生产费用,同改变孔的极限尺寸相比要小得多。因此,采用基孔制配合,可以减少定值刀具(钻头、铰刀、拉刀)和定值量具(如塞规)的规格和数量,能够获得显著的经济效益。

2. 选用基轴制的情况

(1) 在农业机械和纺织机械中,常采用 IT9～IT11 的冷拉钢材直接作轴(不经切削加工)。此时用基轴制配合可以避免冷拉钢材的尺寸规格过多。

(2) 加工尺寸小于 1 mm 的精密轴比同级孔要困难,因此在仪器制造、钟表生产、无线电工程中,常使用经过光轧成型的钢丝直接作轴,这时采用基轴制较经济。

(3) 同一根轴与基本尺寸相同的几个孔相配合,且在配合性质不同的情况下,应考虑采用基轴制配合。图 2-27(a)所示为发动机活塞部件、活塞销与活塞及连杆的配合。根据使用要求,活塞销和活塞应为过渡配合,活塞销与连杆应为间隙配合。如采用基轴制配合,活塞销可制成一根光轴,既便于生产,又便于装配,如图 2-27(c)所示。如采用基孔制,3 个孔的公差带一样,活塞销却要制成中间小的阶梯形,如图 2-27(b)所示,这样做既不便于加工,又不利于装配。另外,活塞销两端的直径大于活塞孔径,装配时不仅会刮伤轴和孔的表面,还会影响配合质量。

3. 与标准件配合,应以标准件为基准件

标准件通常由专业的工厂大量生产,在制造时其配合部位的基准制已确定,所以与其配合的轴和孔一定要服从既定的基准制。与标准件配合时,基准制的选择通常依标准件而定。例如,与滚动轴承内圈配合的轴应按基孔制,与滚动轴承外圈配合的孔应按基轴制,如图 2-28所示。

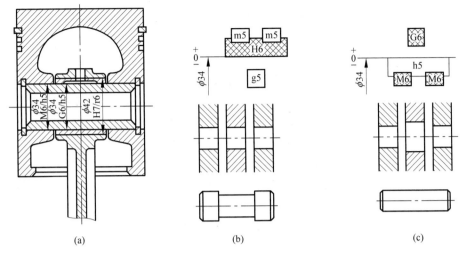

图 2-27　基轴制选择实例

(a) 装配简图；(b) 阶梯状活塞销(不合理)；(c) 光轴活塞销(合理)

4. 非基准制配合的选用

非基准制配合是指由不包含基本偏差 H 和 h 的任一孔、轴公差带组成的配合。如图 2-29 所示，滚动轴承端盖凸缘与箱体孔的配合 $\phi100J7/e9$、轴上用来轴向定位的套筒与轴的配合 $\phi55G9/j6$ 采用的是非基准制。

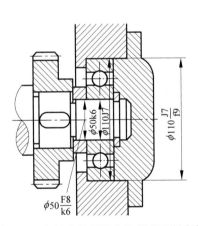

图 2-28　与标准件相配合选用基准制实例

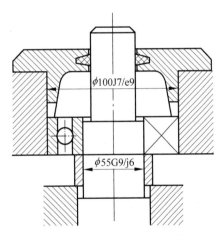

图 2-29　非基准制配合实例

2.3.3　公差等级的选用

正确合理地选用标准公差等级对产品使用性能和加工的经济性具有重要意义。在满足使用要求的前提下，尽可能选较低的公差等级或较大的公差值。

公差等级的选用常采用类比法，也就是参考从生产实践中总结出来的经验资料，进行比较选用。选择时应考虑以下几个方面。

(1) 孔、轴加工时的工艺等价性。在常用尺寸段内，对于较高精度等级的配合(间隙配合和过渡配合中孔的标准公差＜IT8，过盈配合中孔的标准公差＜IT7 时)，由于孔比轴难加工,选定孔比轴低一级的精度可使孔与轴的加工难易程度相同。低精度的孔和轴选择相同的公差等级。

（2）相配合零件或部件的精度要匹配。如与滚动轴承相配合的轴和孔的公差等级与轴承的精度有关,再如与齿轮相配合的轴的公差等级直接受齿轮的精度影响。

（3）过盈、过渡配合的公差等级不能太低,一般孔的标准公差≤IT8,轴的标准公差≤IT7。间隙配合则不受此限制。但间隙小的配合公差等级应较高,而间隙大的配合公差等级可以低一些。例如,选用 H6/g5 和 H11/a11 是合理的,而选用 H6/a5 和 H11/g11 则是不适宜的。

（4）加工件的经济性。在非基准制配合中,有的零件精度要求不高,可与相配合零件的公差等级差二级或三级,如箱体孔与轴承端盖的配合。

（5）若已知配合公差 T_f,可按下式确定孔、轴配合公差带的大小:

$$T_f = T_D + T_d \tag{2-24}$$

式(2-24)中,孔、轴的公差等级通常可按下述情况分配:当配合尺寸≤500 mm,以及 $T_f \leqslant$ IT8 时,推荐孔比轴低一级精度;当配合尺寸≤500 mm,且 $T_f >$ IT8 时,推荐孔、轴同级精度;当配合尺寸>500 mm 时,对于任何级别的配合,一律采用孔、轴同级精度。

表 2-5 给出了 20 个公差等级的应用范围,表 2-6 给出了各种加工方法可能达到的公差等级范围,可供选用时参考。

表 2-5　标准公差等级应用的范围

应用			公差等级(IT)																		
			01	0	1	2	3	4	5	6	7	8	9	10	11	12	13	14	15	16	17	18
量块			─	─	─																		
量规	高精度				─	─	─	─	─														
	低精度							─	─	─	─												
孔与轴配合	特别精密	轴			─	─	─	─															
		孔				─	─	─	─															
	精密	轴						─	─	─													
	配合	孔							─	─	─												
	中等	轴								─	─	─	─										
	精度	孔								─	─	─	─	─									
	低精度														─	─	─	─				
非配合尺寸												─	─	─	─	─	─	─				
原材料公差												─	─	─	─	─	─	─	─	─		

表 2-6　各种加工方法的合理加工精度

加工方法	公差等级(IT)																
	01	0	1	2	3	4	5	6	7	8	9	10	11	12	13	14	15	16
研磨	─	─	─	─	─	─	─											
珩						─	─	─	─									
圆磨							─	─	─	─	─							
平磨							─	─	─	─	─							

续表

加工方法	公差等级（IT）																
	01	0	1	2	3	4	5	6	7	8	9	10	11	12	13	14	15	16
金刚石车							▬	▬	▬								
金刚石镗							▬	▬	▬								
拉削							▬	▬	▬	▬							
铰孔								▬	▬	▬	▬						
车									▬	▬	▬	▬	▬				
镗									▬	▬	▬	▬	▬				
铣										▬	▬	▬	▬				
刨、插												▬	▬				
钻孔												▬	▬	▬			
滚压、挤压												▬	▬				
冲压													▬	▬	▬	▬	
压铸													▬	▬	▬	▬	
粉末冶金成型								▬	▬	▬							
粉末冶金烧结									▬	▬	▬	▬					
砂型铸造、气割																		▬
锻造																	▬	▬

2.3.4　配合类型的选用

在设计中，根据使用要求，应尽可能地选用优先配合和常用配合。如果优先配合与常用配合不能满足要求，可选国家标准推荐的一般用途的孔、轴公差带，按使用要求组成需要的配合。若仍不能满足使用要求，还可以从国家标准所提供的轴公差带和孔公差带中选取合适的公差带，组成所需要的配合。

确定基准制以后，选择配合是根据使用要求——配合公差（间隙或过盈）的大小，确定与基准件相配合的孔、轴的基本偏差代号，同时确定基准件及配合件的公差等级的。

对于间隙配合，由于轴的基本偏差的绝对值等于最小间隙，故可按最小间隙确定轴的基本偏差代号；对于过盈配合，在确定基准件的公差等级后，即可按最小过盈选定配合件的基本偏差代号，并根据配合公差的要求确定孔、轴的公差等级。

在生产实际中，广泛应用的选择配合的方法是类比法。要掌握这种方法，首先，必须分析机器或机构的功用、工作条件及技术要求，进而研究结合件的工作条件及使用要求；其次，要了解各种配合的特性和应用场合。下面分别加以阐述。

1. 分析零件的工作条件及使用要求

为了充分掌握零件的具体工作条件和使用要求，必须考虑下列问题：工作时结合件的相对位置状态（如运动速度、运动方向、停歇时间、运动精度等）、承受负荷情况、润滑条件、温度变化、配合的重要性、装卸条件以及材料的物理机械性能等。根据具体条件的不同，结合件配合的间隙量或过盈量必须相应地改变，表2-7可供参考。

表 2-7 工作情况对过盈或间隙的影响

具 体 情 况	过 盈 量	间 隙 量
材料许用应力小	减小	—
经常拆卸	减小	—
工作时孔温高于轴温	增大	减小
工作时轴温高于孔温	减小	增大
有冲击负荷	增大	减小
配合长度较长	减小	增大
配合面形位误差较大	减小	增大
装配时可能歪斜	减小	增大
旋转速度高	增大	减少
有轴向运动	—	增大
润滑油黏度增大	—	增大
装配精度高	减小	减小
表面粗糙度数值大	增大	减小

2. 了解各类配合的特性和应用

间隙配合的特性是具有间隙。它主要用于结合件有相对运动的配合(包括旋转运动和轴向滑动),也可用于一般的定位配合。

过盈配合的特性是具有过盈。它主要用于结合件没有相对运动的配合。过盈不大时,用键连接传递扭矩;过盈大时,靠孔、轴的结合力传递扭矩。前者可以拆卸,后者是不能拆卸的。

过渡配合的特性是可能具有间隙,也可能具有过盈,但所得到的间隙和过盈量一般是比较小的。它主要用于定位精确并要求拆卸的相对静止的连接。

【典型实例 2-7】 孔、轴的基本尺寸为 50 mm,要求配合的最大间隙 $X_{max} = +0.037$ mm,最大过盈 $Y_{max} = -0.030$ mm,要求确定孔轴的配合代号。

解:1)选择配合制

因无特殊要求,选用基孔制,基准孔 $EI = 0$。

2)选择公差等级

根据使用要求,得

$$T_f = X_{max} - Y_{max} = T_D + T_d = (+37) - (-30) \; \mu m = 67 \; \mu m$$

先试取孔轴同等级,则 $T_D = T_d = T_f/2 = 33.5 \; \mu m$,由表 2-1 查得:孔和轴的公差等级介于 IT7 和 IT8 之间,由于 IT7 和 IT8 符合 ≤IT8 的条件,所以孔和轴应取不同的公差等级,即孔为 IT8,$T_D = 39 \; \mu m$,轴为 IT7,$T_d = 25 \; \mu m$。根据公差带设计依据 $T_D + T_d \le T_f$,配合公差($64 \; \mu m$)小于要求的 T_f($67 \; \mu m$),满足要求,故为所选,并得出孔的公差带为 $\phi 50H8(^{+0.039}_{0})$。

3)选择配合代号

根据使用要求,本例为过渡配合且已确定采用基孔制,由公式 $X_{max} = ES - ei$,$Y_{max} = EI - es$,可得

$$ei = ES - X_{max} = (+39) - (+37) \; \mu m = +2 \; \mu m$$

$$es = EI - Y_{max} = 0 - (-30)\ \mu m = +30\ \mu m$$

轴的基本偏差应为 ei。查表 2-3 得轴的基本偏差代号为 k,其 $ei = +2\ \mu m$,公差带 $\phi 50k7\binom{+0.027}{+0.002}$,$es = +27\ \mu m$,满足小于等于 $+30\ \mu m$ 的条件。最后选的配合为 $\phi 50\dfrac{H8}{k7}$。

4)验算设计结果

$\phi 50\dfrac{H8}{k7}$ 的最大间隙为 $+37\ \mu m$,最大过盈为 $-27\ \mu m$,满足在最大间隙 $+37\ \mu m$ 和最大过盈 $-30\ \mu m$ 之内的设计要求,并最大限度地充满了原要求的配合公差带,经济性最好。

2.4 线性尺寸的未注公差

一般公差是指在车间一般加工条件下可以保证的公差(要通过测量评估),它是机床设备在正常维护和操作情况下,可以达到的经济加工精度。采用一般公差的尺寸时,在该尺寸后不标注极限偏差或其他代号(称为未注公差),而且在正常情况下,一般可不检验。除另有规定外,即使检验出超差,但若未损害其功能时,通常不应拒收。

GB/T 1804—2000 规定了线性尺寸的一般公差等级和相应的极限偏差数值,见表 2-8。由表 2-8 可见,线性尺寸的一般公差分为:精密级(f)、中等级(m)、粗糙级(c)和最粗级(v)4 个等级,在公称尺寸 0.5~4 000 mm 范围内分为 8 个尺寸分段。各公差等级和尺寸分段内的极限偏差数值均为对称分布,即上、下偏差大小相等、符号相反。

线性尺寸的一般公差主要适用于金属切削加工的尺寸,也适用于一般的冲压加工尺寸。非金属材料或其他工艺方法的加工尺寸亦可参照采用。规定线性尺寸的一般公差,应该根据产品的精度要求和车间的加工条件,在表 2-8 规定的公差等级中选取,并在图样标题栏附近或技术要求、技术文件(如企业标准)中用标准号和公差等级代号来表示。

表 2-8 线性尺寸一般公差的公差等级及其极限偏差数值 mm

公差等级	公称尺寸分段							
	0.5~3	>3~6	>6~30	>30~120	>120~400	>400~1 000	>1 000~2 000	>2 000~4 000
精密级(f)	±0.05	±0.05	±0.1	±0.15	±0.2	±0.3	±0.5	—
中等级(m)	±0.1	±0.1	±0.2	±0.3	±0.5	±0.8	±1.2	±2
粗糙级(c)	±0.2	±0.3	±0.5	±0.8	±1.2	±2	±3	±4
最粗级(v)	—	±0.5	±1	±1.5	±2.5	±4	±6	±8

例如,选用中等级时,表示为 GB 1804—m。如果某要素的功能要求允许采用比一般公差更大的公差(如盲孔深度尺寸),则应在尺寸后注出相应的极限偏差数值,以满足生产的要求。

GB/T 1804—2000 还对倒圆半径和倒角高度尺寸这两种常用的特定线性尺寸的一般公差做了规定,见表 2-9。由表 2-9 可见,其公差等级也分为:f(精密级)、m(中等级)、c(粗糙级)和 v(最粗级)4 个等级,而尺寸分段只有 0.5~3,>3~6,>6~30 和 >30 共 4 段。其极限偏差数值亦为对称分布,即上、下偏差大小相等、符号相反。

表 2-9 倒圆半径与倒角高度尺寸一般公差的公差等级及其极限偏差数值 mm

公差等级	公称尺寸分段			
	0.5~3	>3~6	>6~30	>30
精密级(f)	±0.2	±0.5	±1	±2
中等级(m)				
粗糙级(c)	±0.4	±1	±2	±4
最粗级(v)				

注：倒圆半径与倒角的含义见 GB/T 6403.4—2008。

【归纳与总结】

1. 明确公差、偏差的概念及其换算关系。
2. 明确标准公差的概念，会查标准公差表和孔、轴的基本偏差数表。
3. 掌握尺寸公差带图和配合公差带图的组成。
4. 通过计算会判别间隙配合、过盈配合、过渡配合。
5. 理解基孔制和基轴制的含义。
6. 具备在图样上正确标注尺寸公差及配合公差的技能。

2.5 课后微训

1. 选择题训练

(1) 孔与轴配合的必要条件是(　　)。

    A. 最小尺寸相同　　B. 实际尺寸相同　　C. 最大尺寸相同　　D. 公称尺寸相同

(2) 下列孔与轴的配合中，属于基孔制配合的是(　　)。

    A. $\phi90H7/f6$　　　　B. $\phi90A7/f6$　　　　C. $\phi50H8/h7$　　　　D. $\phi60N7/h6$

    E. 孔 $\phi30^{+0.021}_{0}$/轴 $\phi30^{-0.02}_{-0.03}$　　　　F. 孔 $\phi30^{-0.021}_{-0.033}$/轴 $\phi30^{0}_{-0.021}$

(3) 下列孔与轴的配合中，属于基轴制配合的是(　　)。

    A. $\phi90M7/h6$　　　　B. $\phi90H7/f6$　　　　C. $\phi50F7/e6$　　　　D. $\phi60H7/h6$

    E. 孔 $\phi50^{-0.021}_{-0.033}$/轴 $\phi50^{0}_{-0.021}$

(4) $\phi20f6$，$\phi20f7$ 和 $\phi20f8$ 3 个公差带的(　　)。

    A. 上极限偏差相同且下极限偏差相同

    B. 上极限偏差相同而下极限偏差不相同

    C. 上极限偏差不相同而下极限偏差相同

    D. 上、下极限偏差各不相同

(5) 在基孔制配合中，基本偏差代号为 a~h 的轴与基准孔组成(　　)。

    A. 间隙配合　　　　B. 间隙或过渡配合　　C. 过渡配合　　　　D. 过盈配合

(6) 孔、轴的最大间隙为 +0.023 mm，孔的下极限偏差为 −18 μm，轴的下极限偏差为 −16 μm，轴的公差为 16 μm，则配合公差为(　　)。

    A. 32 μm　　　　　B. 39 μm　　　　　C. 34 μm　　　　　D. 41 μm

2. 填空题训练

(1) GB/T 1800.2—2020 规定，尺寸公差带的大小由_____决定，位置由_____决定,孔、轴公差等级皆分为_____等级。

(2) 已知 $\phi100m7$ 的上极限偏差为 $+0.048$ mm,下极限偏差为 $+0.013$ mm,$\phi100$ 的 6 级标准公差值为 0.022 mm,那么,$\phi100m6$ 的下极限偏差为_____,上极限偏差为_____。

(3) 基孔制是_____的公差带与_____的公差带形成各种配合性质的制度。

3. 是非判断题训练(正确的在括号内填上"√",错的填上"×")

(1) 拟合组成要素是直接由实际(组成)要素经过某种操作而获得的。　　　　　(　　)

(2) 某基孔制配合,孔的公差为 $27~\mu m$,最大间隙为 $13~\mu m$,则该配合一定是过渡配合。

　　　　　　　　　　　　　　　　　　　　　　　　　　　　　　(　　)

(3) 孔与轴的加工精度越高,其配合精度越高。　　　　　　　　　　　(　　)

(4) 一般来说,零件的实际尺寸愈接近基本尺寸愈好。　　　　　　　　(　　)

(5) 为了得到基轴制的配合,不一定要先加工轴,也可以先加工孔。　　　(　　)

(6) 配合公差越大,则配合越松。　　　　　　　　　　　　　　　　(　　)

4. 综合训练

(1) 根据表中已知数据,填写表中各空格,并按适当的比例绘制出各孔、轴的公差带图。

序　号	尺寸标注	公称尺寸	上极限尺寸	下极限尺寸	上极限偏差	下极限偏差	公　差
1	轴 $\phi35^{+0.031}_{0}$						
2	孔	$\phi50$	$\phi50.039$			$+0.010$	
3	轴	$\phi40$			$+0.030$		0.035
4	孔		$\phi30.025$	$\phi30.005$			

(2) 根据表中已知数据填写表中各空格,并按适当比例绘制出各对配合的尺寸、公差带图和配合公差带图。

序　号	公称尺寸/mm	极限尺寸/mm		极限偏差/mm		公差 T/mm	最大、最小或过盈	
		max	min	$ES(es)$	$EI(ei)$			
1	孔 15	15.039	15.00					
	轴			-0.015	-0.025			
2	孔 30	30.015			0.005			
	轴		30.010	$+0.025$				
3	孔 50			-0.018	-0.049			
	轴	50.000	49.981					

(3) 某配合的基本尺寸是 30 mm,要求装配后的间隙在 $+0.018\sim+0.088$ mm 范围内,试按照基孔制确定它们的配合代号。

(4) 试计算孔 $\phi35^{+0.025}_{0}$ mm 与轴 $\phi35^{+0.033}_{+0.017}$ mm 配合中的极限间隙(或极限过盈),并指明配合性质。

(5) 有一孔和轴的配合,公称尺寸为 50 mm,要求为过盈配合,最小过盈为 $-30~\mu m$,最大过盈为 $-71~\mu m$,试设计该尺寸的配合公差。

第3章 配合公差的应用

【能力目标】

1. 具备选择键连接和花键连接、螺纹连接、齿轮配合精度的能力。

2. 具有运用标准、规范、手册、图册和查阅有关技术资料的能力。

【学习目标】

1. 了解单键连接的结构和类型及其主要参数,掌握键连接和花键连接的配合精度、选择及检测。

2. 了解螺纹的类型和几何参数,掌握螺纹配合的精度、选择与检测。

3. 了解齿轮传动的使用要求、单个齿轮精度的评定指标和检测。

【学习重点和难点】

1. 键连接和花键连接精度的选择方法。

2. 螺纹配合的精度选择方法。

3. 齿轮误差的形成与评定指标及单个齿轮精度的选择。

【知识梳理】

GB/T 1184—1996《形状和位置公差 未注公差值》

GB/T 1095—2003《平键 键槽的剖面尺寸》

GB/T 1096—2003《普通型 平键》

GB/T 1098—2003《半圆键 键槽的剖面尺寸》

GB/T 1099.1—2003《普通型 半圆键》

GB/T 1144—2001《矩形花键尺寸、公差和检验》

GB/T 197—2018《普通螺纹 公差》

GB/T 10095.1—2008《圆柱齿轮 精度制 第1部分:轮齿同侧齿面偏差的定义和允许值》

GB/T 10095.2—2008《圆柱齿轮 精度制 第2部分:径向综合偏差与径向跳动的定义和允许值》

GB/Z 18620.1—2008《圆柱齿轮 检验实施规范 第1部分:轮齿同侧齿面的检验》

GB/Z 18620.2—2008《圆柱齿轮 检验实施规范 第2部分:径向综合偏差、径向跳动、齿厚和侧隙的检验》

GB/Z 18620.3—2008《圆柱齿轮 检验实施规范 第3部分:齿轮坯、轴中心距和轴线平行度的检验》

GB/Z 18620.4—2008《圆柱齿轮 检验实施规范 第4部分:表面结构和轮齿接触斑点的检验》

3.1　键和花键的公差与配合

3.1.1　键连接的结构和类型

键连接用于轴与轴上零件(齿轮、皮带轮、联轴器等)之间的连接,用以传递扭矩和运动。它属于可拆卸连接,其中普通平键应用最广泛,半圆键次之。

键的类型有平键、半圆键、楔键和切向键。其中,平键又可分为普通平键、导向平键和薄形平键,楔键又可分为普通楔键和钩头锲键。键的结构见表 3-1。

表 3-1　单键的结构和类型

类型		图　　形	类型		图　　形
平键	普通平键		半圆键		
平键	导向平键		楔键	普通楔键	
			楔键	钩头楔键	
平键	薄形平键		切向键		

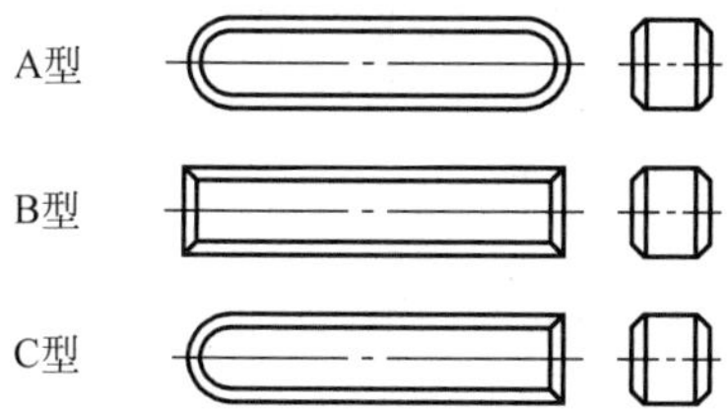

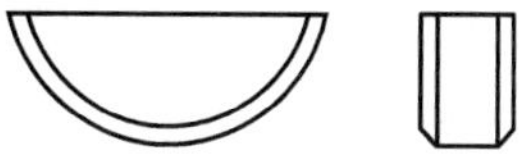

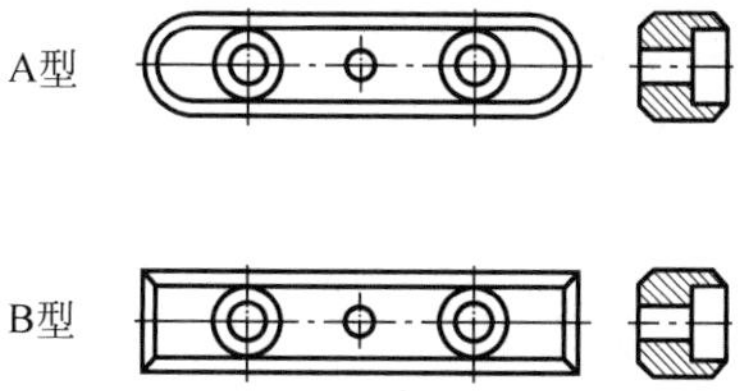

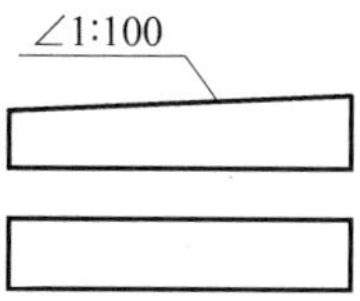

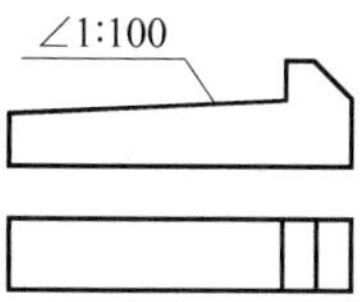

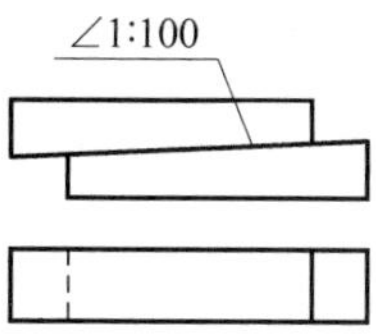

3.1.2　键连接的公差与配合

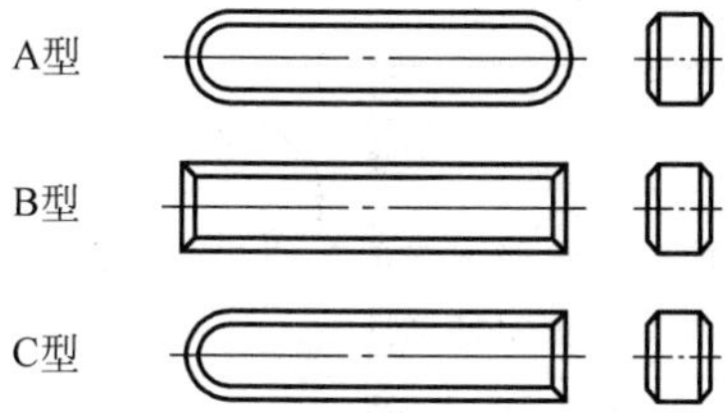

键连接的公差与配合的特点如下。

1. 配合的主要参数为键宽

由于扭矩的传递是通过键侧来实现的,因此配合的主要参数为键和键槽的宽度。键连接的配合性质也是以键与键槽宽的配合性质来体现的。

2. 采用基轴制

由于键的侧面同时与轴和轮毂键槽的侧面连接,且二者往往有不同的配合要求,此外,键是标准件,可用标准的精拔钢制造,因此,把键宽作基准,采用基轴制配合。

平键和半圆键的连接如图 3-1 所示,平键和键槽的尺寸如图 3-2 所示。

各种配合的性质及应用见表 3-2。

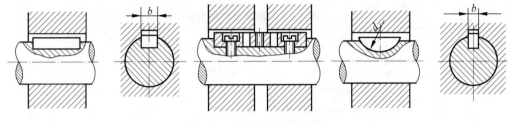

图 3-1　平键和半圆键连接

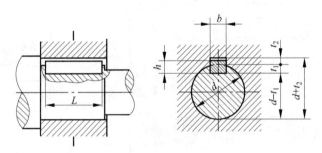

图 3-2　平键和键槽尺寸

非配合尺寸公差的规定如下:

轴键槽深 t_1 和毂键槽深 t_2 见表 3-3 或表 3-5,轴键槽长度的公差带代号为 H14,键长 L 为 h14,键高 h 的公差带代号为 h11,半圆键直径 d 的公差带代号为 h12。各要素公差见表 3-3～表 3-6。

表 3-2　各种配合的性质及应用

配合种类	尺寸 b 的公差			配合性质及应用
	键	轴键槽	毂键槽	
松连接		H9	D10	键在轴上及轮毂中均能滑动,主要用于导向平键,轮毂可在轴上作轴向移动
正常连接	h8	N9	JS9	键在轴上及轮毂中均固定,广泛用于一般机械制造中载荷不大的场合
紧密连接		P9	P9	键在轴上及轮毂中均牢固,且配合更紧,主要用于载荷较大,且有冲击以及需双向传递扭矩的场合

表 3-3　普通平键键槽剖面尺寸及键槽公差（摘自 GB/T 1095—2003）　　　　　mm

轴	键	键槽										
公称尺寸	键尺寸	宽度 b						深度				半径 r
		公称尺寸	极限偏差					轴 t_1		毂 t_2		
			松连接		正常连接		紧密连接	公称尺寸	极限偏差	公称尺寸	极限偏差	
d	$b \times h$		轴 H9	毂 D10	轴 N9	毂 JS9	轴和毂 P9					min	max
>10~12	4×4	4	+0.030 0	+0.078 +0.030	0 −0.030	±0.015	−0.012 −0.042	2.5	+0.1 0	1.8	+0.1 0	0.08	0.16
>12~17	5×5	5						3.0		2.3			
>17~22	6×6	6						3.5		2.8		0.16	0.25
>22~30	8×7	8	+0.036 0	+0.098 +0.040	0 −0.036	±0.018	−0.015 −0.051	4.0		3.3			
>30~38	10×8	10						5.0		3.3			
>38~44	12×8	12	+0.043 0	+0.120 +0.050	0 −0.043	±0.0215	−0.018 −0.061	5.0		3.3		0.25	0.40
>44~50	14×9	14						5.5		3.8			
>50~58	16×10	16						6.0	+0.2 0	4.3	+0.2 0		
>58~65	18×11	18						7.0		4.4			
>65~75	20×12	20	+0.052 0	+0.149 +0.065	0 −0.052	±0.026	−0.022 −0.074	7.5		4.9			
>75~85	22×14	22						9.0		5.4		0.40	0.60
>85~95	25×14	25						9.0		5.4			
>95~110	28×16	28						10.0		6.4			

表 3-4　普通平键的尺寸与公差（摘自 GB/T 1096—2003）　　　　　mm

宽度 b	公称尺寸	4	5	6	8	10	12	14	16	18	20	22	25	28
	极限偏差 (h8)	0 −0.018			0 −0.022		0 −0.027			0 −0.033				
高度 h	公称尺寸	4	5	6	7	8	8	9	10	11	12	14	14	16
	极限偏差 矩形 (h11)	—			0 −0.090						0 −0.110			
	极限偏差 方形 (h8)	0 −0.018			—						—			

表 3-5　半圆键、键槽剖面尺寸及键槽公差（摘自 GB/T 1098—2003）　　　　　mm

轴颈 d		键	键槽									
键传递扭矩	键定位用	公称尺寸 $b \times h \times d$	宽度 b				深度				半径 r	
			公称尺寸	偏差			轴 t_1		毂 t_2			
				正常连接		紧密连接	公称尺寸	极限偏差	公称尺寸	极限偏差		
				轴 N9	毂 JS9	轴和毂 P9					min	max
>8~10	>12~15	3×5×13	3	−0.004 −0.029	±0.0125	−0.006 −0.031	3.8		1.4		0.08	0.16
>10~12	>15~18	3×6.5×16	3				5.3		1.4			
>12~14	>18~20	4×6.5×16	4				5.0		1.8			
>14~16	>20~22	4×7.5×19	4				6.0	+0.2 0	1.8	+0.1 0		
>16~18	>22~25	5×6.5×16	5				4.5		2.3			
>18~20	>25~28	5×7.5×19	5	0 −0.030	±0.015	−0.012 −0.042	5.5		2.3		0.06	0.25
>20~22	>28~32	5×9×22	5				7.0		2.3			
>22~25	>32~36	6×9×22	6				6.5	+0.3 0	2.8	+0.2 0		
>25~28	>36~40	6×10×25	6				7.5		2.8			

注：$(d-t_1)$ 和 $(d+t_2)$ 两个组合尺寸的偏差按相应的 t_1 和 t_2 的偏差选取。但 $(d-t_1)$ 偏差值应取负号（−）。

表 3-6　半圆键的尺寸与公差（摘自 GB/T 1099.1—2003）　　　　　　mm

键宽 b		高度 h		直径 d	
公称尺寸	偏差 h8	公称尺寸	偏差 h11	公称尺寸	偏差 h12
3.0	0	5.0	0	13	0
3.0	−0.014	5.0	−0.075	16	−0.180
				16	
4.0		6.5		19	0
4.0		6.5			−0.21
5.0	0	7.5	0	16	0
5.0	−0.018	6.5	−0.090	19	−0.180
6.0		7.5		22	0
6.0		9.0		22	
		9.0		25	−0.210
		10.0			

注：键槽配合表面的表面粗糙度 $Ra=1.6\sim6.3\ \mu m$，键槽底面的表面粗糙度 $Ra=6.3\ \mu m$。

在键连接中除了对有关尺寸有公差要求外，对有关表面的形状和位置也有公差要求。因为键和键槽的形位误差除了造成装配困难，影响连接的松紧程度外，还使键的工作面负荷不均匀，使连接性质变坏，对中性不好，因此，对键和键槽的形位误差必须加以限制。在国家标准中对键及键槽的形位公差做了如下规定：

（1）根据不同的功能要求和键宽公称尺寸 b，键槽（轴槽及毂槽）对轴及轮毂轴线的对称度，一般可按 GB/T 1184—1996《形状和位置公差 未注公差值》对称度公差 7～9 级选取。

（2）当键长 L 与键宽 b 之比大于或等于 8 时，键宽 b 的两侧面在长度方向的平行度应符合 GB/T 1184—1996《形状和位置公差 未注公差值》的规定，当 $b\leqslant6$ mm 时按 7 级；$b\geqslant$ 8～36 mm 时按 6 级；当 $b\geqslant40$ mm 时按 5 级。

3.1.3　键及键槽的检测

在生产中一般采用游标卡尺、千分尺等通用计量器具对键进行检测。

在单件、小批量生产中，键槽宽度和深度一般用通用量具检测，而在大批量生产中，常用专用的量规检测尺寸。键槽尺寸检测极限量规如图 3-3 所示。

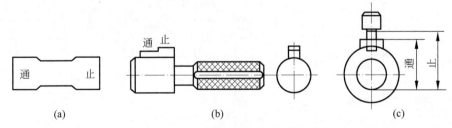

图 3-3　键槽尺寸检测极限量规

（a）槽宽极限量规；（b）轮毂槽深极限量规；（c）轴槽深极限量规

在单件、小批量生产时,通常采用通用量具检测键槽的对称度误差;而在大批量生产时,可采用专用量规来检测键槽的对称度误差。键槽的对称度误差检测量规如图 3-4 所示。

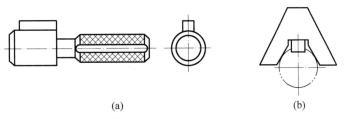

　　　　　　　　　(a)　　　　　　　　　　　　　　　　　(b)

图 3-4　键槽的对称度误差检测量规

(a) 轮毂键槽对称度检测量规;(b) 轴键槽对称度检测量规

3.1.4　矩形花键连接的结构和几何参数

当孔、轴需要传递较大的扭矩,并要求较高的定心精度时,单键连接已经不能满足使用要求,通常选用花键连接。花键是把多个键和轴制成一个整体,与键连接相比其具有很多优点,即定心精度高、导向性能好、承载能力强。花键连接既可固定连接也可滑动连接,在机床、汽车等机械行业中得到了广泛应用。

花键分为内花键(花键孔)和外花键(花键轴)两种。按截面形状可分为矩形花键和渐开线花键两种,如图 3-5 所示。

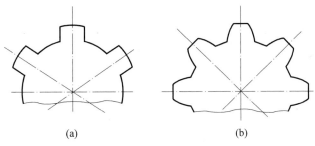

　　　　　　　(a)　　　　　　　　　　　　　　　(b)

图 3-5　花键的类型

(a) 矩形花键;(b) 渐开线花键

矩形花键有 3 个主要尺寸参数,即小径 d、大径 D 和键(键槽)宽 B。

1. 尺寸系列

GB/T 1144—2001 将矩形花键分为轻、中两个系列。轻系列的键数有 6 键、8 键和 10 键 3 种,键数随小径的增大而增多,小径在 $23\sim112$ mm 范围内共 15 种规格。中系列的键数与轻系列相同,小径在 $11\sim112$ mm 范围内共 20 种规格。轻、中系列合计 35 种规格,其基本尺寸系列如图 3-6 和表 3-7 所示,其键槽截面形状和尺寸如图 3-7 和表 3-8 所示。轻、中系列的键数、小径和键宽均相同,但中系列的大径比轻系列的大,因此中系列配合时的接触面积大、承载能力强。

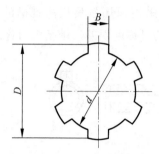

图 3-6　矩形内、外花键的基本尺寸

表 3-7　矩形花键的公称尺寸系列（摘自 GB/T 1144—2001）　　　　mm

小径 d	轻 系 列				中 系 列			
	规格 $N \times d \times D \times B$	键数 N	大径 D	键宽 B	规格 $N \times d \times D \times B$	键数 N	大径 D	键宽 B
11					$6 \times 11 \times 14 \times 3$		14	3
13					$6 \times 13 \times 16 \times 3.5$		16	3.5
16	—	—	—	—	$6 \times 16 \times 20 \times 4$		20	4
18					$6 \times 18 \times 22 \times 5$	6	22	5
21					$6 \times 21 \times 25 \times 5$		25	5
23	$6 \times 23 \times 26 \times 6$		26	6	$6 \times 23 \times 28 \times 6$		28	6
26	$6 \times 26 \times 30 \times 6$	6	30	6	$6 \times 26 \times 32 \times 6$		32	6
28	$6 \times 28 \times 32 \times 7$		32	7	$6 \times 28 \times 34 \times 7$		34	7
32	$8 \times 32 \times 36 \times 6$		36	6	$8 \times 32 \times 38 \times 6$		38	6
36	$8 \times 36 \times 40 \times 7$		40	7	$8 \times 36 \times 42 \times 7$		42	7
42	$8 \times 42 \times 46 \times 8$		46	8	$8 \times 42 \times 48 \times 8$		48	8
46	$8 \times 46 \times 50 \times 9$	8	52	9	$8 \times 46 \times 54 \times 9$	8	54	9
52	$8 \times 52 \times 58 \times 10$		58	10	$8 \times 52 \times 60 \times 10$		60	10
56	$8 \times 56 \times 62 \times 10$		62	10	$8 \times 56 \times 65 \times 10$		65	10
62	$8 \times 62 \times 68 \times 12$		68	12	$8 \times 62 \times 72 \times 12$		72	12
72	$10 \times 72 \times 78 \times 12$		78	12	$10 \times 72 \times 82 \times 12$		82	12
82	$10 \times 82 \times 88 \times 12$		88	12	$10 \times 82 \times 92 \times 12$		92	12
92	$10 \times 92 \times 98 \times 14$	10	98	14	$10 \times 92 \times 102 \times 14$	10	102	14
102	$10 \times 102 \times 108 \times 16$		108	16	$10 \times 102 \times 112 \times 16$		112	16
112	$10 \times 112 \times 120 \times 18$		120	18	$10 \times 112 \times 125 \times 18$		125	18

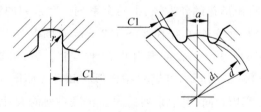

图 3-7　矩形花键键槽的截面形状

表 3-8　键槽的截面尺寸(摘自 GB/T 1144—2001)　　　　　　　　mm

轻系列					中系列				
规格 N×d×D×B	C	r	参考		规格 N×d×D×B	C	r	参考	
			$d_{1\min}$	$a_{\min}$				$d_{1\min}$	$a_{\min}$
—	—	—	—	—	6×11×14×3	0.2	0.1		
					6×13×16×3.5				
					6×16×20×4	0.3	0.2	14.4	1
					6×18×22×5			16.6	
					6×21×25×5			19.5	2
6×23×26×6	0.2	0.1	22	3.5	6×23×28×6			21.2	1.2
6×26×30×6	0.3	0.2	24.5	3.8	6×26×32×6			23.6	
6×28×32×7			26.6	4.0	6×28×34×7	0.4	0.3	25.8	1.4
8×32×36×6			30.3	2.7	8×32×38×6			29.4	1
8×36×40×7			34.4	3.5	8×36×42×7			33.4	
8×42×46×8			40.5	5.0	8×42×48×8			39.4	2.5
8×46×50×9			44.3	5.7	8×46×54×9	0.5	0.4	42.6	1.4
8×52×58×10			49.6	4.8	8×52×60×10			48.6	2.5
8×56×62×10			53.5	6.5	8×56×65×10			52.0	
8×62×68×12			59.7	7.3	8×62×72×12			57.7	2.4
10×72×78×12	0.4	0.3	69.6	5.4	10×72×82×12			67.4	1
10×82×88×12			79.3	8.5	10×82×92×12	0.6	0.5	77.0	2.9
10×92×98×14			89.6	9.9	10×92×102×14			87.3	4.5
10×102×108×16			99.6	11.3	10×102×112×16			97.7	6.2
10×112×120×18	0.5	0.4	108.8	10.5	10×112×125×18			106.2	4.1

2. 定心方式

矩形花键的定心方式分为 3 种,即大径 D 定心、小径 d 定心和键宽 B 定心,如图 3-8 所示。

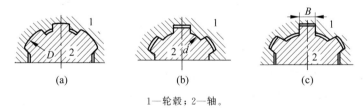

1—轮毂;2—轴。

图 3-8　矩形花键的 3 种定心方式

(a) 大径定心;(b) 小径定心;(c) 键宽定心

3. 矩形花键连接的公差与配合

矩形花键连接可分为一般用花键连接和精密传动用花键连接,其公差与配合的选择可参考表 3-9。

表 3-9　矩形内、外花键的尺寸公差带（摘自 GB/T 1144—2001）

内　花　键				外　花　键			装配形式
		B					
d	D	拉削后不热处理	拉削后热处理	d	D	B	
一　般　用							
H7	H10	H9	H11	f7	a11	d10	滑动
				g7		f9	紧滑动
				h7		h10	固定
精　密　传　动　用							
H6	H10	H7、H9		f6	a11	d8	滑动
				g6		f7	紧滑动
				h6		h8	固定
H5				f5		d8	滑动
				g5		f7	紧滑动
				h5		h8	固定

注：1. 精密传动用的内花键，当需要控制键侧配合间隙时，槽宽可选 H7，一般情况下可选 H9。
　　2. d 为 H6 和 H7 的内花键，允许与提高一级的外花键配合。

　　一般用的内花键分为拉削后热处理和拉削后不热处理两种。拉削后热处理的内花键，由于键槽产生变形，国家标准规定了较低的精度等级（由 H9 降为 H11）。精密传动用的内花键，当需要控制键侧配合间隙时，槽宽可选 H7，一般情况下选 H9。

　　花键配合的定心精度要求越高、传递扭矩越大时，花键应选用较高的公差等级。常见的汽车、拖拉机变速箱中多采用一般级花键，精密机床变速箱中多采用精密级花键。

　　内、外花键键侧的位置度误差会影响花键连接的键侧配合间隙，国家标准规定了相应的位置度公差，并采用最大实体要求。矩形花键的位置度公差和标注见表 3-10。

表 3-10　矩形花键的位置度公差（摘自 GB/T 1144—2001）　　　　mm

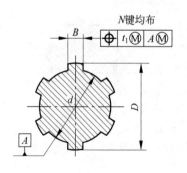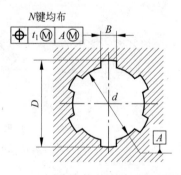

续表

键槽宽或键宽 B	3	3.5～6	7～10	12～18
位置度公差 t_1				
键　槽　宽	0.010	0.015	0.020	0.025
键宽　滑动、固定	0.010	0.015	0.020	0.025
键宽　紧滑动	0.006	0.010	0.013	0.016

　　国家标准还对矩形花键的对称度和等分度提出了公差要求。键宽和键槽宽的对称度公差和标注见表 3-11,矩形花键各配合表面的表面粗糙度推荐值见表 3-12。

表 3-11　矩形花键键宽的对称度公差(摘自 GB/T 1144—2001)　　　　mm

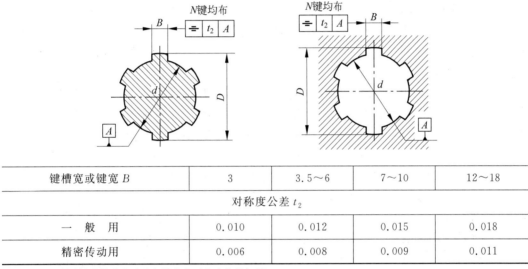

键槽宽或键宽 B	3	3.5～6	7～10	12～18
对称度公差 t_2				
一　般　用	0.010	0.012	0.015	0.018
精密传动用	0.006	0.008	0.009	0.011

　　注:矩形花键的等分度公差与键宽的对称度公差相同。

表 3-12　矩形花键各配合表面的表面粗糙度推荐值

加 工 表 面	内　花　键	外　花　键
	Ra 值/μm(不大于)	
小径	1.6	0.8
大径	6.3	3.2
键侧	3.2	0.8

4. 矩形花键的标注

　　矩形花键在图样上的标注为:键数 N×小径 d×大径 D×键宽 B,其各自的公差带代号和精度等级可根据需要标注在各自的基本尺寸之后。

　　【**典型实例 3-1**】　某花键副 $N=8$,$d=23\dfrac{H7}{f7}$,$D=26\dfrac{H10}{a11}$,$B=6\dfrac{H11}{d10}$,对其进行标注。

　　根据不同的需要,各种标注如图 3-9 所示,即

　　花键规格:8×23×26×6

花键副：$8 \times 23 \dfrac{H7}{f7} \times 26 \dfrac{H10}{a11} \times 6 \dfrac{H11}{d10}$

内花键：$8 \times 23H7 \times 26H10 \times 6H11$

外花键：$8 \times 23f7 \times 26a11 \times 6d10$

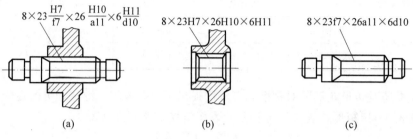

(a)　　　　　　　　(b)　　　　　　　　(c)

图 3-9　矩形花键参数的标注

5. 矩形花键的检测

花键检测的方式根据不同的生产规模而定。对单件、小批量生产的内、外花键可用通用量具按独立原则分别对尺寸 d, D 和 B 进行尺寸误差单项测量；对键（键槽）宽的对称度及等分度分别进行形位误差测量。

对大批量生产的内、外花键可采用综合量规（内花键用综合塞规，外花键用综合环规，见图 3-10）按包容原则检测花键的小径 d，并按最大实体原则综合检测花键的大径 D 及键（键槽）宽 B。综合量规只有通端，故另需用单项量规（内花键用塞规、外花键用卡板）分别检测 d, D 和 B 的最小实体尺寸，单项量规只有止端。

检测时，综合量规能通过、单项量规不能通过时则花键合格。

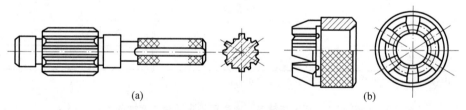

(a)　　　　　　　　　　　　　　　　(b)

图 3-10　花键综合量规

(a) 综合塞规；(b) 综合环规

3.2　螺纹的公差与配合

3.2.1　螺纹的种类及使用要求

螺纹结合是机械制造业中广泛采用的一种结合形式，按不同的用途可分为两大类：

（1）连接螺纹。又称紧固螺纹，主要用于固定和连接零件。它要求螺牙侧面接触均匀紧密、连接可靠，同时要求有良好的旋入性且装拆方便，是使用最广泛的一种螺纹结合形式。连接螺纹包括普通螺纹（粗牙、细牙）、英制螺纹和管螺纹。

（2）传动螺纹。主要用于传递动力或精确位移，要求其具有足够的强度，并保证位移精度。传动螺纹的牙型有梯形、锯齿形和矩形等,机床中的丝杠、螺母常采用梯形牙型。

3.2.2　普通螺纹的基本几何参数

米制普通螺纹的基本牙型如图 3-11 所示。

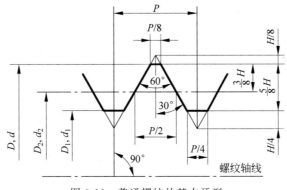

图 3-11　普通螺纹的基本牙型

（1）大径 D 或 d：与内螺纹牙底或外螺纹牙顶相重合的假想圆柱体直径。国家标准规定米制普通螺纹大径的基本尺寸为螺纹公称直径。

（2）小径 D_1 或 d_1：与内螺纹牙顶或外螺纹牙底相重合的假想圆柱体直径。

（3）中径 D_2 或 d_2：一假想圆柱体直径,其母线在 $\dfrac{H}{2}$ 处,在此母线上牙体与牙槽的宽度相等。

（4）单一中径：一假想圆柱体直径,该圆柱体的母线在牙槽宽度等于 $\dfrac{P}{2}$ 处,而不考虑牙体宽度大小。单一中径在实际螺纹上可以测得,它代表螺纹中径的实际尺寸。

（5）螺距 P：相邻两牙在中径母线上对应两点间的轴向距离。

（6）牙型角 α：在螺纹牙型上相邻两牙侧间的夹角,对于米制普通螺纹 $\alpha=60°$。

（7）牙型半角 $\dfrac{\alpha}{2}$：在螺纹牙型上牙侧与螺纹轴线垂直线间的夹角。对于米制普通螺纹,$\dfrac{\alpha}{2}=30°$。

（8）原始三角形高度 H：原始等边三角形顶点到底边的垂直距离。

（9）牙型高度 h：螺纹牙顶与牙底间的垂直距离,$h=\dfrac{5}{8}H$。

（10）螺纹旋合长度 L：两相配合的螺纹沿螺纹轴线方向相互旋合部分的长度,如图 3-12 所示。

3.2.3　螺纹的公差等级

普通螺纹的公差等级见表 3-13。

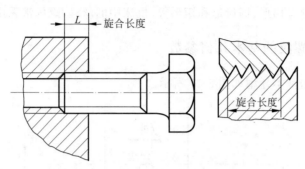

图 3-12　螺纹旋合长度

表 3-13　普通螺纹的公差等级

螺 纹 直 径		公 差 等 级	螺 纹 直 径		公 差 等 级
外螺纹	中径 d_2	3,4,5,6,7,8,9	内螺纹	中径 D_2	4,5,6,7,8
	大径(顶径)d	4,6,8		小径(顶径)D	4,5,6,7,8

　　内螺纹的中径、小径,外螺纹的中径、大径可分别选择不同的公差等级,一般 6 级为基本级。同样公差等级的内螺纹中径公差比外螺纹中径公差大 32%,这是因为内螺纹较难加工。内、外螺纹的公差值可根据螺距及公差等级分别查阅表 3-14 和表 3-15。

　　对内螺纹的大径和外螺纹的小径不规定具体的公差数值,只规定不得超过按基本偏差所确定的最大实体牙型。

表 3-14　内、外螺纹中径公差值(摘自 GB/T 197—2018)　　　　　μm

公称大径/mm		螺距 P/mm	内螺纹中径公差 T_{D2}					外螺纹中径公差 T_{d2}						
>	≤		公 差 等 级					公 差 等 级						
			4	5	6	7	8	3	4	5	6	7	8	9
2.8	5.6	0.5	63	80	100	125	—	38	48	60	75	95	—	—
		0.6	71	90	112	140	—	42	53	67	85	106	—	—
		0.7	75	95	118	150	—	45	56	71	90	112	—	—
		0.75	75	95	118	150	—	45	56	71	90	112	—	—
		0.8	80	100	125	160	200	48	60	75	95	118	150	190
5.6	11.2	0.75	85	106	132	170	—	50	63	80	100	125	—	—
		1	95	118	150	190	236	56	71	90	112	140	180	224
		1.25	100	125	160	200	250	60	75	95	118	150	190	236
		1.5	112	140	180	224	280	67	85	106	132	170	212	265
11.2	22.4	1	100	125	160	200	250	60	75	95	118	150	190	236
		1.25	112	140	180	224	280	67	85	106	132	170	212	265
		1.5	118	150	190	236	300	71	90	112	140	180	224	280
		1.75	125	160	200	250	315	75	95	118	150	190	236	300
		2	132	170	212	265	335	80	100	125	160	200	250	315
		2.5	140	180	224	280	355	85	106	132	170	212	265	335

续表

公称大径 /mm		螺距 P/mm	内螺纹中径公差 T_{D2}					外螺纹中径公差 T_{d2}						
>	≤		公　差　等　级					公　差　等　级						
			4	5	6	7	8	3	4	5	6	7	8	9
22.4	45	1	106	132	170	212	—	63	80	100	125	160	200	250
		1.5	125	160	200	250	315	75	95	118	150	190	236	300
		2	140	180	224	280	355	85	106	132	170	212	265	335
		3	170	212	265	335	425	100	125	160	200	250	315	400
		3.5	180	224	280	355	450	106	132	170	212	265	335	425
		4	190	236	300	375	475	112	140	180	224	280	355	450
		4.5	200	250	315	400	500	118	150	190	236	300	375	475

表 3-15　内、外螺纹顶径公差值(摘自 GB/T 197—2018)　　　　　　　μm

公差项目	内螺纹顶径(小径)公差 T_{D1}					外螺纹顶径(大径)公差 T_d		
螺距 P/mm	公差等级							
	4	5	6	7	8	4	6	8
0.5	90	112	140	180	—	67	106	—
0.6	100	125	160	200	—	80	125	—
0.7	112	140	180	224	—	90	140	—
0.75	118	150	190	236	—	90	140	—
0.8	125	160	200	250	315	95	150	236
1	150	190	236	300	375	112	180	280
1.25	170	212	265	335	425	132	212	335
1.5	190	236	300	375	475	150	236	375
1.75	212	265	335	425	530	170	265	425
2	236	300	375	475	600	180	280	450
2.5	280	355	450	560	710	212	335	530
3	315	400	500	630	800	236	375	600
3.5	355	450	560	710	900	265	425	670
4	375	475	600	750	950	300	475	750

3.2.4　螺纹的基本偏差

(1) 内螺纹的中径、小径规定采用 G,H 两种公差带位置,以下偏差 EI 为基本偏差,其基本偏差 $EI \geqslant 0$,如图 3-13(a)、(b)所示。

(2) 外螺纹的中径、大径规定采用 e,f,g,h 4 种公差带位置,以上偏差 es 为基本偏差,其基本偏差 $es \leqslant 0$,如图 3-13(c)、(d)所示。图中 $d_{3\max}$ 为外螺纹的最大底(小)径。

内、外螺纹的基本偏差值见表 3-16。

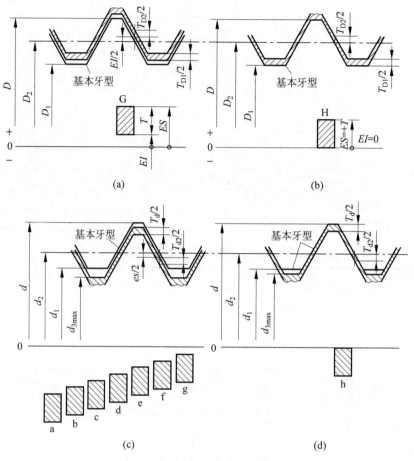

图 3-13　内、外螺纹公差带位置

表 3-16　内、外螺纹基本偏差（摘自 GB/T 197—2018）　　　　μm

螺距 P/mm	基本偏差									
	内螺纹		外螺纹							
	G	H	a	b	c	d	e	f	g	h
	EI	EI	es	es	es	es	es	es	es	es
0.2	+17	0	—	—	—	—	—	—	−17	0
0.25	+18	0	—	—	—	—	—	—	−18	0
0.3	+18	0	—	—	—	—	—	—	−18	0
0.35	+19	0	—	—	—	—	—	−34	−19	0
0.4	+19	0	—	—	—	—	—	−34	−19	0
0.45	+20	0	—	—	—	—	—	−35	−20	0
0.5	+20	0	—	—	—	—	−50	−36	−20	0
0.6	+21	0	—	—	—	—	−53	−36	−21	0
0.7	+22	0	—	—	—	—	−56	−38	−22	0
0.75	+22	0	—	—	—	—	−56	−38	−22	0
0.8	+24	0	—	—	—	—	−56	−38	−22	0
1	+26	0	−290	−200	−130	−85	−60	−40	−26	0

螺距 P/mm	基本 偏 差									
	内螺纹		外螺纹							
	G	H	a	b	c	d	e	f	g	h
	EI	EI	es	es	es	es	es	es	es	es
1.25	+28	0	−295	−205	−135	−90	−63	−42	−28	0
1.5	+32	0	−300	−212	−140	−95	−67	−45	−32	0
1.75	+34	0	−310	−220	−145	−100	−71	−48	−34	0
2	+38	0	−315	225	−150	−105	−71	−52	−38	0
2.5	+42	0	−325	−235	−160	−110	−80	−58	−42	0
3	+48	0	−335	−245	−170	−115	−85	−63	−48	0
3.5	+53	0	−345	−255	−180	−125	−90	−70	−53	0
4	+60	0	−355	−265	−190	−130	−95	−75	−60	0
4.5	+63	0	−365	−280	−200	−135	−100	−80	−63	0
5	+71	0	−375	−290	−212	−140	−106	−85	−71	0
5.5	+75	0	−385	−300	−224	−150	−112	−90	−75	0
6	+80	0	−395	−310	−236	−155	−118	−95	−80	0
8	+100	0	−425	−340	−265	−180	−140	−118	−100	0

3.2.5　旋合长度与配合精度

螺纹的配合精度不仅与制造精度(公差等级)有关,还与旋合长度有关。螺纹的旋合长度可分为短旋合长度 S、中等旋合长度 N 和长旋合长度 L 3 种,可按表 3-17 选取。一般情况下应选用中等旋合长度。

表 3-17　螺纹旋合长度(摘自 GB/T 197—2018)　　　　　　　mm

基本大径 D、d		螺距 P	旋合长度			
			S		N	L
>	≤		≤	>	≤	>
0.99	1.4	0.2	0.5	0.5	1.4	1.4
		0.25	0.6	0.6	1.7	1.7
		0.3	0.7	0.7	2	2
1.4	2.8	0.2	0.5	0.5	1.5	1.5
		0.25	0.6	0.6	1.9	1.9
		0.35	0.8	0.8	2.6	2.6
		0.4	1	1	3	3
		0.45	1.3	1.3	3.8	3.8
2.8	5.6	0.35	1	1	3	3
		0.5	1.5	1.5	4.5	4.5
		0.6	1.7	1.7	5	5
		0.7	2	2	6	6
		0.75	2.2	2.2	6.7	6.7
		0.8	2.5	2.5	7.5	7.5

续表

基本大径 D、d		螺距 P	旋合长度			
			S		N	L
>	≤		≤	>	≤	>
5.6	11.2	0.75	2.4	2.4	7.1	7.1
		1	3	3	9	9
		1.25	4	4	12	12
		1.5	5	5	15	15
11.2	22.4	1	3.8	3.8	11	11
		1.25	4.5	4.5	13	13
		1.5	5.6	5.6	16	16
		1.75	6	6	18	18
		2	8	8	24	24
		2.5	10	10	30	30
22.4	45	1	4	4	12	12
		1.5	6.3	6.3	19	19
		2	8.5	8.5	25	25
		3	12	12	36	36
		3.5	15	15	45	45
		4	18	18	53	53
		4.5	21	21	63	63
45	90	1.5	7.5	7.5	22	22
		2	9.5	9.5	28	28
		3	15	15	45	45
		4	19	19	56	56
		5	24	24	71	71
		5.5	28	28	85	85
		6	32	32	95	95

螺纹的配合精度可分为精密级、中等级和粗糙级 3 种。其中,精密级用于精密螺纹及要求配合性质变动较小的连接;中等级用于一般螺纹连接;粗糙级用于要求不高或制造比较困难的螺纹,如长盲孔螺纹、热轧棒料螺纹。

从表 3-18 可以看出,在同一配合精度等级中,不同的旋合长度有不同的中径公差等级,这是考虑到不同的旋合长度对螺距累积误差有不同影响的缘故。

内、外螺纹可组合成 H/h,H/g 和 G/h 等配合。H/h 配合的最小间隙为零,通常均采用此种配合。H/g 和 G/h 配合保证具有间隙,常用于要求装拆方便、高温下工作及需镀较薄保护层的场合,对需镀较厚保护层的螺纹还可选用 H/f,H/e 等配合。

表 3-18　普通螺纹的推荐公差带(摘自 GB/T 197—2018)

旋合长度		内螺纹推荐公差带			外螺纹推荐公差带		
		S	N	L	S	N	L
公差精度	精密	4H	5H	6H	(3h4h)	4h* (4g)	(5h4h) (5g4g)
	中等	5H* (5G)	6H* 6G*	7H* (7G)	(5h6h) (5g6g)	6h、6g* 6f*、6e*	(7h6h) (7g6g)(7e6e)
	粗糙	—	7H (7G)	8H (8G)	—	8g (8e)	(9g8g) (9e8e)

注：1. 优先选用带 * 的公差带,其次选用不带 * 的公差带,加( )的公差带尽可能不用。

　　2. 带方框及 * 的公差带用于大量生产的紧固件。

3.2.6　螺纹的标注

螺纹的标注包括螺纹代号、螺纹公差带代号和旋合长度代号 3 部分。

(1) 螺纹代号。粗牙普通螺纹用 M 及公称直径表示。细牙普通螺纹用 M 及公称直径×螺距表示。左旋螺纹在螺纹代号后加"左",不注明时为右旋螺纹。

(2) 螺纹公差带代号。螺纹公差带代号包括中径和顶径代号,如两者代号相同,可只标一个代号;如两者代号不同,前者为中径代号,后者为顶径代号(顶径:外螺纹指大径,内螺纹指小径)。

(3) 旋合长度代号。可标注旋合长度代号,也可直接标注旋合长度值。短旋合长度用"S"表示,长旋合长度用"L"表示,若采用中等旋合长度 N 时,可不标注代号。

(4) 螺纹的旋向。对于左旋螺纹应在旋合长度代号后标注"LH"代号,旋合长度代号与旋向代号之间用"-"分开,右旋螺纹不标注(省略)旋向代号。

在装配图中,内、外螺纹公差带代号可用斜线隔开,左边代表内螺纹,右边代表外螺纹。如:M20×2-6H/5g6g,即表示公差带为 6H 的内螺纹与公差带为 5g6g 的外螺纹组成的配合。另外,如果要进一步表明螺纹的线数,可在螺距后面加线数(用英文说明),如双线为 two starts、三线为 three starts。如:M14×Ph6P2(three starts)-7H-L-LH。

3.2.7　螺纹的测量

螺纹的测量可分为综合测量和单项测量。

1. 综合测量

在成批生产中可采用螺纹量规和光滑极限量规联合检验螺纹合格与否。

图 3-14 所示为用环规检验螺栓的情况。通端螺纹环规用来控制螺栓作用中径及小径的最大极限尺寸。止端螺纹环规用来控制螺栓单一中径的最小极限尺寸。光滑极限卡规的止端与通端用来检验螺栓大径的极限尺寸。

图 3-15 所示为用塞规检验螺母的情况。通端螺纹塞规用来控制螺母的作用中径及大径的最小极限尺寸。止端螺纹塞规用来控制螺母单一中径的最大极限尺寸。光滑极限塞规的止端与通端用来检验螺母小径的极限尺寸。

通端螺纹环、塞规用来控制作用中径,应采用完整牙型,其长度应等于旋合长度。而止端螺纹环、塞规则采用截短牙型,其长度也可较短,以减少螺距误差及牙型半角误差对检验结果的影响。

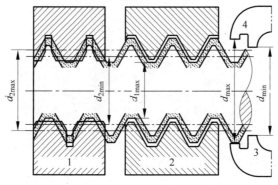

1—止端螺纹环规;2—通端螺纹环规;3—止规;4—通规。

图 3-14　用环规检验螺栓

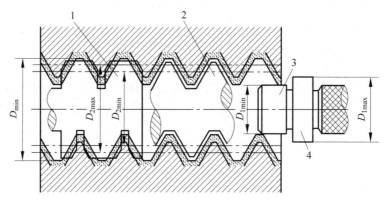

1—止端螺纹塞规;2—通端螺纹塞规;3—通规;4—止规。

图 3-15　用塞规检验螺母

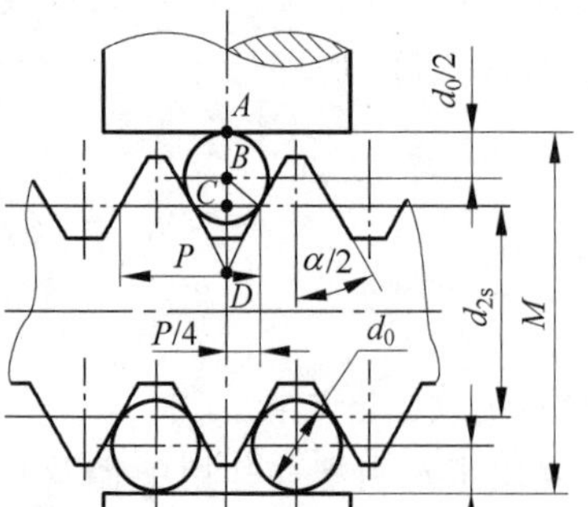

2. 单项测量

1) 用三针法测量

三针测量法方法简单,测量精度较高,如选用 0 级量针(国产量针分为 0,1 两级)及四等量块在光学比较仪上测量,其测量误差可控制在 $\pm 1.5\ \mu\mathrm{m}$ 以内;缺点是所需量针规格较多,可达 20 多种。图 3-16 所示为三针法的测量原理。测量时,可根据被测螺纹的螺距,选取合适直径的 3 根精密量针,按图示位置放在被测螺纹的牙槽内,夹放在两测头之间。合适的量针直径,可以保证量针与牙槽接触点的轴向距离正好在公称螺距的一半处,即三针法测量的是螺纹的单一中径。然后用精密测量仪器测出针距 M 值,根据螺纹的螺距 P、牙型半角

图 3-16　用三针法测量外螺纹的
单一中径

$\alpha/2$ 及量针的直径 d_0,按下式(推导过程略)计算出测量螺纹的单一中径 d_{2s}:

$$d_{2s} = M - d_0\left(1 + \frac{1}{\sin\dfrac{\alpha}{2}}\right) + \frac{P}{2}\cot\frac{\alpha}{2} \qquad (3\text{-}1)$$

对于米制普通螺纹,牙型半角 $\alpha/2 = 30°$,将其代入式(3-1)得

$$d_{2s} = M - 3d_0 + 0.866P \qquad (3\text{-}2)$$

2)用万能工具显微镜测量

单项测量可用万能工具显微镜测量螺纹的各种参数。万能工具显微镜是一种应用很广泛的光学计量仪器。它采用影像法测量原理,将被测螺纹的牙型轮廓放大成像,按被测螺纹的影像测量其螺距、牙型半角和中径等几何参数。各种精密螺纹,如螺纹量规、精密丝杠等,均可用万能工具显微镜测量。

3.3 渐开线圆柱齿轮的公差与检测

齿轮传动在机械制造业中被广泛应用。齿轮的传动定义为定比传动,它有着很高的传动精度。在动力、转矩传递、速比改变的场合,其优越的工作性能得到充分体现。根据工作性质的不同,齿轮的轮齿在圆柱上的分布是不同的。根据其齿形,齿轮一般可分为直齿圆柱齿轮、斜齿圆柱齿轮、弧齿圆柱齿轮、人字齿圆柱齿轮。齿轮的制造精度影响着机器的运行,工作精度误差过大会造成机器振动及运行中产生噪声。另外,瞬时传动比不稳定等不良状况对于量具、量仪来说会影响检测的精度,严重时还会降低机器、量仪的使用寿命。

3.3.1 渐开线圆柱齿轮的工作要求

1. 传递精度

传递精度是指齿轮副工作时,由速比决定的传动关系对设计要求的相关程度。虽然是定比传动,但是由于齿轮的加工误差(齿形、周节等误差)会影响瞬时速比,所以瞬时速比的变化越小,传动精度越高。

2. 传动平稳性

因为瞬时速比的存在使齿轮副中的从动齿轮产生被动响应并产生对主动齿轮的惯性冲击,会导致齿轮副的振动及运行噪声。控制瞬时速比的大小,事实上就是控制齿轮的制造误差、齿轮副的安装误差。误差越小,传动平稳性就越高。

3. 啮合精度

啮合精度是指传动中主、从动齿轮齿廓相啮合时相啮合两齿侧面的接触状态与设计要求的相关程度。啮合精度影响传递时负荷分布的合理性和均匀性。如果齿侧面啮合不理想,将导致轮齿工作时应力分布不均匀,发生过早磨损及疲劳,严重时,造成崩齿甚至折断。因此,啮合精度影响齿轮副的工作寿命。

4. 合理侧隙

合理侧隙是指啮合时非接触侧面应有的间隙,此间隙在传动中可储存润滑脂或润滑油,更可在较大程度上弥补制造、安装误差及负荷状态下运行带来的热变形误差。

在实际的工作中,以上 4 种要求根据工作负荷、运行条件不同会有不同的侧重。比如,在量具、量仪中传动的齿轮,其传动精度的要求相当高,而在测量中齿轮间只受测量力的作

用。由于量具为测量精度所要求,测量力即使很小也要由标准器具严格控制,故对负荷分布的非均匀性不敏感。在重荷低速的工作场合,其啮合精度相当重要。但在高速工作中,传动的平稳性及侧隙大小的重要性十分明显,因为涉及机器工作的稳定,无侧隙或侧隙过小,也会因齿轮的热变形造成卡死而损坏机器。

3.3.2　误差的形成与评定指标

1. 影响传动精度的误差

1) 范成加工时齿坯的定位误差

齿坯定位误差也称为径向误差,是指齿坯轴线与定位轴线不重合时,齿轮加工后实际齿形发生齿高、齿厚的周期性变化而出现的误差。齿距不均匀且齿厚的不断变化,又使得传递变得很不稳定。齿轮切制时的定位误差如图 3-17 所示。

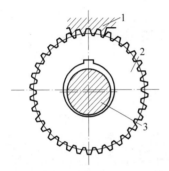

1—滚齿刀;2—被切齿轮;3—定位心轴。

图 3-17　齿轮切制时的定位误差

2) 误差评定指标

(1) 切向综合误差。切向综合误差是指被测齿轮与精确齿轮啮合时,被测齿轮旋转一整圈之内,多次测取因被测齿轮转角引起的精确齿轮的实际转角与理论转角的最大代数差。它是定位误差和制造误差的综合反映,是评定传动精度的最佳综合指标。切向综合误差的测量应使用单面啮合综合测量仪,此量仪价格昂贵、结构复杂、操作讲究,在生产现场应用较少。

(2) 齿距累积误差和 K 个齿距累积误差。齿距累积误差是指在分度圆上任意两个同侧齿面间的实际弧长与理论弧长的最大代数差的绝对值。在齿距较大或过小时,可采用 K 个(K 为 2 至小于齿轮齿数一半的整数)齿距累积误差,这是 K 个齿距的实际弧长与理论弧长的最大代数差的绝对值。齿距累积误差反映了齿轮在 1 转之内,任意两个齿距间的弧长最大变动量对应的转角误差,综合反映了制造误差和定位误差的作用效果。由于齿距累积误差只在分度圆上进行测量,故相比切向误差有所不足。

(3) 齿圈(分度圆)径向跳动。齿圈径向跳动是指齿轮一转内测头与齿槽的两侧面接触,在直径方向上获得的最大读数差。量仪的触头可分为球形触头和锥形触头两种。如果触点为分度圆的假想圆柱面,用量仪所获得的数据反映的是分度圆的径向跳动。

(4) 公法线长度误差。公法线长度误差是指在被测齿轮圆周之内,实际公法线长度的最大值与理论公法线长度的代数差。公法线长度的变动说明齿廓沿基圆切线方向存在误差,是定位误差范成切制时齿轮坯转角不稳定因素的综合反映。公法线长度误差的测量要使用公法线千分尺。

(5) 径向综合误差。径向综合误差是指被测齿轮与理想精确齿轮相啮合,在被测齿轮转动 1 周内,两齿轮中心距的最大变动量。测量基于无侧隙啮合,若被测齿轮存在切制时的定位误差及齿廓基节误差,在与理论精确齿轮啮合转动时,两齿轮的中心距将发生变化。由于啮合运转与切制运转模式基本一致,因此径向综合误差是定位误差、齿廓误差、基节误差、公法线长度误差、刀具误差及切制时安装调整误差的综合反映。径向综合误差检测操作简单,容易测量。

2. 影响传动平稳性的误差

齿轮具有相同的模数及压力角就可以传动,但传动的平稳性有赖于两个齿轮的基节相等。除此以外,齿形误差也是影响传动平稳性的重要因素。一般来说,基节误差及齿形误差主要来自切制时加工系统的误差。滚齿刀同一模数而刀号不同时,其实际切出的齿形也不尽相同,甚至同一滚齿刀加工的齿数不同,其齿形也发生一定的变化。基节的变化源自工件在被切制时周向线速度的不稳定性。

(1) 基节误差。两个齿轮相啮合的两齿的基节不相等,有可能带来超前或滞后的啮合现象,正常的啮合系数为 1.1~1.3,意思是在 1.1~1.3 对齿的啮合下,传动就可以顺畅地连续下去。超前的啮合实际上是啮合系数小于 1.1,即下一对进入啮合的齿如果出现超前啮合,将造成尚在脱离啮合的上一对齿两齿瞬间加速而相撞并脱离啮合。另一种情况是,相啮合的两齿基节不等,其分度圆的齿厚与齿槽也不相等,也可能引起实际传动中没有合理侧隙或侧隙过大的现象,导致传动不稳定,如图 3-18(a)所示。

(2) 齿形误差。剔除人为因素,齿形误差属于加工原理误差,是难以避免的因素。减小误差的手段只有合理选用滚齿刀号(许用齿数与实际加工齿数尽量接近)或进行后期的剃齿、磨齿、珩齿工艺,以降低齿形误差对传动平稳性的影响。

3. 传动平稳性的评定指标

(1) 一齿切向综合误差。一齿切向综合误差是指被测齿轮与理想精确齿轮单面啮合时,在被测齿轮齿距角内,实际转角与公称转角之差的最大值。其参数为分度圆上的弧长。一齿切向综合误差反映了基节误差与齿形误差的综合影响情况。检测一齿切向综合误差要采用单齿仪,较难在生产现场操作。

(2) 一齿径向综合误差。一齿径向综合误差是指被测齿轮与理想精确齿轮双面啮合时,在被测齿轮齿距角内,两个齿轮中心距的最大变动量。它同样反映了基节误差及齿形误差的综合影响情况,是综合测定的指标项目,但不及一齿切向综合误差准确。

(3) 基节误差。基节误差是指实际基节与公称基节的代数差,如图 3-18(b)所示。基节是基圆圆柱切平面所截的两相邻同侧齿面交线之间的距离。

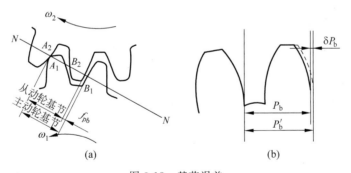

图 3-18　基节误差

(a) 一对啮合齿轮产生的基节误差;(b) 单个齿轮的基节误差

(4) 齿形误差。齿形误差是指被测齿的形状与理想齿的形状(渐开线)偏离的程度。其测定原理为包容实际齿廓且法向距离为最小的两条互相平行的齿廓线间的距离。齿形误差主要是由同一刀号加工齿数不同的齿轮带来的,如图 3-19 所示。

1—齿侧形状误差;2—实际齿形;3—理论齿形。

图 3-19　齿形误差

(5) 齿距偏差。齿距偏差是指分度圆上实际齿距与公称齿距的代数差,如图 3-20 所示。

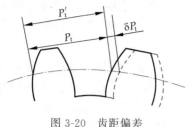

图 3-20　齿距偏差

4. 影响负荷均匀性的主要误差

一对啮合齿轮在传动时,其齿侧轮廓啮合的程度越高,负荷的均匀性越好。如果两个理想的直齿圆柱齿轮相啮合,沿轴线方向的啮合线应为一条理想直线。

啮合时,两齿接触的直线是否连续,接触点受力是否均匀,都是负荷均匀性考虑的误差要素。误差的来源如下:

(1)系统误差。在切制齿轮时,齿轮坯轴线与滚刀回转轴线在空间没有构成 90°夹角,实际切出的齿廓切平面与齿轮轴线平面产生一定程度的夹角,造成齿侧轮廓接触不均匀。

(2)齿形误差与基节误差。

5. 负荷均匀性的评定指标

在齿高方向上,可借助传动平稳性的指标评定,但在齿宽方向应由齿向误差来评定。

(1)齿向误差用齿侧轮廓与分度圆柱的交线来定义,此交线称为齿线。对于圆柱直齿齿轮来说,齿线与轴线平行。齿向公差指两条距离最小且包容实际齿线并互相平行的理想齿线之间的距离。

(2)齿轮侧隙的主要误差。合理的侧隙在齿轮副的传动中很有必要,它可以在很大程度上抵消齿形误差、基节误差、运动偏心、公法线长度误差等带来的影响,但传动中也在一定的程度上带来传动冲击、噪声,故此对侧隙的大小要求是比较严格的。侧隙的获得一般有两种方式:一是设定齿厚公差,将齿厚加工到接近下偏差,也就是在符合公差要求的前提下,把齿切制得薄一些;二是在进行齿轮副装配的时候,将中心距拉长一些,使两齿轮的分度圆柱表面稍稍错开。

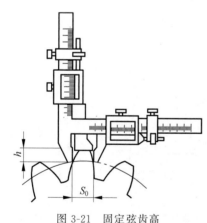

图 3-21　固定弦齿高

(3)齿厚偏差。齿厚偏差是指在分度圆柱面上实际齿厚与公称齿厚的代数差。

(4)公法线平均长度偏差。公法线平均长度偏差是指齿轮在旋转 1 周范围内,测取的各实际公法线长度均值与公称值的差。由于运动偏心造成的公法线长度是按正弦规律变化的,故以平均值为变化参数。

6. 侧隙的主要评定指标

(1)固定弦齿厚。固定弦齿厚定义在分度圆柱上,从原理上应以固定弧齿厚进行评定,但由于弧齿厚较难测取,故以弦齿厚代替。在测量时,应以齿顶圆的实际尺寸去折算固定弦齿高,如图 3-21 所示。

(2)公法线长度。公法线长度测取时与齿顶圆无关,通常齿数 K 在 3~8 范围内合理选用,测得值应尽可能在不同位置多次测取并做数据平均处理,用以与公称公法线长度做比较,如图 3-22 所示。

3.3.3　渐开线圆柱齿轮精度

国家标准对渐开线圆柱齿轮除径向综合总偏差及径向综合偏差规定了 4~12 共 9 个精度等级外,其余评定项目均

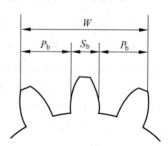

图 3-22　公法线长度 W

设为 0～12 共 13 个精度等级,其中 0 级精度最高,12 级精度最低,具体划分如下:

(1) 0～2 级,为预备级。

(2) 3～5 级,为高精度级。

(3) 6～9 级,为常用级、中精度级。

(4) 10～12 级,为低精度级。

渐开线圆柱齿轮有关偏差及公差值见表 3-19～表 3-26。

表 3-19　单个齿距偏差 $\pm f_{pt}$(摘自 GB/T 10095.1—2008)

分度圆直径 d/mm	法向模数 m_n/mm	精 度 等 级				
		5	6	7	8	9
		$\pm f_{pt}/\mu m$				
20<d≤50	2<m_n≤3.5	5.5	7.5	11.0	15.0	22.0
	3.5<m_n≤6	6.0	8.5	12.0	17.0	24.0
50<d≤125	2<m_n≤3.5	6.0	8.5	12.0	17.0	23.0
	3.5<m_n≤6	6.5	9.0	13.0	18.0	26.0
	6<m_n≤10	7.5	10.0	15.0	21.0	30.0
125<d≤280	2<m_n≤3.5	6.5	9.0	13.0	18.0	26.0
	3.5<m_n≤6	7.0	10.0	14.0	20.0	28.0
	6<m_n≤10	8.0	11.0	16.0	23.0	32.0
280<d≤560	2<m_n≤3.5	7.0	10.0	14.0	20.0	29.0
	3.5<m_n≤6	8.0	11.0	16.0	22.0	31.0
	6<m_n≤10	8.5	12.0	17.0	25.0	35.0

表 3-20　齿距累积总偏差 F_p(摘自 GB/T 1895.1—2008)

分度圆直径 d/mm	法向模数 m_n/mm	精 度 等 级				
		5	6	7	8	9
		$F_p/\mu m$				
20<d≤50	2<m_n≤3.5	15.0	21.0	30.0	42.0	59.0
	3.5<m_n≤6	15.0	22.0	31.0	44.0	62.0
50<d≤125	2<m_n≤3.5	19.0	27.0	38.0	53.0	76.0
	3.5<m_n≤6	19.0	28.0	39.0	55.0	78.0
	6<m_n≤10	20.0	29.0	41.0	58.0	82.0
125<d≤280	2<m_n≤3.5	25.0	35.0	50.0	70.0	100.0
	3.5<m_n≤6	25.0	36.0	51.0	72.0	102.0
	6<m_n≤10	26.0	37.0	53.0	75.0	106.0
280<d≤560	2<m_n≤3.5	33.0	46.0	65.0	92.0	131.0
	3.5<m_n≤6	33.0	47.0	66.0	94.0	133.0
	6<m_n≤10	34.0	48.0	68.0	97.0	137.0

表 3-21　齿廓总偏差 F_α(摘自 GB/T 10095.1—2008)

分度圆直径 d/mm	法向模数 m_n/mm	精 度 等 级				
		5	6	7	8	9
		$F_\alpha/\mu m$				
20<d≤50	2<m_n≤3.5	7.0	10.0	14.0	20.0	29.0
	3.5<m_n≤6	9.0	12.0	18.0	25.0	35.0

续表

分度圆直径 d/mm	法向模数 m_n/mm	精 度 等 级				
		5	6	7	8	9
		$F_\alpha/\mu\text{m}$				
$50<d\leqslant125$	$2<m_n\leqslant3.5$	8.0	11.0	16.0	22.0	31.0
	$3.5<m_n\leqslant6$	9.5	13.0	19.0	27.0	38.0
	$6<m_n\leqslant10$	12.0	16.0	23.0	33.0	46.0
$125<d\leqslant280$	$2<m_n\leqslant3.5$	9.0	13.0	18.0	25.0	36.0
	$3.5<m_n\leqslant6$	11.0	15.0	21.0	30.0	42.0
	$6<m_n\leqslant10$	13.0	18.0	25.0	36.0	50.0
$280<d\leqslant560$	$2<m_n\leqslant3.5$	10.0	15.0	21.0	29.0	41.0
	$3.5<m_n\leqslant6$	12.0	17.0	24.0	34.0	48.0
	$6<m_n\leqslant10$	14.0	20.0	28.0	40.0	56.0

表 3-22　螺旋线总偏差 F_β（摘自 GB/T 10095.1—2008）

分度圆直径 d/mm	齿宽 b/mm	精 度 等 级				
		5	6	7	8	9
		$F_\beta/\mu\text{m}$				
$20<d\leqslant50$	$10<b\leqslant20$	7.0	10.0	14.0	20.0	29.0
	$20<b\leqslant40$	8.0	11.0	16.0	23.0	32.0
$50<d\leqslant125$	$10<b\leqslant20$	7.5	11.0	15.0	21.0	30.0
	$20<b\leqslant40$	8.5	12.0	17.0	24.0	34.0
	$40<b\leqslant80$	10.0	14.0	20.0	28.0	39.0
$125<d\leqslant280$	$10<b\leqslant20$	8.0	11.0	16.0	22.0	32.0
	$20<b\leqslant40$	9.0	13.0	18.0	25.0	36.0
	$40<b\leqslant80$	10.0	15.0	21.0	29.0	41.0
$280<d\leqslant560$	$20<b\leqslant40$	9.5	13.0	19.0	27.0	38.0
	$40<b\leqslant80$	11.0	15.0	22.0	31.0	44.0
	$80<b\leqslant160$	13.0	18.0	26.0	36.0	52.0

表 3-23　径向综合总偏差 F_i''（摘自 GB/T 10095.2—2008）

分度圆直径 d/mm	法向模数 m_n/mm	精 度 等 级				
		5	6	7	8	9
		$F_i''/\mu\text{m}$				
$20<d\leqslant50$	$1.0<m_n\leqslant1.5$	16.0	23.0	32.0	45.0	64.0
	$1.5<m_n\leqslant2.5$	18.0	26.0	37.0	52.0	73.0
$50<d\leqslant125$	$1.0<m_n\leqslant1.5$	19.0	27.0	39.0	55.0	77.0
	$1.5<m_n\leqslant2.5$	22.0	31.0	43.0	61.0	86.0
	$2.5<m_n\leqslant4.0$	25.0	36.0	51.0	72.0	102.0
$125<d\leqslant280$	$1.0<m_n\leqslant1.5$	24.0	34.0	48.0	68.0	97.0
	$1.5<m_n\leqslant2.5$	26.0	37.0	53.0	75.0	106.0
	$2.5<m_n\leqslant4.0$	30.0	43.0	61.0	86.0	121.0
	$4.0<m_n\leqslant6.0$	36.0	51.0	72.0	102.0	144.0

续表

分度圆直径 d/mm	法向模数 m_n/mm	精 度 等 级				
		5	6	7	8	9
		$F''_i/\mu m$				
$280 < d \leqslant 560$	$1.0 < m_n \leqslant 1.5$	30.0	43.0	61.0	86.0	122.0
	$1.5 < m_n \leqslant 2.5$	33.0	46.0	65.0	92.0	131.0
	$2.5 < m_n \leqslant 4.0$	37.0	52.0	73.0	104.0	146.0
	$4.0 < m_n \leqslant 6.0$	42.0	60.0	84.0	119.0	169.0

表 3-24　一齿径向综合偏差 f''_i（摘自 GB/T 10095.2—2008）

分度圆直径 d/mm	法向模数 m_n/mm	精 度 等 级				
		5	6	7	8	9
		$f''_i/\mu m$				
$20 < d \leqslant 50$	$1.0 < m_n \leqslant 1.5$	4.5	6.5	9.0	13.0	18.0
	$1.5 < m_n \leqslant 2.5$	6.5	9.5	13.0	19.0	26.0
$50 < d \leqslant 125$	$1.0 < m_n \leqslant 1.5$	4.5	6.5	9.0	13.0	18.0
	$1.5 < m_n \leqslant 2.5$	6.5	9.5	13.0	19.0	26.0
	$2.5 < m_n \leqslant 4.0$	10.0	14.0	20.0	29.0	41.0
$125 < d \leqslant 280$	$1.0 < m_n \leqslant 1.5$	4.5	6.5	9.0	13.0	18.0
	$1.5 < m_n \leqslant 2.5$	6.5	9.5	13.0	19.0	27.0
	$2.5 < m_n \leqslant 4.0$	10.0	15.0	21.0	29.0	41.0
	$4.0 < m_n \leqslant 6.0$	15.0	22.0	31.0	44.0	62.0
$280 < d \leqslant 560$	$1.0 < m_n \leqslant 1.5$	4.5	6.5	9.0	13.0	18.0
	$1.5 < m_n \leqslant 2.5$	6.5	9.5	13.0	19.0	27.0
	$2.5 < m_n \leqslant 4.0$	10.0	15.0	21.0	29.0	41.0
	$4.0 < m_n \leqslant 6.0$	15.0	22.0	31.0	44.0	62.0

表 3-25　径向跳动偏差 F_r（摘自 GB/T 10095.2—2008）

分度圆直径 d/mm	法向模数 m_n/mm	精 度 等 级				
		5	6	7	8	9
		$F_r/\mu m$				
$20 < d \leqslant 50$	$2.0 < m_n \leqslant 3.5$	12.0	17.0	24.0	34.0	47.0
	$3.5 < m_n \leqslant 6.0$	12.0	17.0	25.0	35.0	49.0
$50 < d \leqslant 125$	$2.0 < m_n \leqslant 3.5$	15.0	21.0	30.0	43.0	61.0
	$3.5 < m_n \leqslant 6.0$	16.0	22.0	31.0	44.0	62.0
	$6.0 < m_n \leqslant 10$	16.0	23.0	33.0	46.0	65.0
$125 < d \leqslant 280$	$2.0 < m_n \leqslant 3.5$	20.0	28.0	40.0	56.0	80.0
	$3.5 < m_n \leqslant 6.0$	20.0	29.0	41.0	58.0	82.0
	$6.0 < m_n \leqslant 10$	21.0	30.0	42.0	60.0	85.0
$280 < d \leqslant 560$	$2.0 < m_n \leqslant 3.5$	26.0	37.0	52.0	74.0	105.0
	$3.5 < m_n \leqslant 6.0$	27.0	38.0	53.0	75.0	106.0
	$6.0 < m_n \leqslant 10$	27.0	39.0	55.0	77.0	109.0

表 3-26　基节极限偏差 $\pm f_{pb}$

分度圆直径 d/mm	法向模数 m_n/mm	精 度 等 级			
		6	7	8	9
		f_{pb}/μm			
$d \leqslant 125$	$1.0 < m_n \leqslant 3.5$	9	13	18	25
	$3.5 < m_n \leqslant 6.3$	11	16	22	32
	$6.3 < m_n \leqslant 10$	13	18	25	36
$125 < d \leqslant 400$	$1.0 < m_n \leqslant 3.5$	10	14	20	30
	$3.5 < m_n \leqslant 6.3$	13	18	25	36
	$6.3 < m_n \leqslant 10$	14	20	30	40
$400 < d \leqslant 800$	$1.0 < m_n \leqslant 3.5$	11	16	22	32
	$3.5 < m_n \leqslant 6.3$	13	18	25	36
	$6.3 < m_n \leqslant 10$	16	22	32	45

3.3.4　圆柱齿轮精度等级推荐的应用范围

常用的机械齿轮精度等级见表 3-27。

表 3-27　常用的机械齿轮精度等级

应 用 范 围	精 度 等 级	应 用 范 围	精 度 等 级
单啮仪、双啮仪	2～5	载重汽车	6～9
齿轮减速器	3～5	通用减速器	6～9
金属切削机床	3～8	轧钢机	5～10
航空发动机	4～7	矿用绞车	6～10
内燃机	5～8	起重机	6～9
轻型汽车	5～8	拖拉机	6～10

圆柱齿轮精度等级的应用范围见表 3-28。

表 3-28　圆柱齿轮精度等级的应用范围

精度等级	圆周速度/(m/s)		工作条件及应用范围	切 齿 方 法
	直齿	斜齿		
3	>40	>75	用于特别精密的分度机构或在最平稳且无噪声的极高速下工作的齿轮传动中的齿轮,特别是精密机构中的齿轮、高速传动的齿轮(透平传动);检测 5、6 级的测量齿轮	在周期误差特别小的精密机床上用展成法加工
4	>35	>70	用于特别精密的分度机构或在最平稳且无噪声的极高速下工作的齿轮传动中的齿轮,特别是精密机构中的齿轮、高速透平传动的齿轮;检测 7 级的测量齿轮	在周期误差极小的精密机床上用展成法加工
5	>20	>40	用于精密的分度机构或在极平稳且无噪声的高速下工作的齿轮传动中的齿轮,特别是精密机构中的齿轮、涡轮传动的齿轮;检测 8、9 级的测量齿轮	在周期误差小的精密机床上用展成法加工

精度等级	圆周速度/(m/s)		工作条件及应用范围	切齿方法
	直齿	斜齿		
6	<15	<30	用于要求最高效率且无噪声的高速下工作的齿轮传动中的齿轮或分度机构的齿轮传动中的齿轮；特别重要的航空、汽车用齿轮；读数装置中特别精密的齿轮	在精密机床上用展成法加工
7	<10	<15	在高速和适度功率或大功率和适度速度下工作的齿轮；金属切削机床中需要协调性的进给齿轮；高速减速器齿轮；航空、汽车以及读数装置用齿轮	在精密机床上用展成法加工
8	<6	<10	无须特别精密的一般机械制造用齿轮，不包括在分度链中的机床齿轮；飞机、汽车制造业中不重要的齿轮；起重机构用齿轮；农业机械中的重要齿轮；通用减速器齿轮	用展成法加工或分度法加工
9	<2	<4	用于粗糙工作的不按正常精度要求的齿轮，因结构上考虑受载低于计算载荷的传动齿轮	任何方法

3.3.5　齿轮副的精度项目及图样标注

（1）中心距极限偏差（$\pm f_a$），见表 3-29。

表 3-29　中心距极限偏差（$\pm f_a$）

齿轮精度等级	5～6	7～8	9～10
$\pm f_a$	$\dfrac{\text{IT7}}{2}$	$\dfrac{\text{IT8}}{2}$	$\dfrac{\text{IT9}}{2}$

（2）侧隙。齿轮副的侧隙用极限偏差衡量，是指齿轮实际装配后，在中心距最小或最大的条件下由临界齿厚作用的效果。最小侧隙即中心距最小而齿厚达到最大实体时，非啮合侧的间隙；最大侧隙指中心距最大而齿厚处于最小实体状态时，非啮合侧的间隙。为弥补齿形误差、基节误差，可充分利用齿厚公差和中心距公差进行调整。

（3）齿轮的必检项目。GB/T 10095.1—2008 中规定，齿轮必检的项目为：齿距累积总偏差 F_p、齿距累积偏差 F_{pk}、单个齿距偏差 f_{pt}、齿厚偏差 E_{sn}、齿廓总偏差 F_α、公法线长度极限偏差 E_{bn}。如果测量条件许可，则螺旋线总偏差 F_β 也应检定。

（4）图样标注。齿轮精度等级视不同的情况分为 3 类：传递运动准确性、传递平稳性与负荷分布均匀性。三者的精度不同，应将其各自精度依次标出，并标出齿厚的上、下偏差代号（GB/T 10095.1—2008），如图 3-23 所示。

如果 3 种精度等级均相同，只标注 1 个精度等级，如：9GM（GB/T 10095.1—2008），也可以省略齿厚上、下偏差代号 G 及 M，将上、下偏差值直接附注在精度等级后，如 3 种精度等级均相同时可以标成：7-0.330-0.495。

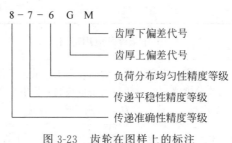

图 3-23　齿轮在图样上的标注

3.3.6　齿轮精度检测

在生产中,齿轮精度的检测(GB/Z 18620—2008)包括单个齿轮的精度检测和齿轮副的精度检测,以下介绍单个齿轮主要偏差项目的检测方法。

1. 齿距偏差的测量

齿距偏差常用齿距比较仪、万能测齿仪、光学分度头等仪器进行测量。测量方法分为绝对测量和相对测量两种,其中相对测量方法应用最为广泛。

图 3-24 所示为使用齿距仪测量齿距偏差的工作原理。测量时,按照被测齿轮的模数先将量爪 5 固定在仪器的刻度位置上,利用齿顶圆定位,通过调整支脚 1 和 3,使固定量爪 5 和活动量爪 4 同时与相邻两同侧的齿面接触于分度圆上。以任一齿距作为基准齿距并将指示表 2 调零,然后逐个齿距进行测量,得到各个齿距相对于基准齿距的相对偏差 $f_{pt相对}$。再将测得的偏差逐齿累积求出相对齿距累积偏差,即 $\sum\limits_1^n f_{pt相对}$。

由于第一个齿距是任意选定的,假设各个齿距相对偏差的平均值为 $f_{pt平均}$,则基准齿距对公称齿距的偏差 $f_{pt平均}$ 为

$$f_{pt平均} = \sum\limits_1^n f_{pt相对} / z \qquad (3-3)$$

式中,z 为齿轮齿数。

将各齿距的相对偏差分别减去 $f_{pt平均}$,得到各齿距偏差,其中绝对值最大者,即为"产品齿轮"的单个齿距偏差 f_{pt}。

将单个齿距偏差逐齿累积,求得各齿的齿距累积偏差 F_{pi},找出其中的最大值、最小值,其差值即为齿距累积总偏差 F_p。

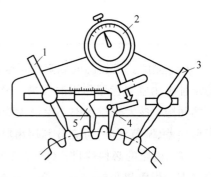

1,3—调整支脚;2—指示表;
4—活动量爪;5—固定量爪。
图 3-24　用齿距仪测量齿距偏差

将 f_{pt} 每相邻 k 个数字相加,即得出 k 个齿的齿距累积偏差 F_{pki} 值,其最大值即为 k 个齿距的累积偏差 F_{pk}。

一般情况下,齿距偏差均在接近齿高和齿宽中部的位置测量,f_{pt} 需对每个轮齿的两侧面进行测量。

2. 径向跳动测量

径向跳动测量通常用齿轮跳动检查仪、万能测齿仪等仪器进行。具体方法是:将测头

（球形、圆柱或砧形）相继置于齿槽内时，测量从它到齿轮轴线的最大和最小径向距离之差，即在齿轮 1 转范围内，测量头在齿槽内与齿高中部双面接触，测量头相对于齿轮轴线的最大变动量，如图 3-25 所示。检查时，测头在近似齿高中部，与左、右齿面同时接触。图 3-26 所示为径向跳动测量结果的图例，图中的齿轮偏心量是径向跳动的一部分。

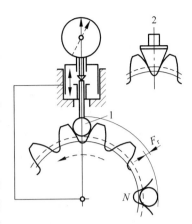

1—球或圆柱；2—砧或棱柱体。

图 3-25　径向跳动的测量

径向跳动也是反映齿轮径向性质的误差指标，与径向综合总偏差的性质相似。但两者有一定的区别，径向跳动公差 F_r 仅在齿高中部一点上进行测量，而径向综合总偏差 F_i'' 则在被测齿轮 1 转过程中，对齿面上所有啮合点作连续测量。因此，对同一齿轮测量时，两者数值会不相同。所以，如果检测了径向综合总偏差 F_i''，就不用再检测径向跳动公差 F_r 了。

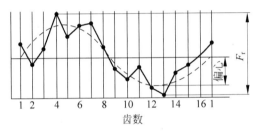

图 3-26　径向跳动测量结果图例

3. 齿廓偏差的测量

齿廓偏差的测量通常在渐开线检查仪上进行。渐开线检查仪分为万能渐开线检查仪和单盘式渐开线检查仪两种。图 3-27 所示为单盘式渐开线检查仪示意图，其中，(a) 为单盘式渐开线检查仪工作原理图，(b) 为单盘式渐开线检查仪结构图。将"产品齿轮"1 和可更换的基圆盘 2 装在同一心轴上，基圆盘直径等于产品齿轮的理论基圆直径并与装在滑板上的直尺 3 相切，当直尺沿基圆盘做纯滚动时，带动基圆盘和产品齿轮同步转动，固定在直尺上的千分表 9、测头 4 沿着齿面从齿根向齿顶方向滑动。

根据渐开线的形成原理，若产品齿轮没有齿廓偏差，千分表的测头不动，即千分表的指针读数不变，测头走出的轨迹为理论渐开线。但是当存在齿廓偏差时，测头就会偏离理论齿廓曲线，产生附加位移并通过千分表指示出来，或由记录器画出齿廓偏差曲线。根据齿廓偏差的定义从记录曲线上求出 F_α 数值。有时为了进行工艺分析或应订货方要求，也可从曲线上进一步分析出 $f_{f\alpha}$ 和 $f_{H\alpha}$ 数值。

除另有规定，检测部位应在齿宽中间位置。当齿宽大于 250 mm 时，应增加两个测量部位，即在距齿宽每侧 15% 处测量。检测齿面至少要测量沿圆周均布的 3 个轮齿的左、右齿面。

4. 螺旋线偏差的测量

螺旋线偏差是指在端面基圆切线方向测得的实际螺旋线偏离设计螺旋线的量。

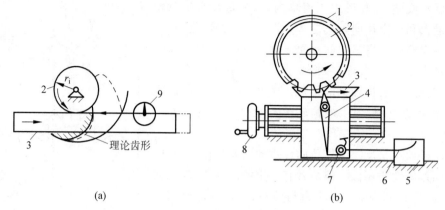

1—产品齿轮；2—基圆盘；3—直尺；4—测头；5—记录纸；6—记录笔；7—圆筒；8—转动手轮；9—千分表。

图 3-27　单盘式渐开线检查仪示意图

(a) 单盘式渐开线检查仪工作原理图；(b) 单盘式渐开线检查仪结构图

1) 螺旋线总偏差 F_β

螺旋线总偏差是指在计值范围内，包容实际螺旋线迹线的两条设计螺旋线迹线间的距离，如图 3-28(a) 所示。

图 3-28 所示为螺旋线图，它是由螺旋线检查仪在纸上画出来的。设计螺旋线可以是未修形的直线（直齿）或螺旋线（斜齿），它们在螺旋线图上均为直线；也可以是鼓形、齿端减薄等类型的螺旋线，它们在螺旋线图上为适当的曲线。螺旋线偏差的计值范围 L_β 是指在轮齿两端处，各减去下面两个数值中较小的后一个迹线的长度，即 5% 的齿宽或等于一个模数的长度。

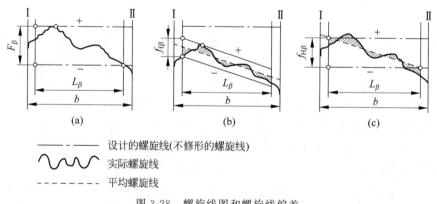

　　　　—— 设计的螺旋线(不修形的螺旋线)

　　　　〰 实际螺旋线

　　　　----- 平均螺旋线

图 3-28　螺旋线图和螺旋线偏差

2) 螺旋线形状偏差 $f_{f\beta}$

螺旋线形状偏差是指在计值范围内，包容实际螺旋线迹线的两条与平均螺旋线迹线完全相同的曲线间的距离，且两条曲线与平均螺旋线迹线的距离为常数，如图 3-28(b) 所示。平均螺旋线迹线是使实际螺旋线对该迹线的偏差的二次方之和为最小，因此可用最小二乘法求得。

3) 螺旋线倾斜偏差 $f_{H\beta}$

螺旋线倾斜偏差是指在计值范围的两端与平均螺旋线迹线相交的设计螺旋线迹线间的

距离,如图 3-28(c)所示。

螺旋线偏差反映了轮齿在齿向方面的误差,是评定载荷分布均匀性的单项指标。国家标准规定,$f_{f\beta}$ 和 $f_{H\beta}$ 不是必检项目。

螺旋线总偏差的测量方法有展成法和坐标法两种。展成法的测量仪器有单盘式渐开线螺旋检查仪、分级圆盘式渐开线螺旋检查仪、杠杆圆盘式通用渐开线螺旋检查仪及导程仪等。坐标法的测量仪器有螺旋线样板检查仪、齿轮测量中心及三坐标测量机等。图 3-29 所示是螺旋线总偏差展成法的测量原理图。以被测齿轮回转轴线为基准,通过精密传动机构实现被测齿轮回转和测头沿轴向移动,以形成理论的螺旋线轨迹。实际螺旋线与设计螺旋线轨迹进行比较,其差值输入记录器绘出螺旋线偏差曲线,在该曲线上按定义确定螺旋线偏差。

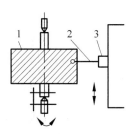

1—被测齿轮;2—测头;3—记录器。

图 3-29 螺旋线总偏差展成法的测量原理

5. 齿厚偏差的测量

齿厚偏差 f_{sn} 是指在齿轮的分度圆柱面上,齿厚的实际值与公称值之差(对于斜齿轮,指法向齿厚),如图 3-30 所示。为了获得适当的齿轮副侧隙,规定用齿厚的极限偏差来限制实际齿厚偏差,即 $E_{sni} < f_{sn} < E_{sns}$。一般情况下,$E_{sns}$ 和 E_{sni} 分别为齿厚的上、下偏差,且均为负值。该评定指标由 GB/Z 18620.2—2008 推荐。图 3-31 是用齿厚游标卡尺测量分度圆弦齿厚的情况。测量时,以齿顶圆作为测量基准,通过调整纵向游标卡尺来确定分度圆的高度 h,再从横向游标卡尺上读出分度圆弦齿厚的实际值 S_0。

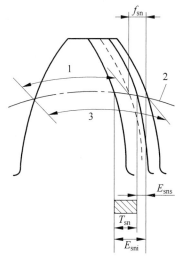

1—实际齿厚;2—分度圆;3—公称齿厚。

图 3-30 齿厚偏差

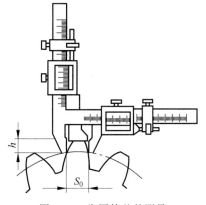

图 3-31 齿厚偏差的测量

6. 公法线长度偏差的测量

公法线长度 W_k 是在基圆柱切平面(公法线平面)上,跨 k 个齿(对外齿轮)或 k 个齿槽(对内齿轮),在接触到一个齿的右齿面和另一个齿的左齿面的两个平行平面之间测得的距离。

公法线平均长度公差 T_{bn} 是指公法线平均长度偏差 E_{bn} 的最大允许值,即

$$T_{bn} = | E_{bns} - E_{bni} | \qquad (3-4)$$

式中,E_{bns}、E_{bni} 分别为公法线长度上偏差、公法线长度下偏差。

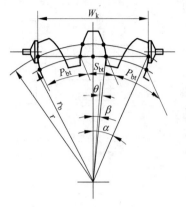

图 3-32　直齿轮的公法线长度

公法线长度 W_k 等于若干个基节 P_{bt} 与一个基圆弧齿厚 S_{bt} 的和,如图 3-32 所示。

由于基圆齿距偏差主要取决于刀具,而刀具的制造精度明显高于工件的精度,所以齿轮基圆齿距偏差的数值比齿厚偏差的数值小得多。公法线平均长度偏差主要反映了齿厚偏差,因而可用公法线平均长度偏差作为齿厚偏差的代用指标。其关系为

$$E_{bns} = E_{sns} \cos\alpha_n - 0.72 F_r \sin\alpha_n \qquad (3-5)$$

$$E_{bni} = E_{sni} \cos\alpha_n - 0.72 F_r \sin\alpha_n \qquad (3-6)$$

式中,F_r 为齿圈径向跳动。

公法线长度 W_k 的公称值及跨齿数 k 的计算:

$$W_k = m[1.476(2k-1) + 0.014z] \qquad (3-7)$$

$$k = \frac{z}{9} + 0.5 \qquad (3-8)$$

式中,k 为跨齿数;m 为齿轮模数;z 为齿轮的齿数;W_k 为公法线长度。

实际公法线的长度测量除前面讲述的使用公法线千分尺或游标卡尺外,还可用公法线长度指示卡规,如图 3-33 所示。图中固定量爪 3 紧固安装在开口弹性套筒 2 上,后者可沿空心圆杆 1 做轴向运动,以调节固定量爪 3 与活动量爪 4 之间的距离。测量公法线平均长度偏差 E_{bn} 时,可先按公法线长度公称值 W_k 组合量块,让量爪 3、4 的测头与量块组接触,再将指示表指针对零,然后逐一测出公法线长度偏差 F_{bi},并取平均值,即

$$E_{bn} = \sum_{i=1}^{z} F_{bi} / z \qquad (3-9)$$

式中,z 为被测齿轮齿数;F_{bi} 为第 i 次测量公法线长度的偏差值。

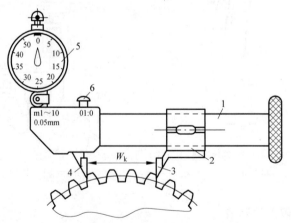

1—空心圆杆;2—弹性套筒;3—固定量爪;4—活动量爪;5—指示表;6—锁紧螺母。

图 3-33　公法线长度指示卡规

7. 齿轮副的接触斑点

齿轮副的接触斑点是指装配(在箱体内或啮合试验台上)好的齿轮副,在轻微制动下进行旋转后,齿面上留下的接触痕迹。接触斑点可以用沿齿高方向和沿齿宽方向的百分数来表示,如图 3-34 所示。

检验产品齿轮副在其箱体内所产生的接触斑点可以帮助人们对轮齿载荷的分布进行评估。产品齿轮与测量齿轮的接触斑点可用于装配后的齿轮齿廓和螺旋线精度的评估,还可用接触斑点来规定和控制齿轮轮齿齿宽方向的配合精度。

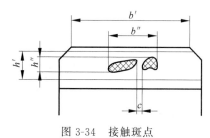

图 3-34　接触斑点

沿齿宽方向的接触斑点等于接触痕迹的长度 b'' (扣除超过模数值的断开部分 c)与工作长度 b' 之比的百分数,即 $\dfrac{b''-c}{b'}\times 100\%$。

沿齿高方向的接触斑点等于接触痕迹的平均高度 h'' 与工作高度 h' 之比的百分数,即 $\dfrac{h''}{h'}\times 100\%$。

沿齿宽方向的接触斑点主要影响齿轮副的承载能力,沿齿高方向的接触斑点主要影响工作的平稳性。齿轮副的接触斑点综合反映了齿轮副的加工误差和安装误差,是评定齿轮接触精度的一项综合性指标。对接触斑点的要求应标注在齿轮传动装配图的技术要求中。

【归纳与总结】

1. 键连接和花键连接精度的选择。
2. 螺纹配合的精度选择。
3. 齿轮误差的形成与评定指标及单个齿轮精度的选择。
4. 学习过程注重标准的应用能力。

3.4　课后微训

(1) 单键连接有哪几种配合类型? 它们各用在什么场合?

(2) 矩形花键连接的接合面有哪些? 通常用哪个接合面作为定心表面? 为什么?

(3) 查出螺纹连接 M20×2-6H/5g6g 的内、外螺纹的各基本尺寸、基本偏差和公差,画出中径和顶径的公差带图,并在图上标出相应的偏差值。

(4) 某传动轴与齿轮采用普通平键连接,配合类别选用一般连接,轴径为 $\phi 40$ mm,试确定键的尺寸,并按照 GB/T 1096—2003 确定键、轴槽及轮毂槽宽和高的公差值,画出尺寸公差带图。

(5) 什么是齿厚偏差? 如何确定齿厚偏差?

(6) 齿轮副精度检验项目有哪些? 主要应控制哪方面的齿轮使用要求?

第4章 几何公差及检测

【能力目标】

1. 掌握几何公差的基本概念,熟记 14 个形位公差特征项目的名称及其符号。

2. 掌握几何公差的符号及其标注。

3. 学会分析典型的形位公差带的形状、大小和位置,并比较形状公差带、定向的位置公差带、定位的位置公差带和跳动公差带的特点及解释。

4. 熟悉几何公差的应用及选择的基本要求。

【学习目标】

1. 识记 14 个形位公差特征项目的名称及其符号。

2. 根据图样相关技术要求会标注几何公差。

【学习重点和难点】

1. 掌握几何公差的标注方法。

2. 分析典型的形位公差带的形状、大小和位置,并比较形状公差带、定向的位置公差带、定位的位置公差带和跳动公差带的特点及解释。

【知识梳理】

GB/T 18780.1—2002《产品几何量技术规范(GPS)几何要素 第 1 部分:基本术语和定义》

GB/T 18780.2—2003《产品几何量技术规范(GPS)几何要素 第 2 部分:圆柱面和圆锥面的提取中心线、平行平面的提取中心面、提取要素的局部尺寸》

GB/T 1182—2018《产品几何技术规范(GPS)几何公差 形状、方向、位置和跳动公差标注》

GB/T 1184—1996《形状和位置公差 未注公差值》

GB/T 1958—2017《产品几何量技术规范(GPS)几何公差 检测与验证规定》

4.1 概　　述

4.1.1 几何误差

由于受各种因素的影响,零件在加工过程中除了会产生尺寸误差以外,还不可避免地会产生几何误差。几何误差主要有形状误差、方向误差、位置误差、跳动误差及形状-方向或位置误差 5 种。

1. 形状误差

形状误差是指零件在加工过程中得到的实际线或面相比于理想线或面之间产生的形状变动量。图 4-1 所示为零件加工后产生的几种形状误差。

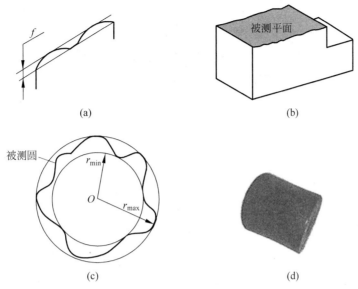

图 4-1　零件加工后产生的几种形状误差

（a）直线误差；（b）平面误差；（c）圆误差；（d）圆柱度误差

2．方向误差

方向误差是指零件在加工过程中得到的实际线或面相对于基准线或面之间产生的方向变动量。图 4-2 所示为零件加工后产生的几种方向误差。

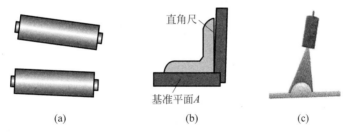

图 4-2　零件加工后产生的几种方向误差

（a）轴平行误差；（b）垂直误差；（c）倾斜误差

3．位置误差

位置误差是指零件在加工过程中得到的实际线或面与基准线或面之间产生的位置变动量。图 4-3 所示为零件加工后产生的几种位置误差。

4．跳动误差

跳动误差是指零件在加工过程中得到的回转线或面绕基准轴线回转时产生的跳动量。图 4-4 所示为零件加工后产生的几种跳动误差。

5．形状-方向或位置误差

形状-方向或位置误差是指曲线或曲面零件在加工过程中得到的实际形状与理想形状之间的形状-方向或位置变动量。图 4-5 所示为零件加工后产生的形状-方向或位置误差。

零件的几何误差不仅可对机械产品的使用性能、配合性质、装配性能产生较大的影响，还会对机械产品的工作精度、运动平稳性、密封性、耐磨性及噪声产生影响，最终影响机械产品的使用寿命。因此，几何误差的大小是衡量产品质量的重要技术指标。

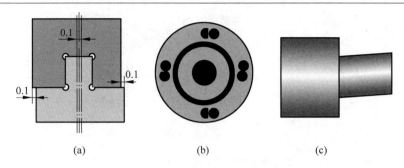

图 4-3　零件加工后产生的几种位置误差

(a) 对称误差；(b) 位置误差；(c) 同轴度误差

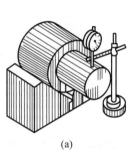
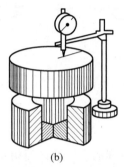
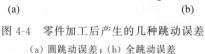
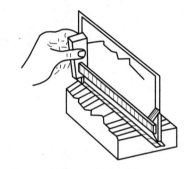

图 4-4　零件加工后产生的几种跳动误差　　　　　图 4-5　零件加工后产生的形状-方向

(a) 圆跳动误差；(b) 全跳动误差　　　　　　　　　　　或位置误差

4.1.2　几何公差

　　几何公差(形位公差)是指用于控制零件几何误差变化的允许变动量。几何公差的类型、项目及符号见表 4-1。国家标准将形位公差共分为 14 个项目,其中形状公差分为 6 个项目,它是对单一要素提出的要求；位置公差分为 8 个项目,包括 3 个定向公差、3 个定位公差及 2 个跳动公差。位置公差是对关联要素提出的要求,在大多数情况下与基准有关。

表 4-1　几何公差的类型、项目及符号

公　　差		特　征	符　号	有无基准要求
形状	形状	直线度	—	无
		平面度	▱	无
		圆度	○	无
		圆柱度	⌭	无
形状或位置	轮廓	线轮廓度	⌒	有或无
		面轮廓度	⌓	有或无
位置	定向	平行度	∥	有
		垂直度	⊥	有
		倾斜度	∠	有或无

公　差		特　征	符　号	有无基准要求
位置	定位	同轴(同心)度	◎	有
		对称度	=	有
		位置度	⊕	有
	跳动	圆跳动	↗	有
		全跳动	↗↗	有

1. 几何公差的研究对象

几何公差主要研究构成零件几何特征的点、线、面等几何要素。图 4-6 所示的零件是由平面、圆柱面、圆锥面、素线、轴线、球心和球面构成的。

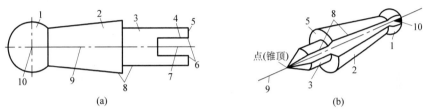

1—球面；2—圆锥面；3—圆柱面；4—两平行平面；5—端平面；
6—棱线；7—中心平面；8—素线；9—轴线；10—球心。

图 4-6　零件的几何要素

GB/T 18780—2003 以丰富的、基于计量学的数学方法描述工件的功能需求,将几何要素按照零件"设计、制造、检验、评定"各环节进行分类和定义,丰富延伸了要素的概念,给出了要素的定义和基本术语。

1) 组成要素(GB/T 16671—2018)

组成要素指属于工件实际表面上或表面模型上的几何要素。

2) 导出要素(GB/T 16671—2018)

导出要素指实际不存在于工件实际表面上的几何要素,其类型包括从一个或多个组成要素中定义出的中心点、中心线和中心面。

3) 尺寸要素

尺寸要素是由一定大小的线性尺寸或角度尺寸确定的几何形状(GB/T 18780.1—2002)。尺寸要素可以是圆柱形、球形、两平行对应面、圆锥形或楔形。

4) 公称要素

公称要素指具有几何意义的要素。它包括公称组成要素和公称导出要素。

公称组成要素是由技术制图或其他方法确定的理论正确组成要素(见图 4-7(a)的圆柱外轮廓)。

公称导出要素是由一个或几个公称组成要素导出的中心点、轴线或中心面(见图 4-7(a)的圆柱轴线)。

公称要素不存在任何误差,是绝对正确的几何要素。公称要素是作为评定实际要素误差的依据,即作为几何公差带的形状。如评定圆度误差,需要将具有几何意义的理想圆与实际有误差的圆轮廓进行比较,从而确定圆度误差值。

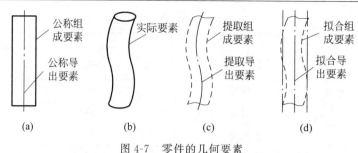

图 4-7　零件的几何要素

（a）公称要素；（b）实际要素；（c）提取要素；（d）拟合要素

5）实际要素

实际（组成）要素指由接近实际（组成）要素所限定的工件实际表面的组成要素部分。测量时，实际要素由提取要素所代替（见图 4-7(b)）。

6）提取要素（包括提取组成要素和提取导出要素）

提取组成要素是按规定方法由实际（组成）要素提取有限数目的点所形成的实际（组成）要素的近似替代（见图 4-7(c)的提取轮廓）。

提取导出要素是由一个或几个提取组成要素得到的中心点、中心线或中心面（见图 4-7(c)的提取轮廓轴线）。

7）拟合要素（包括拟合组成要素和拟合导出要素）

拟合要素指通过拟合操作，由非理想表面模型或实际表面建立的理想要素（GB/Z 24637.1—2009）。

拟合组成要素是按规定的方法由提取组成要素形成的具有理想形状的组成要素（见图 4-7(d)的拟合圆柱）。

拟合导出要素是按规定的方法由拟合组成要素得到的中心点、中心线或 中心面（见图 4-7(d)的拟合圆柱轴线）。

由上述可知，组成要素指构成零件外形、能被人们直接感觉到（看得见、摸得着）的点、线、面（在 GB/T 1182—1996 中称为轮廓要素）。导出要素指轮廓要素对称中心所表示的点、线、面，它们是人们假想的看不见、摸不着的几何要素（在 GB/T 1182—1996 中称为中心要素）。

8）被测要素

被测要素指图样中有几何公差要求的要素，是检测对象。如图 4-10(a)所示，阶梯型几何体的轮廓有直线度形状公差要求，因此，直线度形状公差检测项目为被测要素。

9）基准要素

基准要素指用来确定被测要素的方向和位置的参照要素，它应是公称（理想）要素。如图 4-29 所示，阶梯轴的轴线是该圆柱面同轴度检测项目的基准要求。

10）单一要素

单一要素指仅对被测要素本身给出形状公差要求的要素。它是独立的，与基准要素无关。如图 4-16(a)所示，轴的圆柱度项目的圆柱轮廓为单一要素，它仅对圆柱面本身的形状提出要求。

11）关联要素

关联要素指对几何要素有位置公差要求的要素，它相对基准要素有位置关系，即与基准相关。图 4-31(a)表示被测要素的槽的对称中心面相对于基准中心面 A 两侧的两平行平面的对称度项目为关联要素。

当几何要素不同时,几何公差要求、标注方法和检测方法也是不相同的。

2. 几何公差的标注方法

在零件图样上,应按照国家标准规定的要求,正确、规范地标注几何公差。在技术图样中标注几何公差时,一般均应采用代号标注,见表 4-1。标注时,应绘制公差框格,注明几何公差特征符号、公差数值及有关符号。只有当图样上无法采用代号标注时,才允许在技术要求中采用文字说明,但应做到内容完整,不应产生歧义。几何公差标注应清晰、醒目、简捷和整齐,尤其是结构复杂的中、大型零件(如机床箱体零件等),应尽量防止框格的指引线和尺寸线等线条纵横交错。

几何公差框格和基准符号的标注方法参见表 4-2。几何公差框格内公差带、要素与特征部分的附加符号参见表 4-3。几何公差框格指引线、参考线和基准符号的标注方法参见表 4-4,被测要素的标注方法参见表 4-5,被测要素的简化注法参见表 4-6,基准要素的标注方法参见表 4-7。公差值和有关符号的标注方法参见表 4-7。

表 4-2　几何公差框格和基准符号

几何公差框格以及可选的辅助平面、要素标注、相邻标注

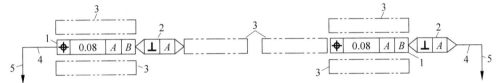

1—公差框格;2—辅助平面和要素框格;3—相邻标注;4—参照线,它可与公差框格的左侧中点相连(见上图左侧),如果有可选的辅助平面和要素标注,参照线也可与最后一个辅助平面和要素框格的右侧中点相连(见上图右侧),此标注同时适用于二维、三维标注;5—指引线,它与参照线相连

几何公差框格	基准符号
	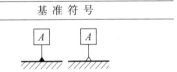
公差框格分成两格或多格,从左到右填写以下内容: 第一格——几何特征符号,见表 4-1。 第二格——公差数值和有关符号,见表 4-2、表 4-3。 第三格及以后各格——基准部分(字母和有关符号)。 框格应尽量水平绘制,允许垂直绘制,其线型为细实线	基准符号由基准字母、方框、连线和等边三角形组成。方框内字母都应水平书写,基准字母用大写的拉丁字母表示(尽量不用的字母:E、I、J、M、O、P、L、R、F)

表 4-3　几何公差框格内公差带、要素与特征部分的附加符号

附 加 符 号			
描述	符号	描述	符号
组合规范元素			
组合公差带	CZ	独立公差带	SZ
不对称公差带		公差带约束	
(规定偏置量的) 偏置公差带	UZ	(未规定偏置量的) 线性偏置公差带	OZ
		(未规定偏置量的) 角度偏置公差带	VA

拟合被测要素					
最小区域(切比雪夫)要素	Ⓒ		最小二乘(高斯)要素		Ⓖ
描述	符号	描述	符号	描述	符号
最小外接要素	Ⓝ	最大内切要素	Ⓧ	贴切要素	Ⓣ

导出要素			
中心要素	Ⓐ	延伸公差带	P

评定误差时拟合操作方法的参照要素			
无约束的最小区域拟合被测要素	C	无约束的最小二乘的拟合被测要素	G
实体外部约束的最小区域拟合被测要素	CE	实体内部约束的最小区域拟合被测要素	CI
实体外部约束的最小二乘拟合被测要素	GE	实体内部约束的最小二乘拟合被测要素	GI
最小外接拟合被测要素	N	最大内切拟合被测要素	X

被测要素标识符			
区间	←→	联合要素	UF
全周(轮廓)		小径、大径	LD、MD
全表面(轮廓)		中径/节径	PD

辅助要素标识符或框格			
相交平面框格	◁ // B	定向平面框格	◁ // B ▷
方向要素框格	← // B	组合平面框格	◯ // B

工程图样或技术文件中的相关符号			
任意横截面	[ACS]	任意纵截面	[ALS]
接触要素	[CF]	可变距离(用于公共基准)	[DV]
点(方位要素的类型)	[PT]	直线(方位要素的类型)	[SL]
平面(方位要素的类型)	[PL]	理论正确尺寸/角度(TED)	50
基准目标	$\frac{\phi 5}{A1}$	可移动基准目标框	◁─◯
自由状态条件(非刚性零件)	Ⓕ	仅约束方向	✕

形状误差的参数			
偏差的总体范围	T	标准差	Q
峰值	P	谷深	V

表 4-4　几何公差框格指引线、参考线和基准符号的标注方法

标注方法		示　　例	说　　明
指引线与框格的连接	自框格的左端或右端引出	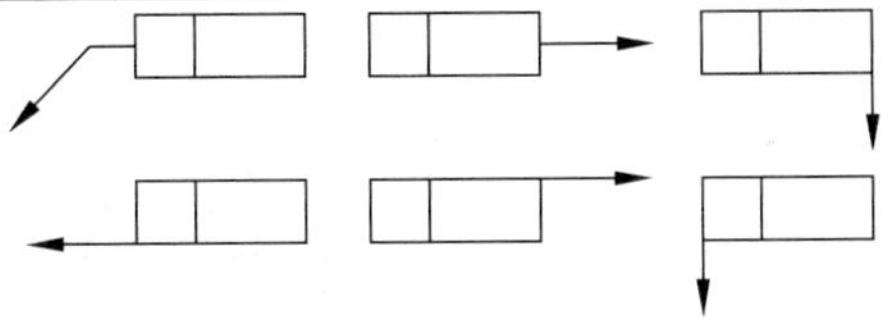 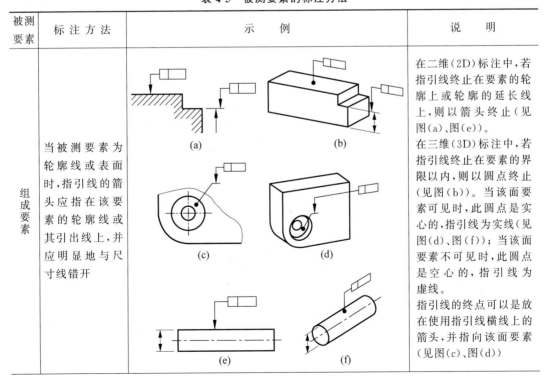	为简便起见,允许自框格的侧边直接引出
指示箭头所指方向	指示箭头应指向公差带的宽度或直径方向	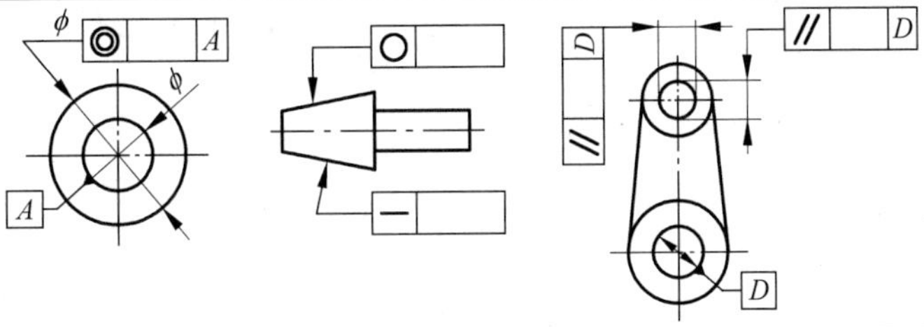	基准为中心要素(见图(a))、轮廓要素(见图(b))。错误标注:
基准符号的标注	基准部位必须画出基准符号,并在公差框格中注出基准字母	 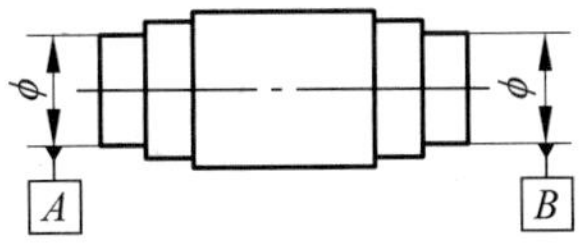 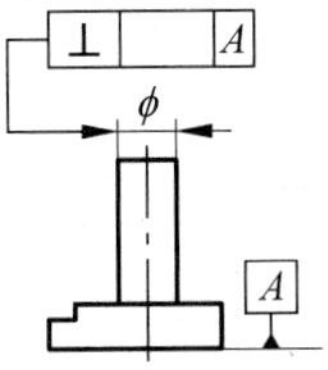	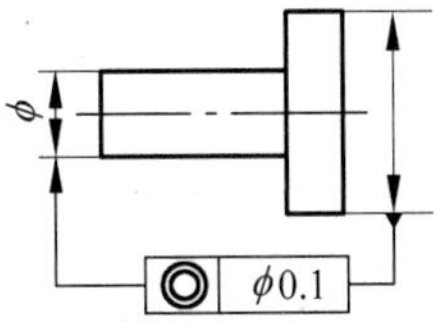

表 4-5　被测要素的标注方法

被测要素	标注方法	示　　例	说　　明
组成要素	当被测要素为轮廓线或表面时,指引线的箭头应指在该要素的轮廓线或其引出线上,并应明显地与尺寸线错开		在二维(2D)标注中,若指引线终止在要素的轮廓上或轮廓的延长线上,则以箭头终止(见图(a)、图(e))。在三维(3D)标注中,若指引线终止在要素的界限以内,则以圆点终止(见图(b))。当该面要素可见时,此圆点是实心的,指引线为实线(见图(d)、图(f));当该面要素不可见时,此圆点是空心的,指引线为虚线。指引线的终点可以是放在使用指引线横线上的箭头,并指向该面要素(见图(c)、图(d))

被测要素	标注方法	示　例	说　明
导出要素	当被测要素为中心线、中心面或中心点时，指引线用箭头终止在尺寸要素的尺寸延长线上（即带箭头的指引线应与尺寸线的延长线重合）	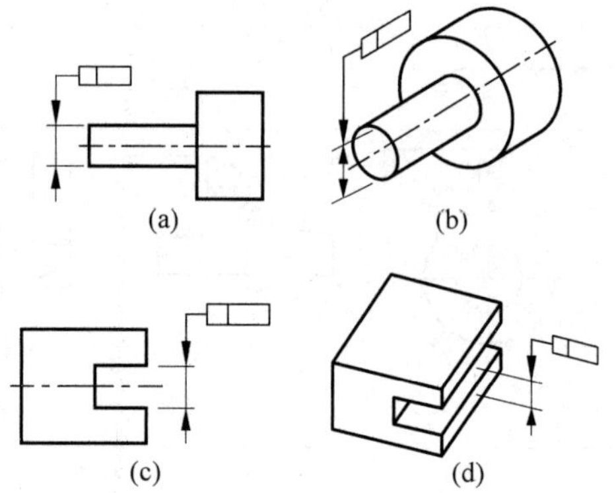 (a)　(b) (c)　(d)	当箭头与尺寸线的箭头重叠时，可代替尺寸线的箭头。 错误标注： 指引线的箭头不能直接指向轴线 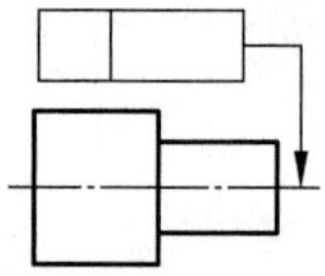
中心要素	回转体的中心要素，将修饰符 A 放置公差框格内公差带、要素与特征部分	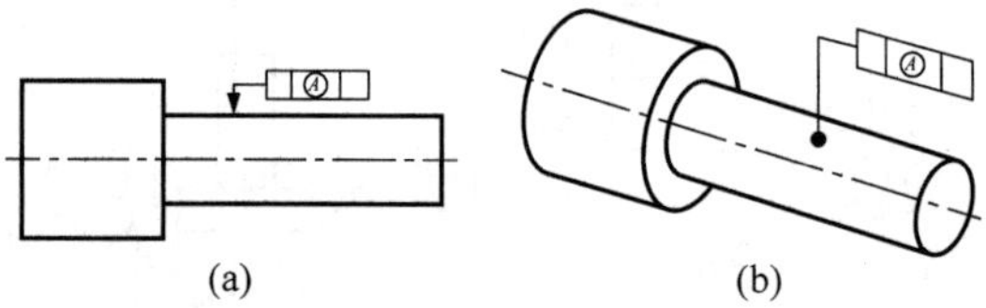 (a)　(b)	指引线可在组成要素上用箭头（见图(a)）或圆点（见图(b)）终止。 注意：该修饰符只可用于回转体，不可用于其他类型的尺寸要素
任意横截面	被测要素为提取中心线与相交平面相交所定义的交线或交点，或提取组成要素与横截平面相交，用辅助要素标识符"ACS"表示	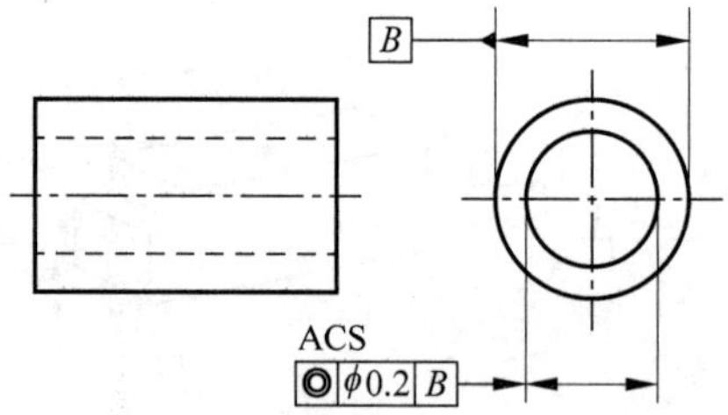 ACS ◎ $\phi0.2$ B	该标注表明：被测要素是套筒零件的内孔中心线，是由"在若干个与外圆中心线（基准 B）垂直的任意横截面上"提取的内孔中心点形成的。"ACS"仅适用于回转体表面、圆柱表面或棱柱表面
联合要素	被测要素是断续的六个圆柱面组合的提取组成要素，可视为联合要素，用标识符"UF"表示	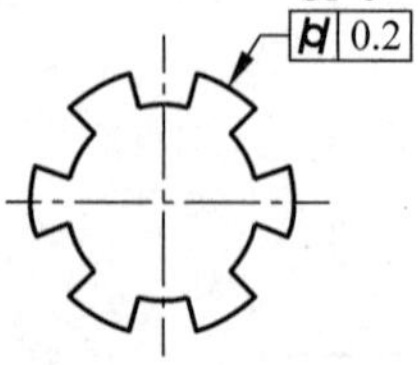 UF 6× H 0.2	联合要素定义一个公差带

被测要素	标注方法	示　　例	说　　明
局部要素	局部区域标注	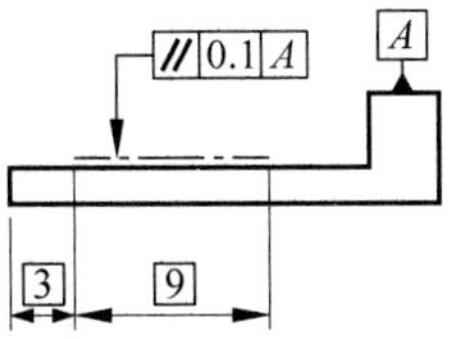 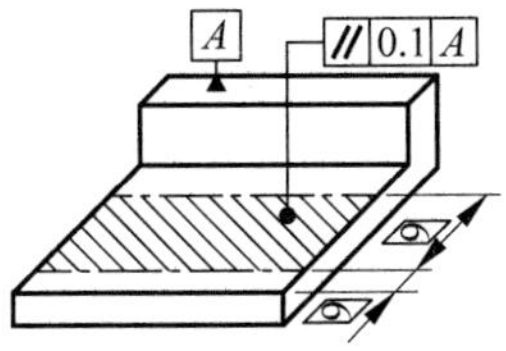 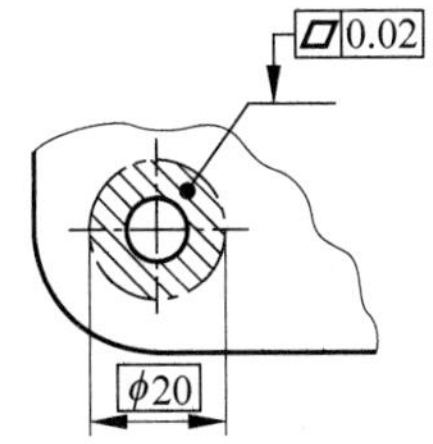 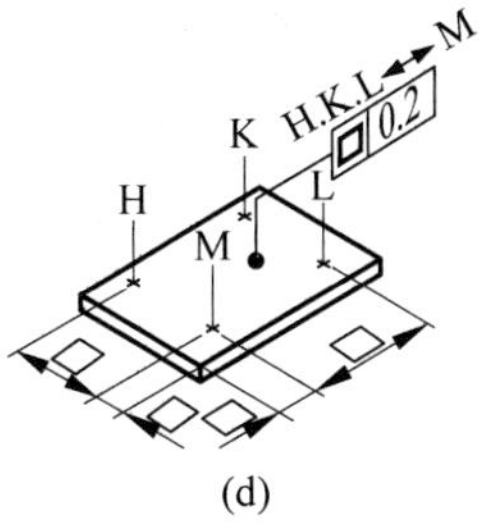	应使用以下方法定义被测要素的局部区域： (1) 用粗长点画线定义部分表面，使用理论正确尺寸(TED)定义其位置与尺寸，如图(a)所示； (2) 用阴影区域定义，可用粗长点画线定义部分表面，同样使用 TED 定义其位置与尺寸，如图(b)、图(c)所示； (3) 将拐角点定义为组成要素的交点(拐角点的位置用 TED 定义)，并且用大写字母及区间符号"◄—►"定义，如图(d)所示
	连续的非封闭被测要素(不是横截面的整个轮廓，也不是轮廓表示的整个面要素)的标注：应标识出被测要素的起始点和终止点，用大写字母分别代表，并用区间符号隔开	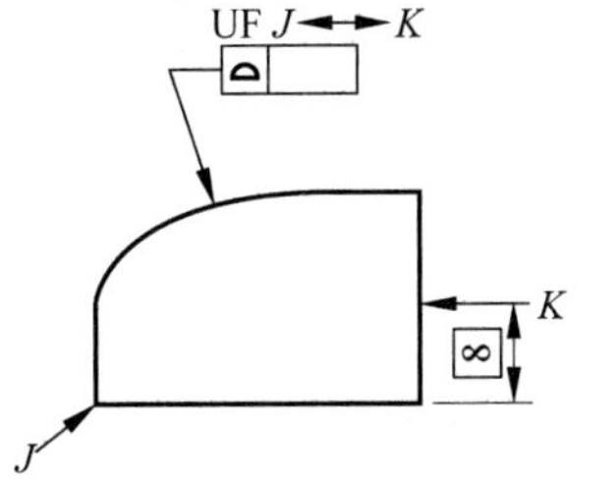	注：图样未标注完整。轮廓的公称几何形状未定义。 示例为被测要素，是从线 J 开始到线 K 结束的上部面要素

被测要素	标注方法	示　例	说　明
全周与全表面	连续的封闭被测要素（指封闭轮廓所表示的所有要素）	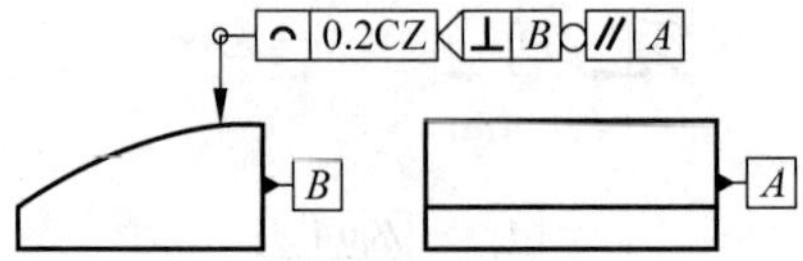 (a) 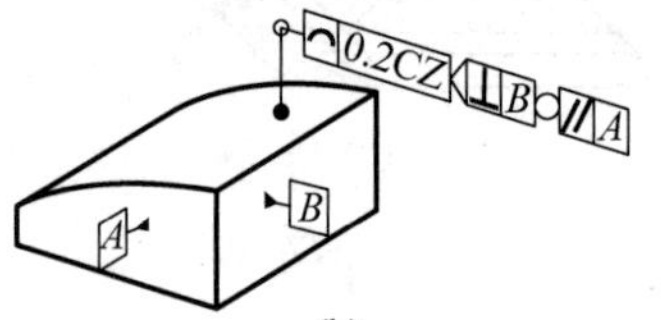 (b)	注：图样未标注完整。轮廓的公称几何形状未定义。图中被测要素不包括基准面 A 与它的平行面。 相交平面框格符号  和组合平面框格符号 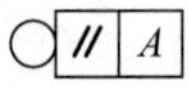 表示被测要素是在垂直于基准面 B，而且平行于基准面 A 的任意截面提取的一组线要素。 CZ 为组合公差带，指被测要素（曲线＋左右和底边的直线）是同一公差带
圆锥体轴线	当被测要素为圆锥体的轴线时，指引线的箭头应与圆锥体的直径尺寸线（大端或小端）对齐	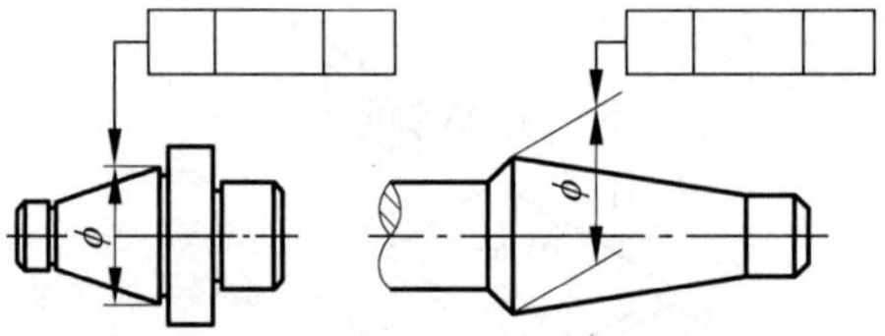	
	如直径尺寸不能明显地区别圆锥体和圆柱体时，则应在圆锥体内画出空白的尺寸线，并将指引线的箭头与该空白尺寸线对齐	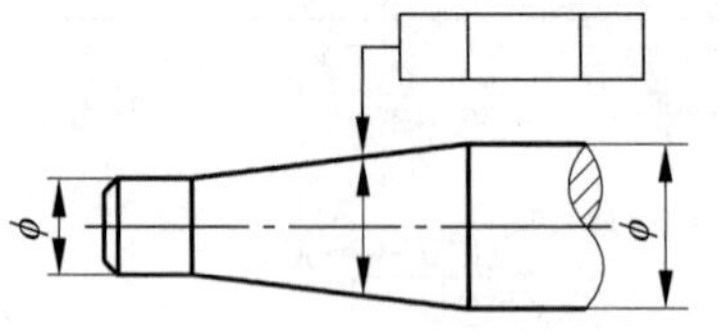	
	如圆锥体采用角度尺寸标注，则指引线的箭头应对着该角度尺寸线画出，且箭头后的指引线与被测轴线垂直	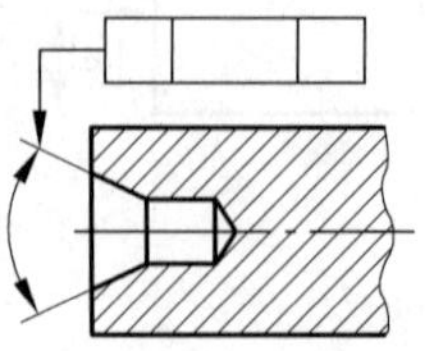	错误标注： 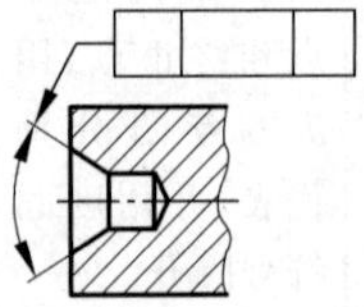

表 4-6　被测要素的简化注法

标 注 方 法	示 例	说 明
当多个单独的被测要素有相同的几何特征和公差值时的标注	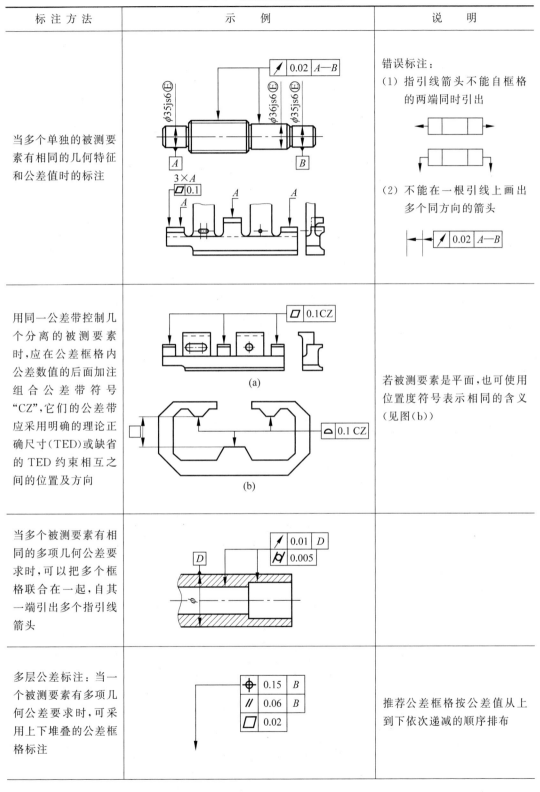	错误标注： （1）指引线箭头不能自框格的两端同时引出 （2）不能在一根引线上画出多个同方向的箭头
用同一公差带控制几个分离的被测要素时，应在公差框格内公差数值的后面加注组合公差带符号"CZ"，它们的公差带应采用明确的理论正确尺寸（TED）或缺省的 TED 约束相互之间的位置及方向		若被测要素是平面，也可使用位置度符号表示相同的含义（见图(b)）
当多个被测要素有相同的多项几何公差要求时，可以把多个框格联合在一起，自其一端引出多个指引线箭头		
多层公差标注：当一个被测要素有多项几何公差要求时，可采用上下堆叠的公差框格标注		推荐公差框格按公差值从上到下依次递减的顺序排布

续表

标 注 方 法	示 例	说 明
辅助要素框格应用说明：如是相对于基准面的一组在表面上的线平行度公差,基准面 B 为基准面 A 的辅助基准	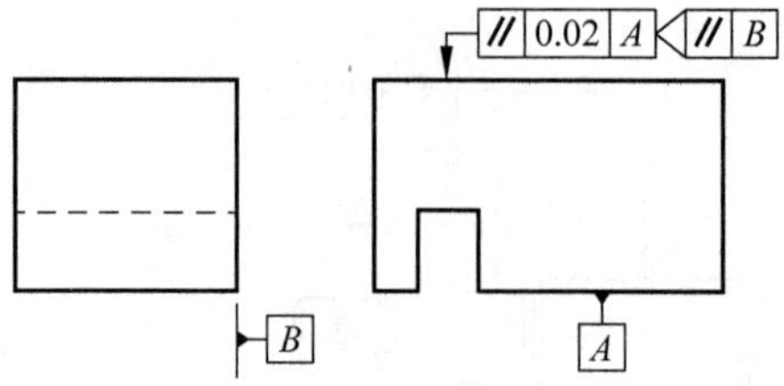 // 0.02 A // B	注意：GB/T 1182—2018 已废止以下标注 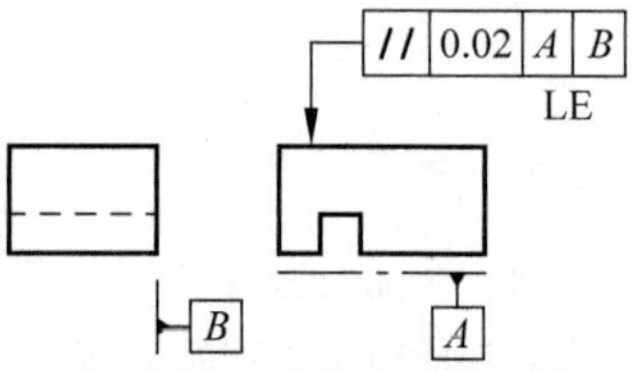 // 0.02 A B LE
在用文字作附加说明时,属于被测要素数量的说明应写在公差框格的上方；属于解释性的说明(包括对测量方法的要求等)应写在公差框格的下方	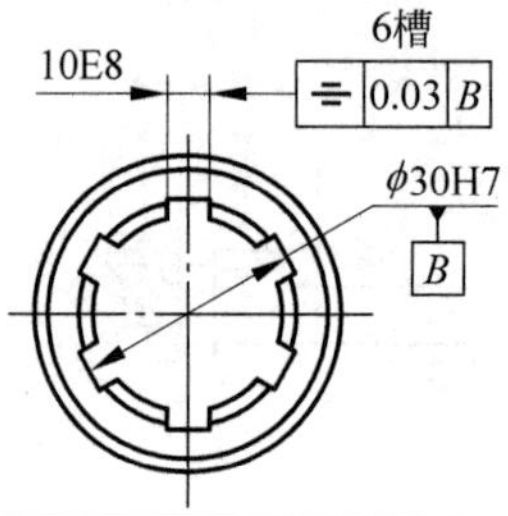 6槽 10E8 ⚌ 0.03 B ⌀30H7 B	当一个以上要素作为被测要素时,如 6 个要素,应在框格上方标明"6×"或"6 槽"等

表 4-7　基准要素的标注方法

基准要素	标 注 方 法	示 例	说 明
组成要素基准	当基准要素为组成要素时,基准符号应置于该要素轮廓线或其引出线标注,并应明显地与尺寸线错开	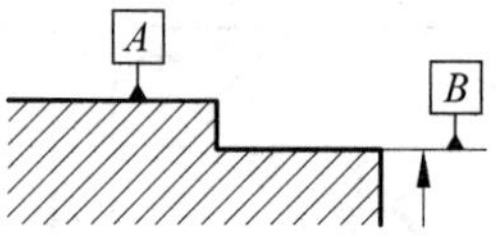 A B	
导出要素基准	当基准要素是中心线或中心平面或由带尺寸要素确定的点时,基准符号的连线应与该要素的尺寸线对齐	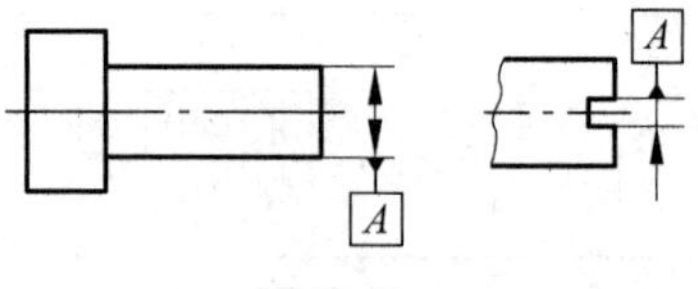 A A	当基准符号与尺寸线的箭头重叠时,可代替尺寸线的箭头。错误标注：A 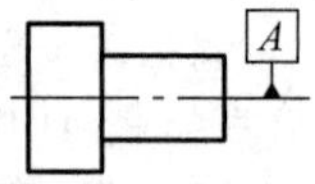
公共基准	由两个要素组成的公共基准,在公差框格的第三格内填写与基准字母相同的两个字母,字母之间用短横线隔开	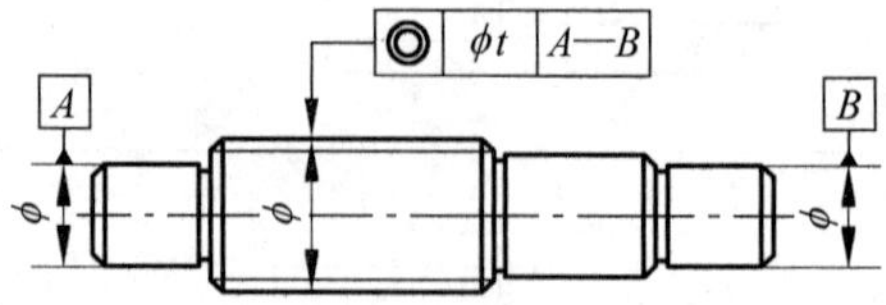 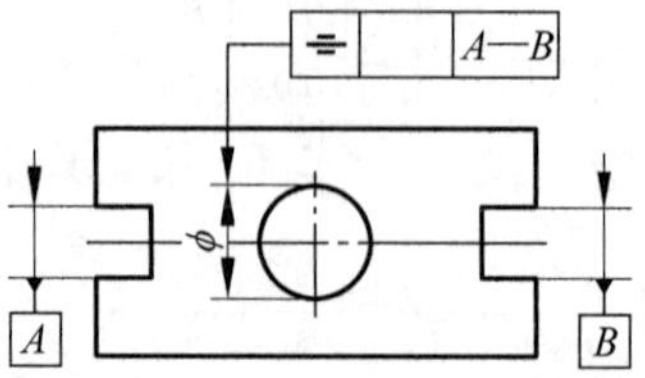 ◎ ⌀t A—B A B ⌀ ⌀ ⌀ ⚌ A—B A B	凡由两个或两个以上的要素构成一独立基准符号的,都称为公共基准,例如公共中心线、公共平面、公共对称中心平面等。公共基准无论由多少要素组合而成,都只能理解为一个基准

基准要素	标注方法	示　例	说　明
中心孔基准	当基准要素为中心孔时,基准符号可标注在中心孔引出线的下方。 当两端中心孔规格相同时,可采用右上图的简化标注;当两端中心孔规格不同时,采用右下图的标注方法	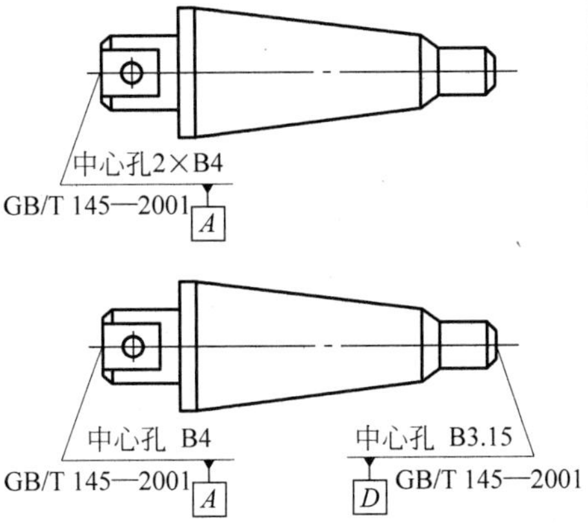 中心孔2×B4 GB/T 145—2001　$\boxed{A}$ 中心孔 B4　　　　中心孔 B3.15 GB/T 145—2001　$\boxed{A}$　　$\boxed{D}$ GB/T 145—2001	中心孔用代号标注时,基准符号与中心孔代号一起标注
圆锥体轴线基准	当基准要素为圆锥体轴线时,基准符号的连线可与圆锥体的大端(或小端)直径尺寸(或角度)线对齐	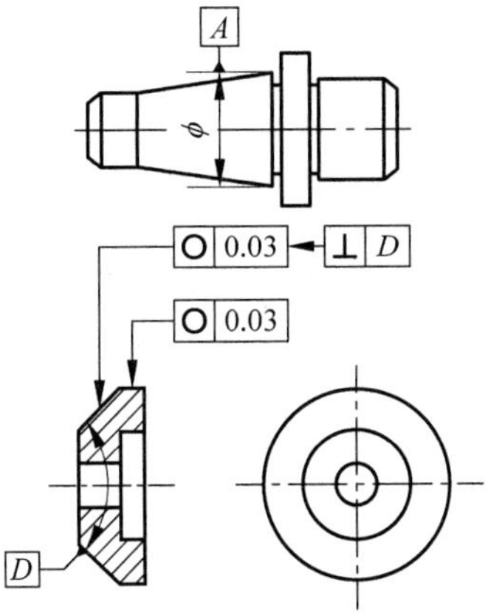 $\boxed{A}$　ϕ $\boxed{\bigcirc\ 0.03}$　$\boxed{\perp\ D}$ $\boxed{\bigcirc\ 0.03}$ D	
局部基准	如要求某要素的一部分作为基准,则用粗点画线表示该基准的局部区域,并加注理论正确尺寸	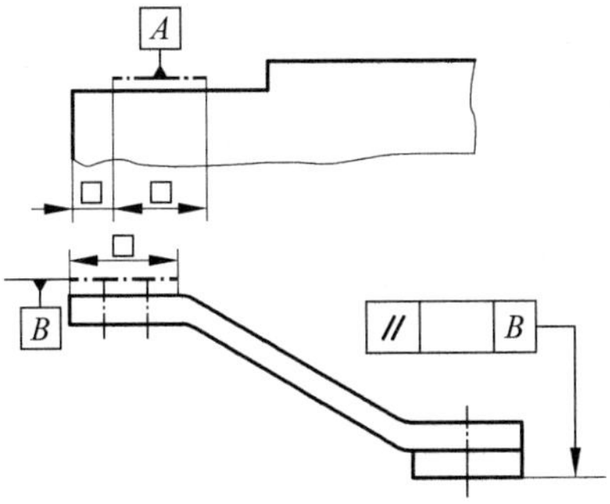 $\boxed{A}$ $\boxed{B}$　　$\boxed{/\!/}$　$\boxed{B}$	为了能确切地反映基准实际情况,以要素的某一局部范围(用 TED 定义基准的位置与尺寸)作基准

表 4-8　公差值和有关符号的标注方法

标 注 方 法	示　　例	说　　明
如果图样上所标注的几何公差无附加说明，则被测范围是箭头所指的整个组成要素或导出要素	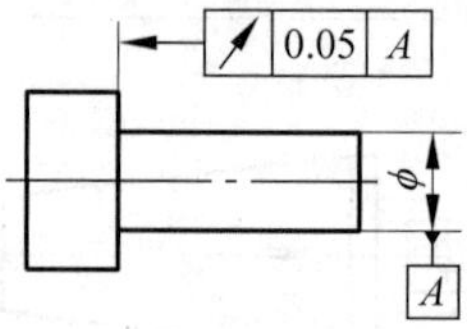	在公差框格内的公差值都是指公差带的宽度或直径，如果不加说明，是指被测表面的全部范围
如果公差适用于整个要素内的任何局部区域，则使用线性与/或角度单位（如适用）将局部区域的范围添加在公差值后面		图(a)所示为线性局部公差带，公差值指整个被测直线上任意 75 mm 长度上公差值 0.2 mm。 图(b)所示为圆形局部公差带，在图样上应配有"局部区域"标注(见表 4-5)
如需给出被测要素任一范围（面积）的公差值时，标注方法如示例所示	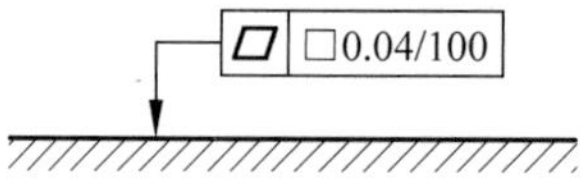	指定任意范围或任意长度：示例表示在整个表面内任意 100 mm×100 mm 的面积内，平面度误差不得大于 0.04 mm
如需给出被测要素任一范围（长度）的公差值时，标注方法如示例所示	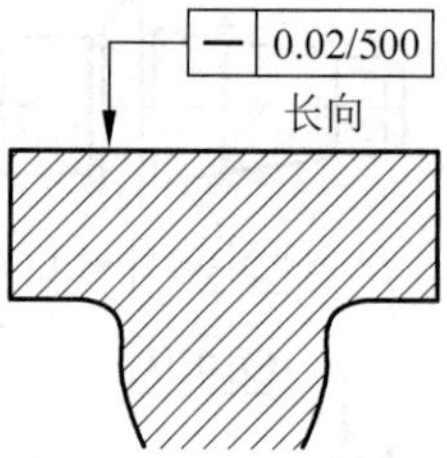	在整个被测表面长向上，任意 500 mm 的长度内，直线度误差不得大于 0.02 mm
既有整体被测要素的公差要求，也有局部被测要素的公差要求，则标注如示例所示		分子表示整个要素（或全长）的公差值，分母表示限制部分（长度或面积）的公差值。 这种限制要求可以直接放在表示全部被测要素公差要求的框格下面
当给定的公差带为圆形或圆柱形时，应在公差值前加注符号 ϕ。当给定的公差带为球时，应在公差值前加注符号 $S\phi$		公差值仅表示公差带的宽度或直径，公差带的形状规范元素也是几何公差的重要元素
		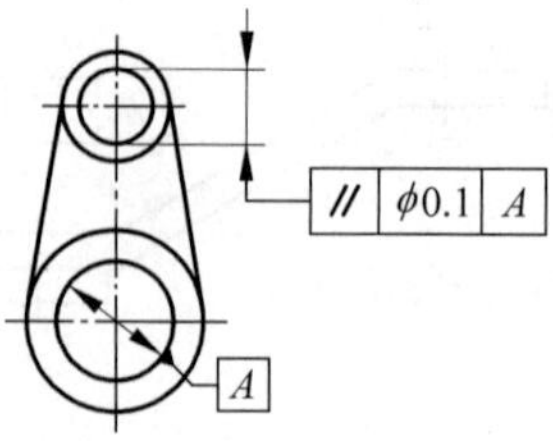 公差值前加 " ϕ "，其被测中心线必须位于直径为公差值 0.1 mm，且平行于基准中心线 A 的圆柱面内

其中左侧第一列合并单元格依次为"公 差 值"和"公 差 带 形 状 和 附 加 要 求 的 符 号"。

4.1.3 形状误差及其评定

评定形状误差的准则是最小条件。形状误差是指被测实际要素对其理想要素的变动量,理想要素的位置应符合最小条件。所谓最小条件,就是被测实际要素对其理想要素的最大变动量为最小。

1) 形状误差的测量

形状误差是由测量要素的实际形状与基准的理想要素的形状进行比较确定的。图 4-8 所示是已经加工好的,且夸大了的被测实际要素 a—a 曲线(理想的几何要素应是直线),我们把刀口尺的刀口 b—b(Ⅰ—Ⅰ)视为直线的理想要素,刀口尺所处位置不同,理想要素与实际要素之间的距离是不一样的,如图 4-8 中表示的 f_1,f_2,f_3。那么,应该取哪一个数值才能较客观地反映出它的直线度误差呢? 这就应根据统一规定的评定形状误差的基本准则,即"最小条件"来确定。

2) 理想要素的位置

符合最小条件的理想要素的位置,应同时满足以下两个条件:

(1) 理想要素必须与实际轮廓相接触,不允许相割或分离,即必须包容被测实际要素,如图 4-8 中的 a—a 曲线。

(2) 使理想要素与实际要素之间的最大距离为最小,也即包容最小区域,如图 4-8 中 $f_1 < f_2 < f_3$,f_1 为最小,应取它作为直线度的误差。

应用最小条件评定所得出的误差值,既是最小值,也是唯一的值。

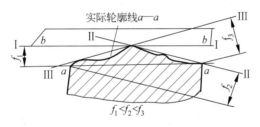

图 4-8 最小条件和最小区域

4.1.4 位置误差及其评定

位置误差是被测关联实际要素的方向或位置对其理想要素的方向或位置的变动量。而其理想要素的方向或位置是由基准理想要素的方向或位置来确定的。在实际测量中,理想要素的方向或位置应符合最小条件,所以要确定位置误差应包含三方面的工作,即

(1) 按最小条件确定基准的理想要素的方向或位置。

(2) 由基准理想要素的方向或位置确定被测理想要素的方向或位置。

(3) 将被测实际要素的方向或位置与其理想要素的方向或位置进行比较,以确定位置误差值。

图 4-9 所示为测量某一截面平行度的示意图。要求测量上平面对下平面的平行度,可用平板的精确平面作为模拟基准,按最小条件把零件下平面与平板接触,可认为下平面为基准要素。另外,与基准平行作两个包容实际表面的平行平面,就形成了最小包容区域,将其

间距 f 定为平行度的误差值。

对于形状误差,仅仅研究要素本身的实际形状与理想要素的偏离即可。但对于位置误差,则要研究要素相对于基准的实际位置。

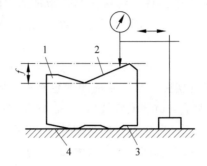

1—最小区域;2—被测要素;3—基准要素 A;4—基准。

图 4-9　平行度测量

4.2　形 状 公 差

形状公差是单一实际被测要素对其理想要素的允许变动量。形状公差用形状公差带来表达,用以限制零件实际要素的变动范围。国家标准规定了直线度、平面度、圆度及圆柱度 4 个形状公差项目。

4.2.1　直线度公差及公差带

在实际的零件中,直线误差有单一方向的误差、两个方向的误差、给定平面内的误差和任意方向的误差。因此,要控制这些直线误差,就必须有相对应的直线度。直线度是用以限制被测实际直线对其理想直线变动量的一项指标,以控制平面内或空间直线的形状误差。通常用计算法和图解法求解直线度误差。

图 4-10 表示在平行于(相交平面框格给定的)基准 A 的给定截面内,被测上表面的提取(实际)线应限制在间距等于 0.1 mm 的两平行直线之间。图 4-11 表示被测中心线在任意方向上都有直线度要求,其公差带为直径等于 $\phi0.08$ mm 的圆柱所限定的区域。

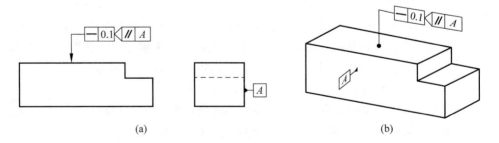

(a)　　　　　　　　　　　　　　　　　　(b)

1—基准 A;2—任意距离;3—平行于基准 A 的相交平面。

图 4-10　给定截面内一组直线(组成要素)直线度公差(在一个方向上)标注和公差带

(a) 2D标注;(b) 3D标注;(c) 公差带

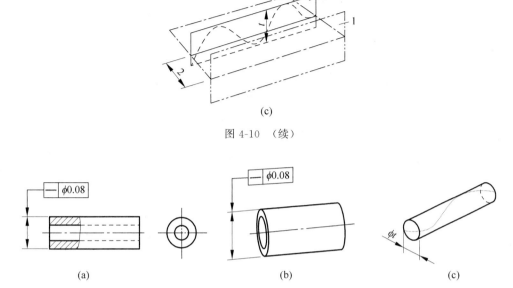

图 4-10   （续）

图 4-11   套筒外圆柱的中心线(导出要素)直线度公差(在任意方向上)标注和公差带
(a) 2D 标注; (b) 3D 标注; (c) 公差带

【典型实例 4-1】   在图 4-12 中标注直线度：

(1) $\phi20$ mm 圆柱素线给定方向上的直线度（公差等级为 7 级）。

(2) $\phi20$ mm 圆柱轴线任意方向上的直线度（公差等级为 8 级）。

解：(1) 由表 4-10 查得，$\phi20$ mm 圆柱素线给定方向上的直线度公差值为 0.008 mm(7 级)。

(2) 由表 4-10 查得，$\phi20$ mm 圆柱轴线任意方向的直线度公差值为 0.012 mm(8 级)。

直线度标注如图 4-12 所示。

【典型实例 4-2】   直线度测量。用长度为 200 mm 的水平仪测量某机床床身导轨的直线度误差，每 200 mm 测一个点，8 个测量点的读数值依次为：0，$+5$，$+5.5$，-1，$+1$，-1，-0.5，$+7$ μm/200 mm。

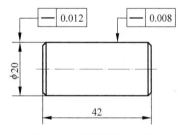

图 4-12   典型实例 4-1 图

解：1) 计算法

用计算法求直线度误差，最好是列表进行，这样比较简便。将各点测值 a_i 记入表 4-9 中，逐点累积，再进行坐标转换，即把 C 线转平（见图 4-13），各测点转换后的坐标值中最大值与最小值绝对值之和即为所求的直线度误差 f：

$$f = |+4.5| + |-5| \ \mu\text{m} = 9.5 \ \mu\text{m}$$

2) 图解法

将所得的累积值 y_i 按一定比例放大，标在坐标纸上，如图 4-13 所示。x 坐标每格代表 200 mm，y 坐标每格代表 4 μm。

(1) 按最小条件求直线度误差。根据直线度误差最小包容区域的判别法，作两平行直线包容被测实际要素(见图 4-13 中的折线)，若实际要素上有高低相间的 3 个点分别在此两平行直线上，则此两平行直线之间的区域为最小包容区域，此两平行直线中在被测实际要素

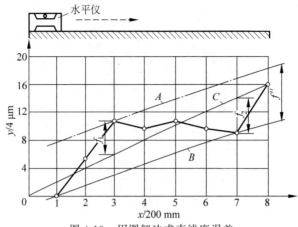

图 4-13　用图解法求直线度误差

之外的一条直线体现理想直线,实际要素与理想直线之间的最大距离(亦即最小包容区域的宽度)即为其直线度误差。

表 4-9　直线度误差的计算

测点序号 i	读数值 a_i	累积值 $y_i = \sum_1^i a_i$	坐标转换量 $\dfrac{i}{n}\sum_1^n a_i$	坐标转换后各测点的累积值 $\sum_1^i a_i - \dfrac{i}{n}\sum_1^n a_i$
1	0	0	+2	−2
2	+5	+5	+4	+1
3	+5.5	+10.5	+6	+4.5
4	−1	+9.5	+8	+1.5
5	+1	+10.5	+10	+0.5
6	−1	+9.5	+12	−2.5
7	−0.5	+9	+14	−5
8	+7	+16	+16	0
	$\sum_1^n a_i = 16$			

在图 4-13 中,第 1,7 两测点是最低点,其间的第 3 点是最高点,过最高点作直线 A 平行于两最低点的连线 B,则此两平行线之间即为最小包容区域,其宽度 $f'' = 7.5\ \mu m$ 即为被测导轨的直线度误差。

(2)按两端点连线法求直线度误差。将图 4-13 中折线两端点的连线 C 近似地作为被测实际要素的理想直线,则此理想直线与其两侧折线最高点和最低点之间沿纵坐标方向的距离之和即为被测导轨的直线度误差,即

$$f'' = f_1 + f_2 = 4.5 + 5\ \mu m = 9.5\ \mu m$$

按两端点连线法求直线度误差比较简便,若所得结果在规定的公差范围内,可以采用;当所得结果超过规定的直线度公差或有争议需要仲裁时,则应按最小条件评定。

4.2.2　平面度公差及公差带

平面度是限制实际表面对其理想平面变动量的一项指标。平面度公差是单一实际平面

所允许的变动全量。平面度公差用于控制平面的形状误差,其公差带是距离为公差值 t 的两平行平面之间的区域。

图 4-14 表示被测上平面的提取(实际)表面应限定在间距等于 0.08 mm 的两平面之间。

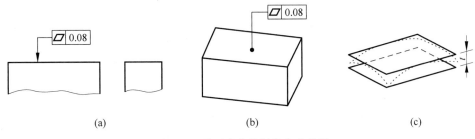

图 4-14　平面度公差标注和公差带
(a) 2D 标注;(b) 3D 标注;(c) 公差带

4.2.3　圆度公差及公差带

圆度是限制实际圆对其理想圆变动量的一项指标,用来控制圆柱(锥)面的正截面和球体上通过球心的任一截面的圆度。

图 4-15 表示在圆柱面、圆锥面的任意横截面内,被测要素的提取(实际)圆周线(组成要素)应限定在半径差为 0.03 mm 的两共面同心圆之间。这是圆柱表面的缺省标注的应用方式。而对于圆锥表面,则应使用方向要素框格进行标注,表明在垂直于基准轴线 D 的横截面上提取被测实际圆周线。

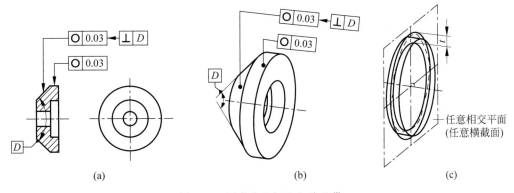

图 4-15　圆度公差标注和公差带
(a) 2D 标注;(b) 3D 标注;(c) 公差带

4.2.4　圆柱度公差及公差带

圆柱度是限制实际圆柱面对其理想圆柱面变动量的一项指标。圆柱度公差可以同时控制圆度、素线直线度和两条素线平行度等项目的误差。

图 4-16 表示圆柱度公差带为半径差等于公差值 $t=0.1$ mm 的两个同轴圆柱面所限定的区域。

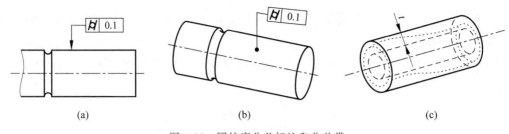

图 4-16　圆柱度公差标注和公差带

(a) 2D 标注；(b) 3D 标注；(c) 公差带

4.2.5　轮廓度公差与公差带

轮廓度公差分为线轮廓度公差和面轮廓度公差两种。轮廓度公差在无基准要求时为形状公差，在有基准要求时为位置公差。线轮廓度公差是用于限制平面曲线（或曲面的截面轮廓）的形状误差；面轮廓度公差是用于限制一般曲面的形状误差。

当无基准要求时，轮廓度公差带的形状只由理论正确尺寸（带方框的尺寸）确定，其位置是浮动的；当有基准要求时，轮廓度公差带的形状和位置由理论正确尺寸和基准确定，且公差带的位置是固定的。

1. 线轮廓度公差

1) 无基准的线轮廓度公差

图 4-17 表示在任一平行于基准平面 A 的截面内（如相交平面框格所规定的），被测要素的提取（实际）轮廓线应限定在直径等于 $\phi0.04$ mm、圆心位于理论正确形状上的一系列圆的两等距包络线之间。UF 表示组合要素上的三个半径 R(TED)圆弧部分（从 $D\sim E$）组成联合要素。

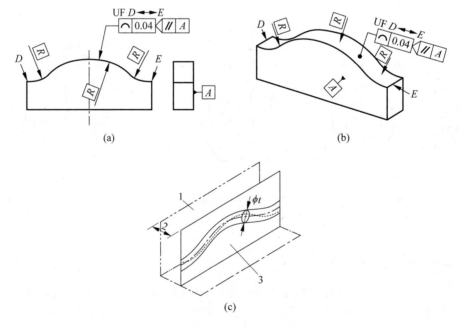

1—基准平面 A；2—任意距离；3—平行于基准平面 A 的平面。

图 4-17　与基准不相关的线轮廓度公差标注和公差带

(a) 2D 标注；(b) 3D 标注；(c) 公差带

2）与基准相关的线轮廓度公差

图 4-18 表示在任一由相交平面框格规定的平行于基准平面 A 的截面内,被测要素的提取(实际)轮廓线(组成要素)应限定在直径等于 $\phi0.04$ mm、圆心位于由基准平面 A 与基准平面 B 确定的被测要素理论正确几何形状线上的一系列圆的两包络线之间。

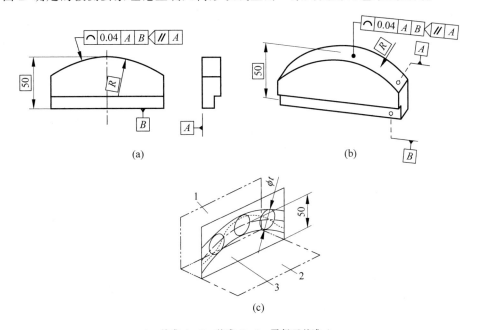

1—基准 A；2—基准 B；3—平行于基准 A。

图 4-18　与基准相关的线轮廓度公差标注和公差带

(a) 2D 标注；(b) 3D 标注；(c) 公差带

2. 面轮廓度公差

1）无基准的面轮廓度公差

图 4-19 表示被测要素是球面,提取(实际)轮廓面应限定在直径等于 $\phi0.02$ mm、球心位于被测要素理论正确几何形状(半径为 R 的球面)表面上的一系列圆球的两等距包络面之间。

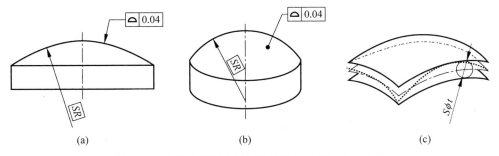

图 4-19　与基准不相关的面轮廓度公差标注和公差带

(a) 2D 标注；(b) 3D 标注；(c) 公差带

2）与基准相关的面轮廓度公差

图 4-20 表示被测要素的提取(实际)轮廓面(组成要素)应限定在直径等于 $\phi0.1$ mm、

球心位于由基准平面 A 确定的被测要素理论正确几何形状上的一系列圆球的两包络面之间。

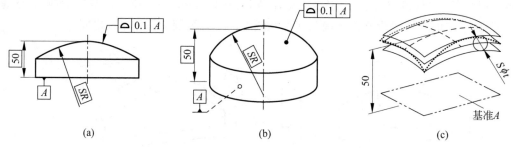

图 4-20　与基准相关的面轮廓度公差标注和公差带
(a) 2D 标注；(b) 3D 标注；(c) 公差带

4.3　方　向　公　差

方向公差是关联实际要素对其具有确定方向的理想要素的允许变动量。理想要素的方向由基准及理论正确尺寸(角度)确定。当理论正确角度为 0°时,方向公差又称为平行度公差；当理论正确角度为 90°时,方向公差又称为垂直度公差；当理论正确角度为其他任意角度时,方向公差又称为倾斜度公差。这三项公差都有面对面、线对线、面对线和线对面等几种情况。

4.3.1　平行度公差

平行度公差用来限制被测要素相对于基准要素的平行程度。

图 4-21 表示被测要素的提取(实际)中心线应限定在间距等于 0.1 mm、平行于基准轴线 A 的两平行平面之间。限定公差带的平面均平行于由定向平面框格规定的基准平面 B。基准 B 为基准 A 的辅助基准。

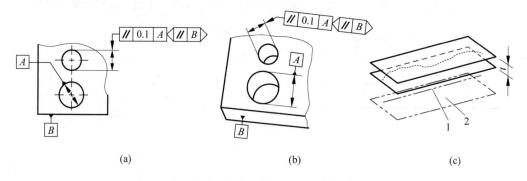

1—基准 A；2—基准 B。

图 4-21　线对线平行度公差(在与基准 B 平行的方向上)标注和公差带
(a) 2D 标注；(b) 3D 标注；(c) 公差带

图 4-22 与图 4-21 的区别在于：图 4-22 的公差带(两平行平面)均与辅助基准 B 垂直,其他相同。

图 4-23 表示被测要素的提取(实际)中心线应限定在平行于基准轴线 A、直径等于 $\phi 0.03$ mm 的圆柱面内。

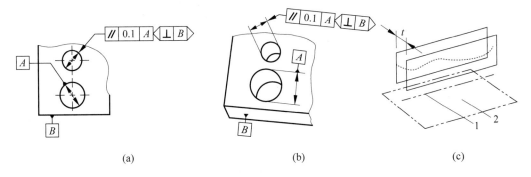

1—基准 A；2—基准 B。

图 4-22　线对线平行度公差(在与基准 B 垂直的方向上)标注和公差带

(a) 2D 标注；(b) 3D 标注；(c) 公差带

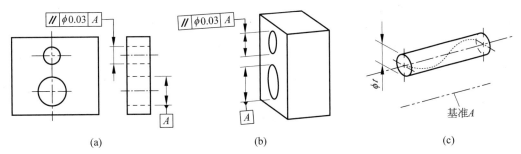

图 4-23　线对线平行度公差(在任意方向上)标注和公差带

(a) 2D 标注；(b) 3D 标注；(c) 公差带

4.3.2　垂直度公差

垂直度公差用来限制实际表面(或轴线)相对于基准表面(或轴线)的垂直程度。图 4-24 表示被测要素的提取(实际)中心线应限定在间距等于 $t=0.06$ mm、垂直于基准轴线 A 的两平行平面之间。

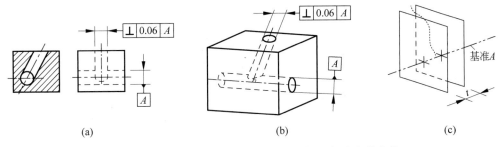

图 4-24　线对线垂直度公差(在一个方向上)标注和公差带

(a) 2D 标注；(b) 3D 标注；(c) 公差带

图 4-25 所示圆柱轴线的公差带是直径等于 $\phi 0.01$ mm 的圆柱,与基准平面 A 垂直。

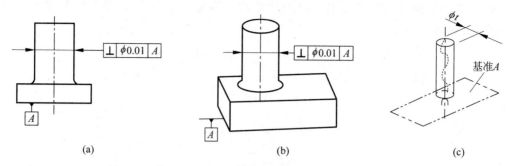

图 4-25　线对面垂直度公差(在任意方向上)标注和公差带

(a) 2D 标注；(b) 3D 标注；(c) 公差带

4.3.3　倾斜度公差

倾斜度公差用来限制实际要素对基准在倾斜方向上的变动量。图 4-26 表示被测要素的提取(实际)表面应限定在间距 $t=0.08$ mm 的两平行平面之间。该两平行平面按照理论正确角度 40°倾斜于基准平面 A。

图 4-27 表示斜端面的公差带是间距为 0.1 mm 的两平行平面，与基准轴线 A 相交理论正确角度 75°。

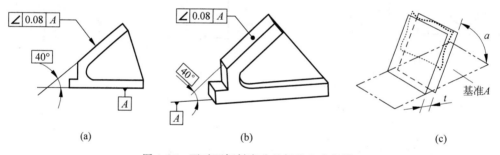

图 4-26　面对面倾斜度公差标注和公差带

(a) 2D 标注；(b) 3D 标注；(c) 公差带

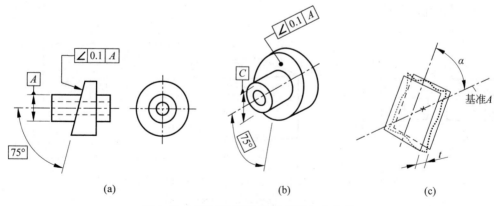

图 4-27　面对线倾斜度公差标注和公差带

(a) 2D 标注；(b) 3D 标注；(c) 公差带

方向公差带具有如下特点：

（1）方向公差带相对于基准有确定的方向，而其位置往往是浮动的。

（2）方向公差带具有综合控制被测要素的方向和形状的功能。在保证使用要求的前提下，对被测要素提出方向公差的要求后，通常不再对该要素提出形状公差的要求。当需要对被测要素的形状有进一步的要求时，可再给出形状公差，且形状公差值应小于方向公差值。

4.4　位　置　公　差

位置公差是关联实际要素对其具有确定位置的理想要素的允许变动量。理想要素的位置由基准及理论正确尺寸（长度或角度）确定。当理论正确尺寸为零，且基准要素和被测要素均为轴线时，位置公差又称为同轴度公差（若基准要素和被测要素的轴线足够短，或均为中心点时，位置公差又称为同心度公差）；当理论正确尺寸为零，基准要素或（和）被测要素为其他中心要素（中心平面）时，位置公差又称为对称度公差；在其他情况下，位置公差均称为位置度公差。

4.4.1　同轴度公差

同轴度公差是指被测要素的实际轴线对基准轴线的允许变动全量。

图 4-28 表示在任意横截面内，内圆的提取（实际）中心应限定在直径等于 $\phi0.1$ mm、以基准点 A（在同一横截面内）为圆心的圆周内。图 4-29 表示被测圆柱的提取（实际）中心线

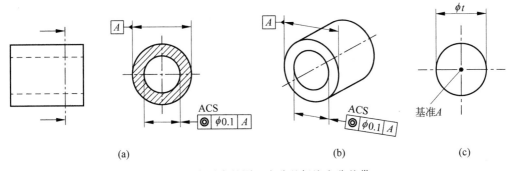

图 4-28　点对点的同心度公差标注和公差带

（a）2D 标注；（b）3D 标注；（c）公差带

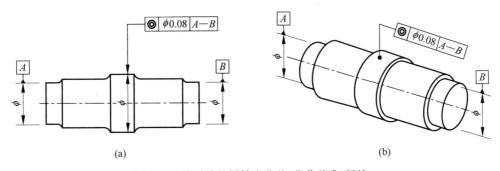

图 4-29　线对线的同轴度公差（公共基准）标注

（a）2D 标注；（b）3D 标注

应限定在直径等于 $\phi0.08$mm、以公共基准轴线 $A\text{-}B$ 为轴线的圆柱面内,如图 4-28(c)公差带所示。图 4-30 表示的被测要素是外圆柱面的中心线,第一基准要素是左端面 A,第二基准是内孔轴线 B;公差带是圆柱面,其轴线首先垂直于左端面 A,其次与内孔轴线 B 同轴。

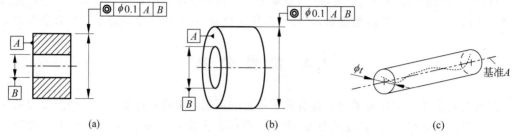

图 4-30　线对线的同轴度公差(两个基准)标注和公差带

(a) 2D 标注；(b) 3D 标注；(c) 公差带

4.4.2　对称度公差

对称度公差用来限制被测要素对基准要素的位置对称误差。图 4-31 表示被测要素的提取(实际)槽的对称中心面应限定在间距等于 0.08 mm、对称分布在基准中心面 A 两侧的两平行平面之间。基准中心平面 A 是上、下平面的对称中心面,见公差带示意图。图 4-32 表示的被测要素是中间型孔的上、下内平面的对称中心面,基准要素是两侧槽的公共对称中心面。

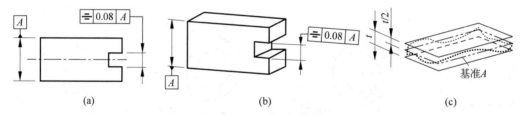

图 4-31　面对面的对称度公差(单一基准)标注和公差带

(a) 2D 标注；(b) 3D 标注；(c) 公差带

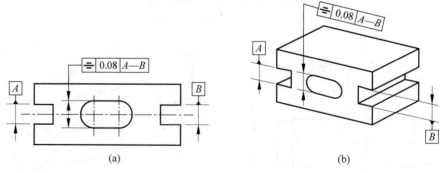

图 4-32　面对面的对称度公差(公共基准)标注

(a) 2D 标注；(b) 3D 标注

位置度公差用来限制被测要素的实际位置对其理想位置偏离的程度。位置度的公差带分点、线和面三种类型。

1. 点的位置度

点的位置度公差值前加注 $S\phi$。图 4-33 表示被测要素的提取(实际)球心(导出要素)应限定在直径等于 $\phi 0.3$ mm 的圆球面内。该圆球面的中心与基准平面 A、基准平面 B、基准中心平面 C 相距的理论正确尺寸分别是 30 mm、25 mm 和 0,如图 4-33(c)所示。

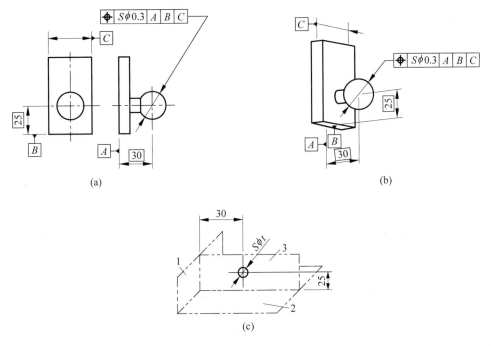

1—基准 A;2—基准 B;3—基准 C。

图 4-33　点的位置度公差标注和公差带

(a) 2D 标注;(b) 3D 标注;(c) 公差带

2. 线的位置度

线的位置度公差值前加注符号 ϕ。图 4-34 所示的被测要素是孔的中心线(导出要素),其公差带形状是圆柱,直径为 $\phi 0.08$ mm。该圆柱轴线垂直于基准平面 C,圆心位于与基准 A 相距理论正确尺寸 100 mm 和与基准 B 相距理论正确尺寸 68 mm 的交点上,如图 4-34(a) 所示(图中 $d_1=\boxed{68}$ mm, $d_2=\boxed{100}$ mm)。

3. 面的位置度

面的位置度公差带为间距等于公差值 t,且对称于被测面理论正确位置的两平行平面所限定的区域。图 4-35 所示的被测要素是斜端面(组成要素),其提取(实际)表面应限定在间距等于 0.05 mm 的两平行平面之间。该两平行平面的对称中心面与基准轴线 B 的相交点位置在与基准平面 A 相距理论正确尺寸 15 mm 上,而且对称中心面与基准轴线 B 相交理论正确角度 105°,如图 4-36(b)所示。

位置公差带具有如下特点:

(1) 位置公差带相对于基准具有确定的位置。其中,位置度公差带的位置由理论正确

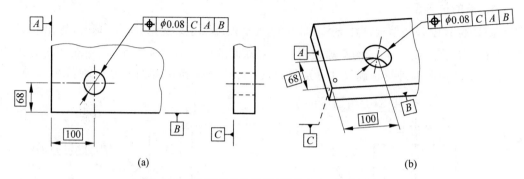

图 4-34　线对面的位置度(任意方向)公差标注

(a) 2D 标注；(b) 3D 标注

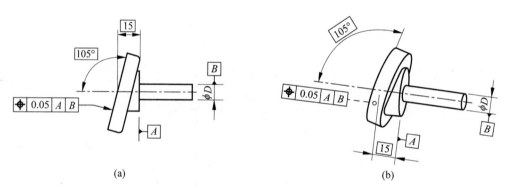

图 4-35　面对"面、线"的位置度公差标注

(a) 2D 标注；(b) 3D 标注

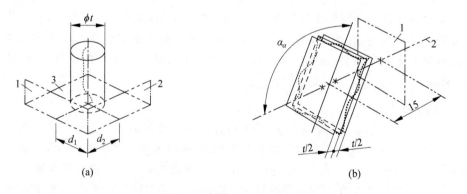

1—基准 A；2—基准 B；3—基准 C。

图 4-36　线的位置度(任意方向)公差带和面的位置度公差带

(a) 公差带(一)；(b) 公差带(二)

尺寸确定,同轴度和对称度的理论正确尺寸为零,图上可省略不标注。

（2）位置公差带具有综合控制被测要素位置、方向和形状的功能。在满足使用要求的前提下,对被测要素给出位置公差后,通常对该要素不再给出方向公差和形状公差。在对方向和形状有进一步要求时,则可另行给出方向公差和形状公差,但其数值应小于位置公差值。

4.5 跳 动 公 差

与方向公差、位置公差不同,跳动公差是针对特定的检测方式而定义的公差特征项目。它是被测要素绕基准要素回转过程中所允许的最大跳动量,也就是指示器在给定方向上指示的最大读数与最小读数之差的允许值。跳动公差可分为圆跳动公差和全跳动公差两种。其中,圆跳动公差又分为径向圆跳动公差、端面圆跳动公差和斜向圆跳动公差 3 种。全跳动公差分为径向全跳动公差和端面全跳动公差两种。

跳动公差适用于回转表面或其端面。

4.5.1 圆跳动公差

圆跳动是任一被测要素的提取要素绕基准轴线做 1 周无轴向移动的相对回转时,指示计的测头在给定计值方向上测得的最大与最小示值之差。

1. 径向圆跳动公差

径向圆跳动公差带是在垂直于基准轴线的任一测量平面内,半径差为公差值 t,且圆心在基准轴线上的两个同心圆之间的区域。图 4-37 表示在任一平行于基准平面 B、垂直于基准轴 A 的横截面上,被测要素的提取（实际）圆（组成要素）应限定在半径差等于 0.1 mm、圆心在基准轴线 A 上的两共面同心圆之间。

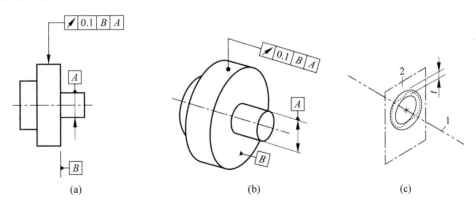

1—垂直于基准 B 的第二基准 A；2—平行于基准 B 的横截面。

图 4-37 径向圆跳动公差标注和公差带

（a）2D 标注；（b）3D 标注；（c）公差带

2. 轴向圆跳动公差

轴向圆跳动公差带是与基准轴线同轴的任一半径的圆柱截面上,间距等于公差值 t 的两圆所限定的圆柱面区域。图 4-38 表示在与基准轴线 D 同轴的任一圆柱形截面上,被测要素的提取（实际）圆应限定在轴向距离等于 0.1 mm 的两个等圆之间。

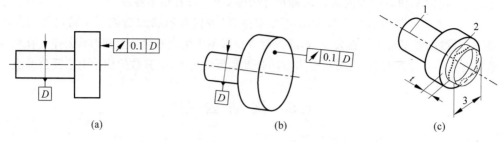

1—基准 D；2—公差带；3—与基准 D 同轴的任意直径。

图 4-38　轴向圆跳动公差标注和公差带

(a) 2D 标注；(b) 3D 标注；(c) 公差带

3. 斜向圆跳动公差

斜向圆跳动公差带为与基准轴线同轴的某一圆锥截面上，间距等于公差值 t 的两圆所限定的圆锥面区域，除非另有规定，测量方向应沿被测表面的法向。图 4-39 表示在与基准轴线 C 同轴的任一圆锥截面上，被测要素的提取（实际）线应限定在素线方向间距等于 0.1 mm 的两不等圆之间，并且截面的锥角与被测要素垂直。

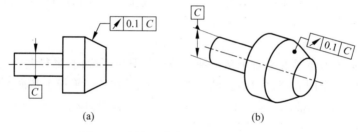

图 4-39　圆锥面的斜向圆跳动公差标注

(a) 2D 标注；(b) 3D 标注

图 4-40 表示在相对于方向要素（给定角度 α）的任一圆锥截面上，被测要素的提取（实际）线应限定在圆锥截面内间距等于 0.1 mm 的两不等圆之间。该项目的公差带如图 4-41 所示。

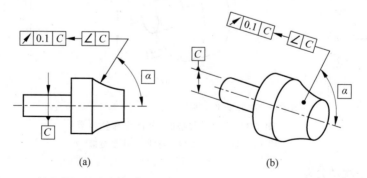

图 4-40　轴向截面的圆锥素线是曲线（在给定方向上）的斜向圆跳动公差标注

(a) 2D 标注；(b) 3D 标注

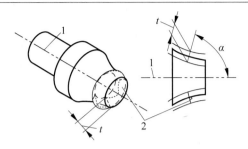

1—基准 C；2—公差带。

图 4-41　给定方向的斜向圆跳动公差带

4.5.2　全跳动公差

全跳动是被测要素的提取要素绕基准轴线做 1 周无轴向移动的相对回转,同时指示计的测头沿给定方向的理想直线连续移动过程中,由测头在给定计值方向上测得的最大与最小示值之差。全跳动按被测表面绕基准轴线连续旋转时,测量指示器的运动方向相对于基准轴线的位置不同可分为两种情况:

(1) 当测量指示器的运动方向与基准轴线平行时为径向全跳动。径向全跳动公差带为半径差等于公差值 t,与基准轴线同轴的两圆柱面所限定的区域。图 4-42 表示被测要素的提取(实际)圆柱表面(组成要素)应限定在半径差等于 0.1 mm、与公共基准轴线 $A—B$ 同轴的两圆柱面之间。

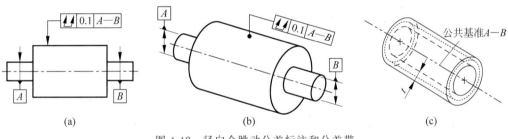

图 4-42　径向全跳动公差标注和公差带

(a) 2D 标注；(b) 3D 标注；(c) 公差带

(2) 当测量指示器的运动方向与基准轴线垂直时为轴向全跳动。轴向全跳动公差带为间距等于公差值 t,垂直于基准轴线的两平行平面所限定的区域。图 4-43 表示被测要素的

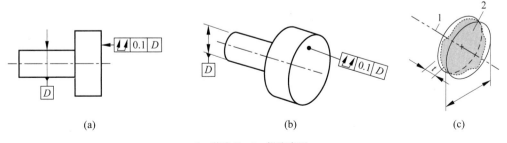

1—基准 D；2—提取表面。

图 4-43　轴向全跳动公差标注和公差带

(a) 2D 标注；(b) 3D 标注；(c) 公差带

提取(实际)表面应限定在间距等于 0.1 mm、垂直于基准轴线 D 的两平行平面之间(该描述与垂直度公差的含义相同)。

跳动公差带有两个特点:(1)跳动公差带相对于基准轴线有确定的位置;(2)跳动公差带可以综合控制被测要素的位置、方向和形状。

4.6　形位公差的选择方法

实际零件上所有的要素存在形位误差,但图样上是否给出形位公差要求,可根据下述原则确定:凡形位公差要求用一般机床加工能保证的,不必注出,其公差值要求应按《形状和位置公差　未注公差值》(GB/T 1184—1996)执行;凡形位公差有特殊要求的(高于或低于GB/T 1184—1996 规定的公差级别),应按标准规定的标注方法在图样上明确注出形位公差。

4.6.1　形位公差项目的确定

在形位公差的 14 个项目中,不仅有单项控制的公差项目,如圆度、平面度、直线度等,还有综合控制的公差项目,如圆柱度、位置度等。零件的形位公差对机器、仪器的正常使用有很大的影响,同时也会直接影响产品质量、生产效率与制造成本,因此,正确合理地选择形位公差,对保证机器的功能要求、提高经济效益十分重要。形位公差项目选择的基本原则是:应充分发挥综合控制项目的职能,以减少图样上给出的形位公差项目及相应的形位公差检测项目。

1. 考虑几何特征

零件要素的几何特征是选择形位公差项目的主要依据。例如,圆柱形零件要考虑标注圆柱度或圆度,圆锥形零件要考虑标注圆度、素线直线度,平面零件要考虑标注平面度,阶梯轴要考虑标注同轴度,槽要考虑标注对称度等。

2. 减少检验项目

各项形位公差的控制功能各不相同,有单一控制项目。如圆度、直线度、平面度,也有综合控制项目,如圆柱度、位置度,选择时应充分发挥综合控制项目的功能,尽量减少图样上的形位公差项目。

3. 避免重复标注

在满足功能要求的前提下,应选用测量简便的项目。若标注了圆柱度公差,则不再标注圆度公差;标注了位置度公差,则不再标注垂直度公差;同轴度公差常常用径向圆跳动公差或径向全跳动公差代替。

4.6.2　形位公差值的选择

1. 公差值的选择原则

形位公差值选择的总原则是:在满足零件功能要求的前提下选择最经济的公差值。同时,还要考虑以下几方面因素:

(1) 根据零件的功能要求,考虑加工的经济性和零件的结构等情况,按公差表来确定要素的公差值,并应考虑公差值之间的协调关系。例如,同一要素上给定的形状公差值应小于位置公差值；如在同一平面上,平面度公差值应小于该平面对基准的平行度公差值。圆柱形零件的形状公差值,一般情况下应小于其尺寸公差值。圆度、圆柱度公差值小于同级的尺寸公差值的 1/3,因而可按同级选取,如尺寸公差为 IT6,则圆度、圆柱度公差通常也选为 6级。平行度公差值应小于其相应的距离公差值。

（2）对于下列情况,考虑到加工难易程度和除主要参数外其他参数的影响,在满足零件功能要求的前提下,可适当降低 1～2 级。例如,孔相对于轴,细长的轴和孔,距离较大的轴和孔,宽度较大(一般小于 1/2 长度)的零件表面,轴线对轴线和轴线对平面相对于平面对平面的平行度、垂直度公差。

（3）考虑形状公差与表面粗糙度的关系。一般情况下,形状公差 $T_{形状}$ 与表面粗糙度 Ra 之间的关系为 $Ra = (0.2 \sim 0.3)T_{形状}$；对于高精度及小尺寸零件,$Ra = (0.5 \sim 0.7)T_{形状}$。

（4）考虑形状公差、位置公差和尺寸公差的关系。一般情况下,表面粗糙度、形状公差、位置公差和尺寸公差的关系应满足 $Ra < T_{形状} < T_{定向} < T_{定位} < T_{跳动} < T_{尺寸}$。

2. 形位公差等级

按国家标准规定,形位公差值的大小由形位公差等级和被测要素的主参数确定。在 GB/T 1184—1996 中,将直线度、平面度、平行度、垂直度、倾斜度、同轴度、对称度、圆跳动、全跳动公差分为 1,2,…,12 级,1 级精度最高,形位公差值最小；12 级精度最低,形位公差值最大。表 4-10～表 4-12 列出了上述形位公差项目的标准公差值。

表 4-10　直线度、平面度(摘自 GB/T 1184—1996)

主参数 L/mm	公差等级											
	1	2	3	4	5	6	7	8	9	10	11	12
	公差值/μm											
≤10	0.2	0.4	0.8	1.2	2	3	5	8	12	20	30	60
>10～16	0.25	0.5	1	1.5	2.5	4	6	10	15	25	40	80
>16～25	0.3	0.6	1.2	2	3	5	8	12	20	30	50	100
>25～40	0.4	0.8	1.5	2.5	4	6	10	15	25	40	60	120
>40～63	0.5	1	2	3	5	8	12	20	30	50	80	150
>63～100	0.6	1.2	2.5	4	6	10	15	25	40	60	100	200
>100～160	0.8	1.5	3	5	8	12	20	30	50	80	120	250
>160～250	1	2	4	6	10	15	25	40	60	100	150	300
>250～400	1.2	2.5	5	8	12	20	30	50	80	120	200	400
>400～630	1.5	3	6	10	15	25	40	60	100	150	250	500
>630～1 000	2	4	8	12	20	30	50	80	120	200	300	600
>1 000～1 600	2.5	5	10	15	25	40	60	100	150	250	400	800
>1 600～2 500	3	6	12	20	30	50	80	120	200	300	500	1 000
>2 500～4 000	4	8	15	25	40	60	100	150	250	400	600	1 200
>4 000～6 300	5	10	20	30	50	80	120	200	300	500	800	1 500
>6 300～10 000	6	12	25	40	60	100	150	250	400	600	1 000	2 000

表 4-11　平行度、垂直度、倾斜度（摘自 GB/T 1184—1996）

主参数 L,d(D)/mm	公差等级											
	1	2	3	4	5	6	7	8	9	10	11	12
	公差值/μm											
≤10	0.4	0.8	1.5	3	5	8	12	20	30	50	80	120
>10~16	0.5	1	2	4	6	10	15	25	40	60	100	150
>16~25	0.6	1.2	2.5	5	8	12	20	30	50	80	120	200
>25~40	0.8	1.5	3	6	10	15	25	40	60	100	150	250
>40~63	1	2	4	8	12	20	30	50	80	120	200	300
>63~100	1.2	2.5	5	10	15	25	40	60	100	150	250	400
>100~160	1.5	3	6	12	20	30	50	80	120	200	300	500
>160~250	2	4	8	15	25	40	60	100	150	250	400	600
>250~400	2.5	5	10	20	30	50	80	120	200	300	500	800
>400~630	3	6	12	25	40	60	100	150	250	400	600	1 000
>630~1 000	4	8	15	30	50	80	120	200	300	500	800	1 200
>1 000~1 600	5	10	20	40	60	100	150	250	400	600	1 000	1 500
>1 600~2 500	6	12	25	50	80	120	200	300	500	800	1 200	2 000
>2 500~4 000	8	15	30	60	100	150	250	400	600	1 000	1 500	2 500
>4 000~6 300	10	20	40	80	120	200	300	500	800	1 200	2 000	3 000
>6 300~10 000	12	25	50	100	150	250	400	600	1 000	1 500	2 500	4 000

表 4-12　同轴度、对称度、圆跳动和全跳动（摘自 GB/T 1184—1996）

主参数 d(D),B,L /mm	公差等级											
	1	2	3	4	5	6	7	8	9	10	11	12
	公差值/μm											
≤1	0.4	0.6	1.0	1.5	2.5	4	6	10	15	25	40	60
>1~3	0.4	0.6	1.0	1.5	2.5	4	6	10	20	40	60	120
>3~6	0.5	0.8	1.2	2	3	5	8	12	25	50	80	150
>6~10	0.6	1	1.5	2.5	4	6	10	15	30	60	100	200
>10~18	0.8	1.2	2	3	5	8	12	20	40	80	120	250
>18~30	1	1.5	2.5	4	6	10	15	25	50	100	150	300
>30~50	1.2	2	3	5	8	12	20	30	60	120	200	400
>50~120	1.5	2.5	4	6	10	15	25	40	80	150	250	500
>120~250	2	3	5	8	12	20	30	50	100	200	300	600
>250~500	2.5	4	6	10	15	25	40	60	120	250	400	800
>500~800	3	5	8	12	20	30	50	80	150	300	500	1 000
>800~1 250	4	6	10	15	25	40	60	100	200	400	600	1 200
>1 250~2 000	5	8	12	20	30	50	80	120	250	500	800	1 500
>2 000~3 150	6	10	15	25	40	60	100	150	300	600	1 000	2 000
>3 150~5 000	8	12	20	30	50	80	120	200	400	800	1 200	2 500
>5 000~8 000	10	15	25	40	60	100	150	250	500	100	1 500	3 000
>8 000~10 000	12	20	30	50	80	120	200	300	600	1 200	2 000	4 000

　　在 GB/T 1184—1996 中,将圆度、圆柱度公差分为 0,1,2,…,12,共 13 级,0 级精度最高,形位公差值最小;12 级精度最低,形位公差值最大。表 4-13 列出了有关形位公差项目

的公差值。

表 4-13　圆度、圆柱度（摘自 GB/T 1184—1996）

主参数 d(D)/mm	公差等级												
	0	1	2	3	4	5	6	7	8	9	10	11	12
	公差值/μm												
≤3	0.1	0.2	0.3	0.5	0.8	1.2	2	3	4	6	10	14	25
>3~6	0.1	0.2	0.4	0.6	1	1.5	2.5	4	5	8	12	18	30
>6~10	0.12	0.25	0.4	0.6	1	1.5	2.5	4	6	9	15	22	36
>10~18	0.15	0.25	0.5	0.8	1.2	2	3	5	8	11	18	27	43
>18~30	0.2	0.3	0.6	1	1.5	2.5	4	6	9	13	21	33	52
>30~50	0.25	0.4	0.6	1	1.5	2.5	4	7	11	16	25	39	62
>50~80	0.3	0.5	0.8	1.2	2	3	5	8	13	19	30	46	74
>80~120	0.4	0.6	1	1.5	2.5	4	6	10	15	22	35	54	87
>120~180	0.6	1	1.2	2	3.5	5	8	12	18	25	40	63	100
>180~250	0.8	1.2	2	3	4.5	7	10	14	20	29	46	72	115
>250~315	1.0	1.6	2.5	4	6	8	12	16	23	32	52	81	130
>315~400	1.2	2	3	5	7	9	13	18	25	36	57	89	140
>400~500	1.5	2.5	4	6	8	10	15	20	27	40	63	97	155

　　线轮廓度、面轮廓度因尚未成熟,国家标准未做规定。如果被测轮廓线、面是由坐标尺寸或圆弧半径控制的,则可由相应的尺寸公差来控制。

　　根据 GB/T 1184—1996 的规定,位置度公差值应通过计算得出。例如,用螺栓做连接件时,被连接零件上的孔均为通孔,其孔径大于螺栓的直径,位置度公差可用下式计算:

$$t = X_{\min} \tag{4-1}$$

式中,t 为位置度公差;$X_{\min}$ 为通孔与螺栓间的最小间隙。

　　如用螺钉连接时,被连接零件上的孔是螺纹,而其余零件上的孔是通孔,且孔径大于螺钉直径,其位置度公差可用下式计算:

$$t = 0.5 X_{\min} \tag{4-2}$$

按式(4-2)计算确定的公差值经化整后,按表 4-14 选择位置度公差值。

表 4-14　位置度系数（摘自 GB/T 1184—1996）　　　　　　　　　μm

1	1.2	1.5	2	2.5	3	4	5	6	8
$1×10^n$	$1.2×10^n$	$1.5×10^n$	$2×10^n$	$2.5×10^n$	$3×10^n$	$4×10^n$	$5×10^n$	$6×10^n$	$8×10^n$

注:n 为正整数。

3. 形位公差的选用

　　形位公差值(公差等级)的常用类比法确定,主要考虑零件的使用性能、加工的可能性和经济性等因素。表 4-15~表 4-18 可供类比时参考。

表 4-15 直线度、平面度公差等级应用

公差等级	应 用 举 例
5	1级平板,2级宽平尺,平面磨床的纵导轨、垂直导轨、立柱导轨及工作台,液压龙门刨床和转塔车床床身导轨,柴油机进气、排气阀门导杆
6	普通机床导轨面,如卧式车床、龙门刨床、滚齿机、自动车床等的床身导轨、立柱导轨,柴油机壳体
7	2级平板,机床主轴箱,摇臂钻床底座和工作台,镗床工作台,液压泵盖,减速器壳体结合面
8	机床传动箱体,挂轮箱体,车床溜板箱体,柴油机汽缸体,连杆分离面,缸盖结合面,汽车发动机缸盖,曲轴箱结合面,液压管件和法兰连接面
9	3级平板,自动车床床身底面,摩托车曲轴箱体,汽车变速箱壳体,手动机械的支承面

表 4-16 圆度、圆柱度公差等级应用

公差等级	应 用 举 例
5	一般计量仪器主轴、测杆外圆柱面,陀螺仪轴颈,一般机床主轴轴颈及主轴轴承孔,柴油机、汽油机的活塞、活塞销,与 E 级滚动轴承配合的轴颈
6	仪表端盖外圆柱面,一般机床主轴及前轴承孔,泵,压缩机的活塞,汽缸,汽油发动机凸轮轴,纺机锭子,减速传动轴轴颈,高速船用柴油机、拖拉机曲轴主轴颈,与 E 级滚动轴承配合的外壳孔,与 G 级滚动轴承配合的轴颈
7	大功率低速柴油机曲轴轴颈、活塞、活塞销、连杆、汽缸,高速柴油机箱体轴承孔,千斤顶或压力油缸活塞,机车传动轴,水泵及通用减速器转轴轴颈,与 G 级滚动轴承配合的外壳孔
8	大功率低速发动机曲柄轴的轴颈,压力机连杆盖、体,拖拉机汽缸、活塞,炼胶机冷铸轴辊,印刷机传墨辊,内燃机曲轴轴颈,柴油机凸轮轴承孔、凸轮轴,拖拉机、小型船用柴油机汽缸套
9	空气压缩机缸体,液压传动筒,通用机械杠杆与拉杆用套筒销子,拖拉机活塞环、套筒孔

表 4-17 平行度、垂直度、倾斜度公差等级应用

公差等级	应 用 举 例
4,5	卧式车床导轨、重要支承面,机床主轴孔对基准的平行度,精密机床重要零件,计量仪器、量具、模具的基准面和工作面,床头箱体重要孔,通用减速器壳体孔,齿轮泵的油孔端面,发动机轴和离合器的凸缘,汽缸支承端面,安装精密滚动轴承的壳体孔凸肩
6,7,8	一般机床的基准面和工作面,压力机和锻锤的工作面,中等精度钻模的工作面,机床一般轴承孔对基准面的平行度,变速器箱体孔,主轴花键对定心直径部位轴线的平行度,重型机械轴承盖端面,卷扬机、手动传动装置中的传动轴,一般导轨,主轴箱体孔、刀架、砂轮架,汽缸配合面对基准轴线以及活塞销孔对活塞中心线的垂直度,传动轴承内、外圈端面对轴线的垂直度
9,10	低精度零件,重型机械滚动轴承端盖,柴油机、煤气发动机箱体曲轴孔、曲轴颈,花键轴和轴肩端面,皮带运输机法兰盘等端面对轴线的垂直度,手动卷扬机及传动装置中的轴承端面,减速器壳体平面

表 4-18　同轴度、对称度、跳动公差等级应用

公差等级	应用举例
5,6,7	这是应用范围较广的公差等级,用于形位精度要求较高、尺寸公差等级为 IT8 及高于 IT8 的零件。5 级常用于机床轴颈计量仪器的测量杆,汽轮机主轴,柱塞油泵转子,高精度滚动轴承外圈,一般精度滚动轴承内圈,回转工作台端面跳动。7 级用于内燃机曲轴,凸轮轴,齿轮轴,水泵轴,汽车后轮输出轴,电动机转子,印刷机传墨辊的轴颈,键槽
8,9	常用于形位精度要求一般,尺寸公差等级 IT9～IT11 的零件。8 级用于拖拉机发动机分配轴轴颈,与 9 级精度以下齿轮相配的轴,水泵叶轮,离心泵体,棉花精梳机前后滚子,键槽等。9 级用于内燃机汽缸套配合面,自行车小轴

4.7　几何误差的测量

4.7.1　几何误差的检验操作

几何误差的检验操作主要体现在被测要素的获取过程和基准要素的体现过程(针对有基准要求的方向公差或位置公差)。在被测要素和基准要素的获取过程中需要采用分离、提取、拟合、组合、构建等操作。

除非另有规定,对被测要素和基准要素的分离操作为图样标注上所标注公差指向的整个要素。"另有规定"是指图样标注专门规定的被测要素区域、类型等。

1. 要素的提取操作方案

在对被测要素和基准要素进行提取操作时,要规定提取的点数、位置、分布方式(即提取操作方案),并对提取方案可能产生的不确定度予以考虑。常见的要素提取方案如图 4-44 所示。

如果图样未规定提取操作方案,则由检验方根据被测工件的功能要求、结构特点和提取操作设备的情况等合理选择。

2. 要素的提取导出规范

圆柱面、圆锥面的中心线,两平行平面的中心面的提取导出规范见 GB/T 18780.2—2003《产品几何量技术规范(GPS)几何要素　第 2 部分:圆柱面和圆锥面的提取中心线、平行平面的提取中心线、提取要素的局部尺寸》。圆球面的提取导出球心是对提取圆球面进行拟合得到的圆球面球心。除非有其他特殊的规定,一般拟合圆球面是最小二乘圆球面。

当被测要素是平面(或曲面)上的线,或圆柱面和圆锥面上的素线时,通过提取截面的构建及其与被测要素的组成要素的相交来得到。

3. 要素的拟合操作

1) 对获得被测要素过程中的拟合操作缺省

图样上无相应的符号专门规定,拟合方法一般缺省为最小二乘法(见表 4-19"任意方向的直线度"中对提取截面圆的拟合操作)。

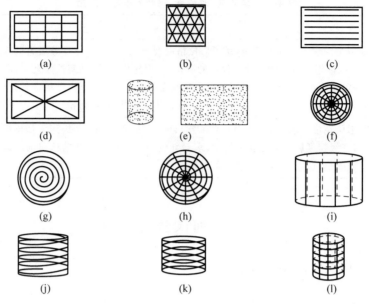

图 4-44　要素的提取操作方案

(a) 矩形栅格法提取方案；(b) 三角形栅格法提取方案；(c) 平行线提取方案；(d) 米字形栅格法提取方案；
(e) 随机布点法提取方案；(f) 极坐标栅格法提取方案；(g) 渐开线法提取方案；(h) 蜘蛛网法提取方案；
(i) 母线法提取方案；(j) 螺旋法提取方案；(k) 圆周线法提取方案；(l) 鸟笼法提取方案

2) 对基准要素的拟合操作缺省

对基准要素进行拟合操作以获取基准或基准体系的拟合要素时，该拟合要素要按一定的拟合方法与实际组成要素相接触，且保证该拟合要素位于其实际组成要素的实体之外，可用的拟合方法有最小外接法、最大内切法、实体外约束的最小区域法和实体外约束的最小二乘法。除非图样上有专门规定，拟合方法一般缺省规定为最小外接法（对于被包容面）、最大内切法（对于包容面）或最小区域法（对于平面、曲面等）；缺省规定也允许采用实体外的最小二乘法（对于包容面、被包容面、平面、曲面等），若有争议，则按一般缺省规定仲裁。

典型形状误差的检验操作示例见表 4-19。

4.7.2　几何误差检测与验证方案

根据所要检测的几何公差项目及其公差带的特点而拟定几何误差的检测与验证方案。在检测与验证方案中，常用符号及其说明见表 4-20。

表 4-21 中给出的几何误差检测与验证方案图例是以几何公差带的定义为基础，每一个图例可能存在多种合理的检测与验证方案，表 4-21 中仅是其中一部分。

表 4-21 中的检验操作集是指应用有关测量设备，在一定条件下的检验操作的有序集合。所给出的检验操作集可能不是规范操作集的理想模拟（即可能不是理想检验操作集），由此会产生测量不确定度。

表 4-19 典型形状误差的检验操作示例

特征项目	图例	检验操作 操作集	检测与验证过程 图示	说明
给定平面内的直线度 ⎓	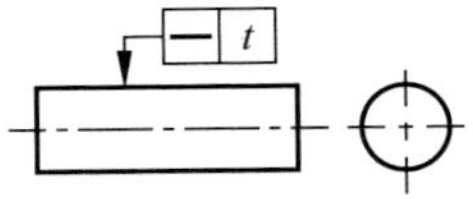	分离操作	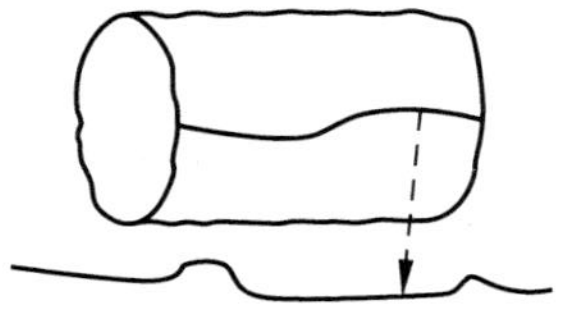	确定被测要素及其测量界限。被测要素（素线）由所构建的提取截面（被测圆柱面的轴向截面）与被测圆柱面的交线确定
		提取操作	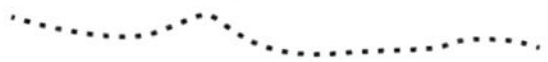	对被测素线采用一定的提取方案进行测量，获得提取素线
		拟合操作		对提取素线采用最小区域法进行拟合，得到拟合素线
		评估操作	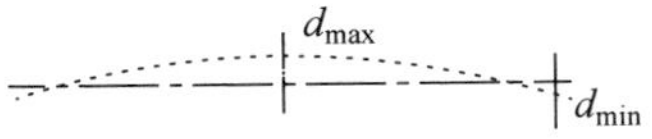 $d_{\max}$ $d_{\min}$	误差值为被测素线上的最高峰点、最低谷点到拟合素线的距离值之和（$|d_{\max}|+|d_{\min}|$）
		符合性比较		将得到的误差值与图样上给出的公差值进行比较，判定直线度是否合格

续表

特征项目	图例	检测与验证过程			符合性比较
		检验操作	图示	说　明	
任意方向的直线度　—		分离操作		确定被测要素的组成要素及其测量界限	
		提取操作	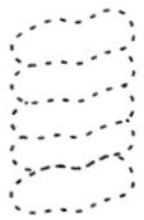	采用等间距布点策略沿被测圆柱面横截面圆周进行测量,在轴线方向等间距测量多个横截面,得到提取多个横截面圆	
		拟合操作		对各提取截面圆采用最小二乘法进行拟合,得到各提取截面圆的圆心	
		组合操作	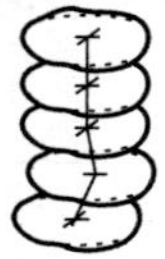	将各提取截面圆的圆心进行组合,得到被测圆柱面的提取导出要素(中心线)	
		拟合操作	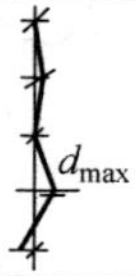	对提取导出要素上要素采用最小区域法进行拟合,得到拟合导出要素(轴线)	
		评估操作		误差值为提取导出要素上的点到拟合导出要素(轴线)的最大距离值的2倍	
		操作集			将得到的误差值与图样上给出的公差值进行比较,判定被测轴线的直线度是否合格

续表

特征项目	图例	检测与验证过程		
		检验操作	图　示	说　明
平面度 ▱	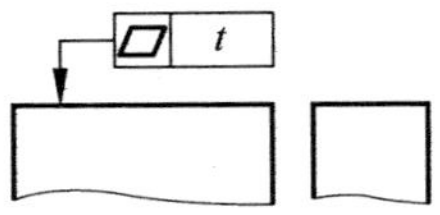	操作集：分离操作	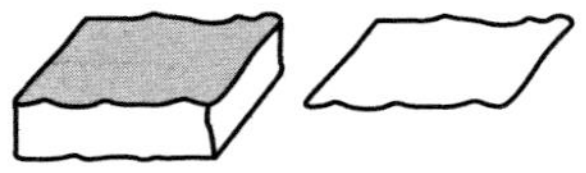	确定被测表面及测量界限
		提取操作	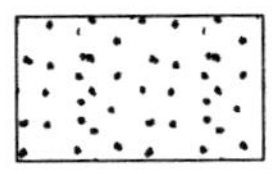	按一定的提取方案对被测平面进行提取，得到提取表面
		拟合操作	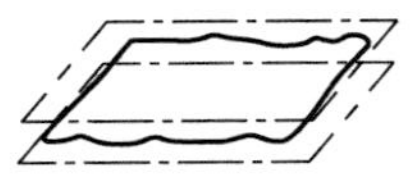	对提取表面采用最小区域法进行拟合，得到拟合平面
		评估操作		误差值为提取表面上的最高峰点、最低谷点到拟合平面的距离值之和
		符合性比较		将得到的平面度误差值与图样上给出的公差值进行比较，判定平面度是否合格

续表

特征项目	图例	检测与验证过程			说　明
		操作集	检验操作	图　示	
圆度 ○	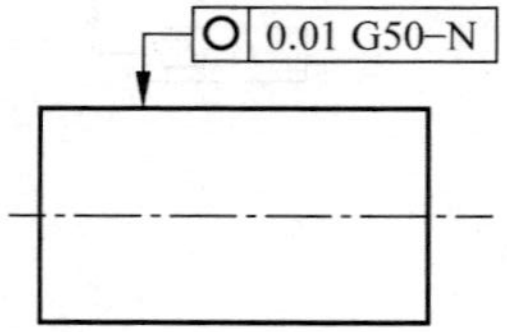 ⌀ 0.01 G50-N		分离操作	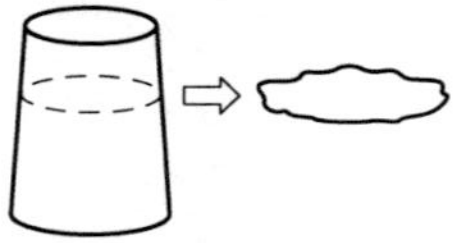	确定被测要素及其测量界限。被测要素由所构建的提取截面（被测圆柱面的横向截面）与被测圆柱面的交线确定
			提取操作	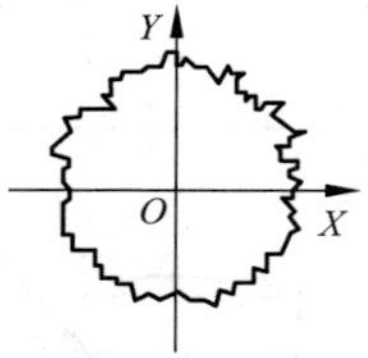	采用周向等间距提取方案沿被测件横截面圆周进行测量，依据奈奎斯特采样定理确定封闭轮廓的提取点数，得到提取截面圆
			滤波操作	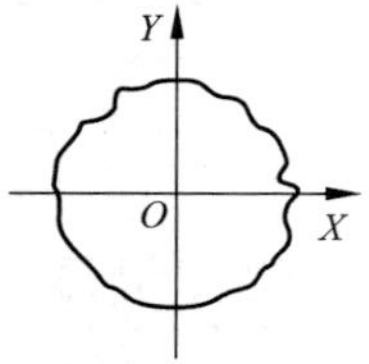	图样上给出了滤波操作规范。符号 G 表示采用高斯滤波器，数值 50 表示嵌套指数为 50 UPR，数值后面的"—"，表示这是一个低通滤波器
			拟合操作	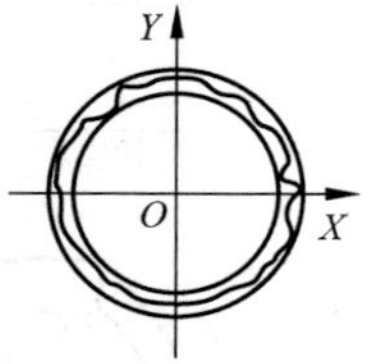	按图样规范，符号 N 表示对滤波后的提取截面圆采用最小外接法进行拟合，获得提取截面圆的拟合要素（圆心）
			评估操作		被测截面的圆度误差值为提取截面圆上的点与拟合导出要素（圆心）之间的最小距离之差
			符合性比较		将得到的圆度误差值与图样上给出的公差值进行比较，判定圆度是否合格

续表

特征项目	图　例	检测与验证过程			说　明
		操作集	检验操作	图　示	
线轮廓度 ⌒	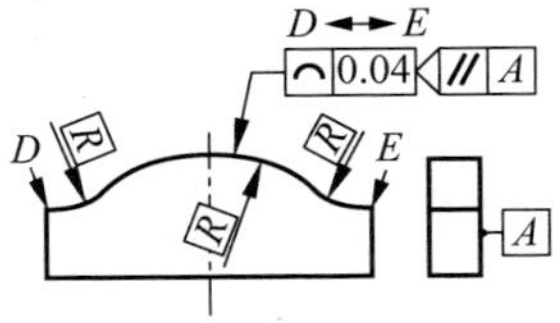 D→E ⌒0.04 //A 图 图 A		分离操作		确定被测要素及其测量界限:从 D 到 E 的轮廓线
			提取操作	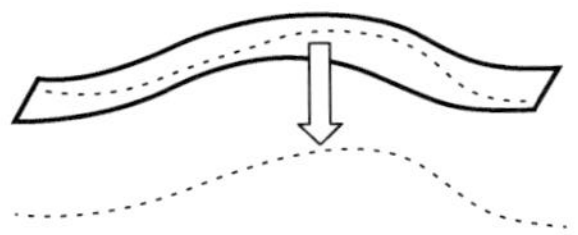	沿与基准 A 平行的方向上,采用等间距提取方案对被测轮廓进行测量,测得实际线轮廓的坐标值,获得提取线轮廓
			拟合操作		根据拟合缺省规定,采用无约束最小区域法对提取线轮廓进行拟合,得到拟合线轮廓。其中,拟合线轮廓的形状由理论正确尺寸 R 确定
			评估操作	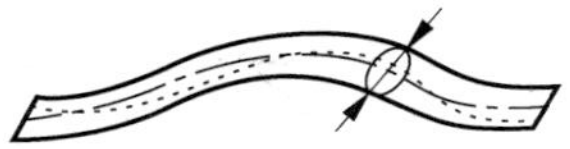	根据线轮廓度定义,其线轮廓度误差值为提取线轮廓上的点到拟合线轮廓的最大距离值的 2 倍
			符合性比较		将得到的线轮廓度误差值与图样上给出的公差值进行比较,判定线轮廓度是否合格

续表

特征项目	图例	检测与验证过程		
		检验操作	图示	说明
垂直度 ⊥	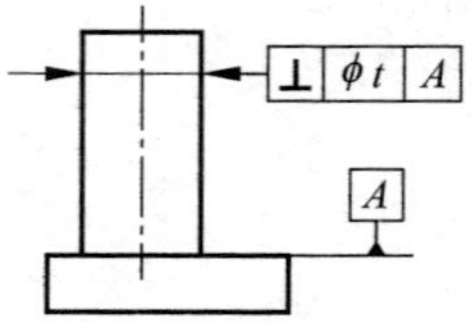 ⊥ φ A ／ A	基准平面的体现 — 分离操作	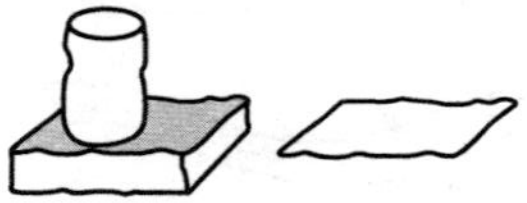	确定基准要素及其测量界限
		提取操作	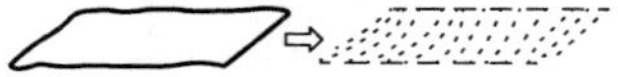	按一定的提取方案对基准要素进行提取,得到基准要素的提取表面
		拟合操作		采用最小区域法对提取表面在实体外进行拟合,得到其拟合平面,并以此平面体现基准A
		被测圆柱轴线的获取 — 分离操作	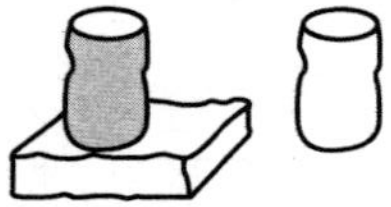	确定被测要素的组成要素(圆柱面)及其测量界限
		提取操作	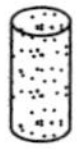	按一定的提取方案对被测圆柱面进行提取,得到提取圆柱面
		拟合操作	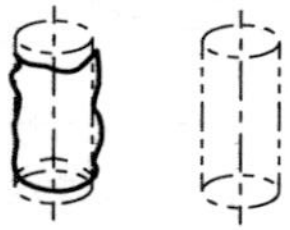	采用最小二乘法对拟合圆柱面进行拟合,得到拟合圆柱面
		构建操作	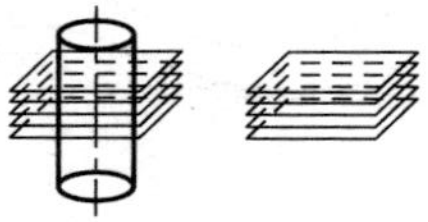	采用垂直于拟合圆柱面轴线的平面构建出等间距的一组平面
		分离、提取操作	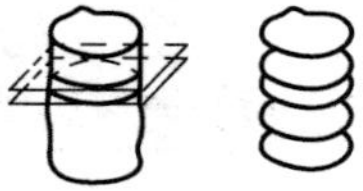	构建平面与提取圆柱面相交,将其相交线从圆柱面上分离,提取出来,得到各提取截面圆

续表

特征项目	图例	检测与验证过程		
		检验操作	图示	说　明
垂直度 ⊥	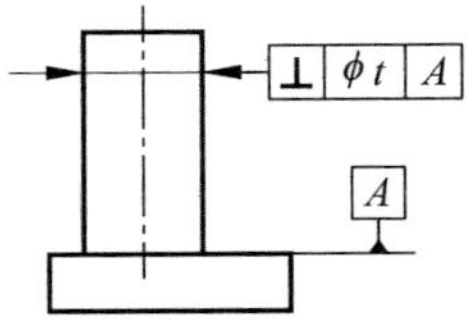 ⊥ φt A A	被测圆柱轴线的获取 — 拟合操作	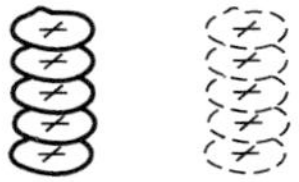	对各提取截面圆采用最小二乘法进行拟合，得到各提取截面圆的圆心
		组合操作		将各提取截面圆的圆心进行组合，得到被测圆柱面的提取导出要素（中心线）
		拟合操作	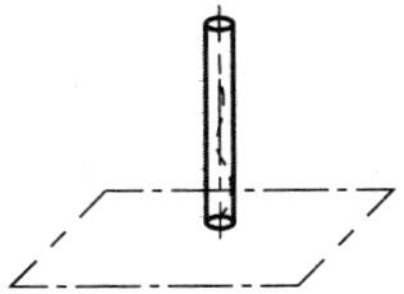	在满足与基准 A 垂直的约束下，对提取导出要素采用包容提取导出要素的定向拟合，获得具有方位特征的拟合圆柱面
		评估操作		垂直度误差值为包容提取导出要素的定向拟合圆柱面的直径
		符合性比较		将得到的误差值与图样上给出的公差值进行比较，判定垂直度是否合格
位置度 ⊕	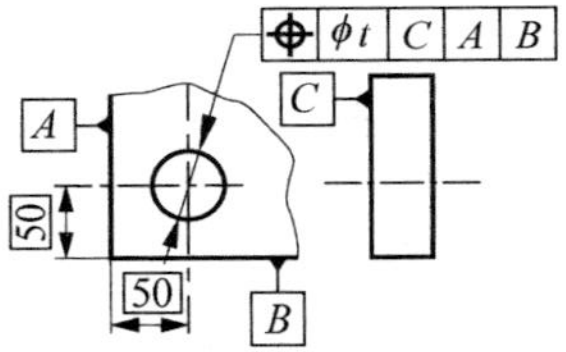 ⊕ φt C A B C A B 50 50	基准平面的体现 — 分离操作	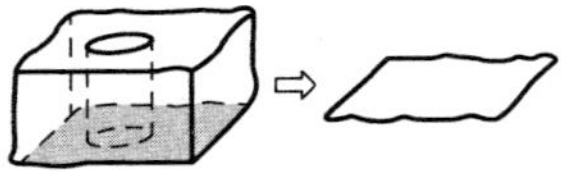	确定基准要素 C 及其测量界限
		提取操作	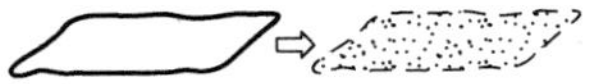	按一定的提取方案对基准要素 C 进行提取，得到基准要素 C 的提取表面

续表

特征项目	图例	检测与验证过程		
		检验操作	图示	说明
位置度 ⊕	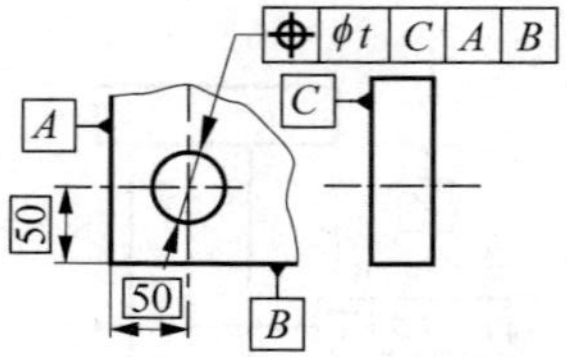 ⊕ φt C A B（C、A、B 基准，50、50）	基准平面的体现 — 拟合操作	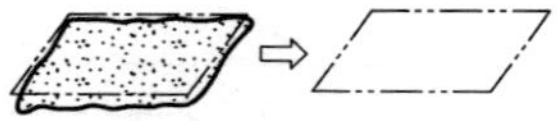	采用最小区域法在实体外对基准要素 C 的提取表面进行拟合，得到其拟合平面，并以此拟合平面体现基准 C
		分离操作	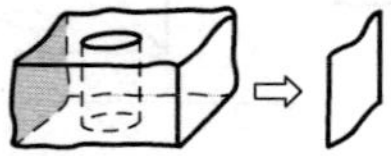	确定基准要素 A 及其测量界限
		提取操作	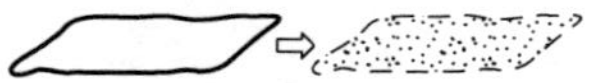 1—基准 A；2—基准 C	按一定的提取方案对基准要素 A 进行提取，得到基准要素 A 的提取表面
		拟合操作	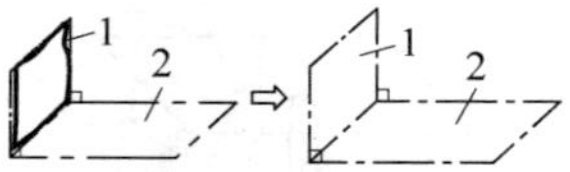	在保证与基准要素 C 的拟合平面在实体外对约束下，采用最小区域法进行拟合，得到其拟合平面，并以此拟合平面垂直基准 A
		分离操作	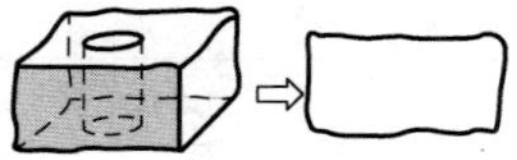	确定基准要素 B 及其测量界限
		提取操作	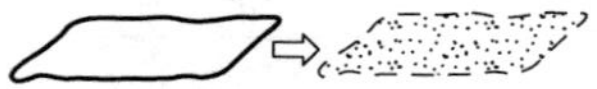	按一定的提取方案对基准要素 B 进行提取，得到基准要素 B 的提取表面
		拟合操作	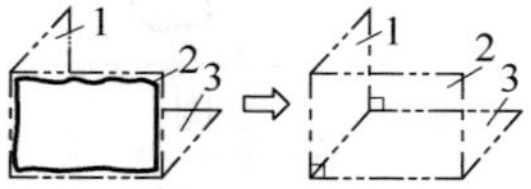 1—基准 A；2—基准 B；3—基准 C	在保证与基准要素 C 的拟合平面垂直，然后又与基准要素 A 的拟合平面垂直的约束下，采用最小区域法在实体外对基准要素 B 的提取表面进行拟合，得到其拟合平面，并以此拟合平面体现基准 B

续表

特征项目	图　例	检测与验证过程		
		检验操作	图　示	说　明
位置度 ⊕	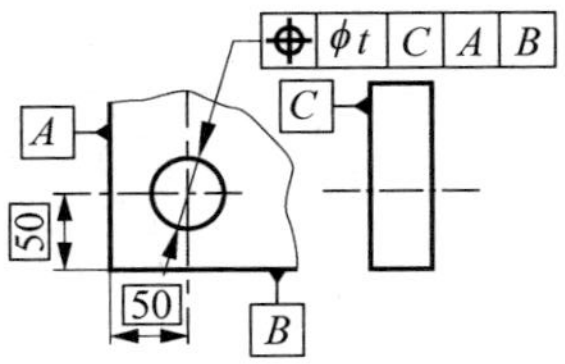 ⊕ φt₁ C A B A　B　C 50　50	分离操作	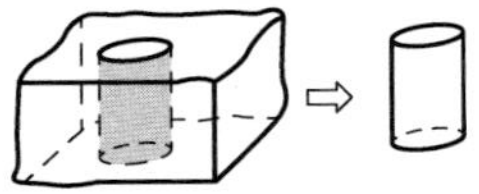	确定被测要素的组成要素（圆柱面）及其测量界限
		提取操作	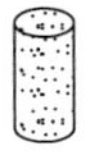	按一定的提取方案对被测圆柱面进行提取，得到提取圆柱面
		拟合操作	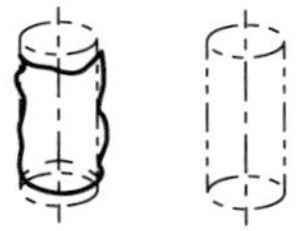	采用最小二乘法对提取圆柱面进行拟合，得到拟合圆柱面
		构建操作	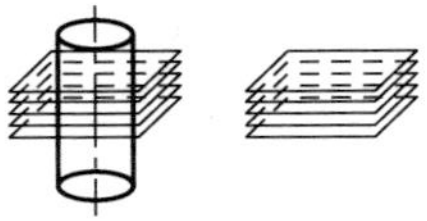	采用垂直于拟合圆柱面轴线的平面构建出等间距的一组平面
		分离、提取操作	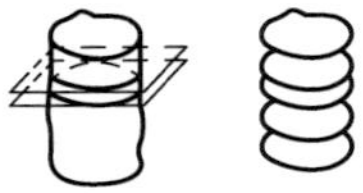	构建平面与提取圆柱面相交，将其相交线从圆柱面上分离出来，得到系列提取截面圆
		拟合操作	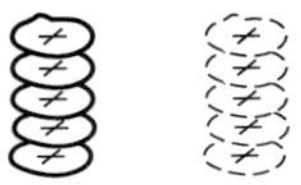	对各提取截面圆采用最小二乘法进行拟合，得到各提取截面圆的圆心

（被测孔中心线的获取）

续表

特征项目	图例	检测与验证过程		
		检验操作	图示	说明
位置度 ⊕	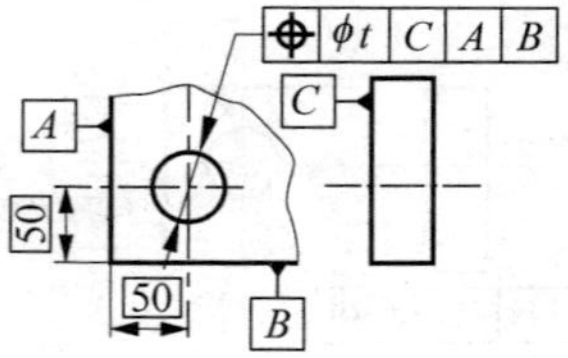 ⊕ φt C A B C B A 50 50	被测孔中心线的获取 — 组合操作		将各提取截面圆的圆心进行组合,得到被测圆柱面的提取导出要素(中心线)
		拟合操作	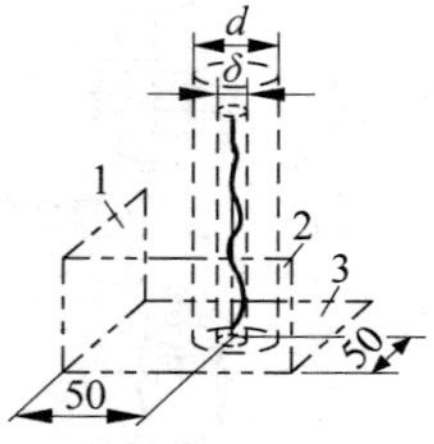 d φ 50 1 2 3 1—基准 A;2—基准 B;3—基准 C	在保证与基准要素 C,A,B 满足方位约束的前提下,采用最小区域法对提取导出要素(中心线)进行拟合,获得具有方位特征的拟合圆柱面(即定位最小区域)
		评估操作		误差值为该定位拟合圆柱面的直径
		符合性比较		将得到的位置误差值与图样上给出的公差值进行比较,判定被测件的位置度是否合格

表 4-20　检测方案中常用符号及其说明（GB/T 1958—2017）

序　号	符　　号	说　　明
1	 〰〰〰	平板、平台(或测量平面)
2	 △	固定支承
3	 ✕	可调支承
4	 ←——→	连续直线移动
5	 ←- - →	间断直线移动
6	✕	沿几个方向直线移动
7	 ⌒→	连续转动(不超过 1 周)
8	 ⌒→	间断转动(不超过 1 周)
9	↻	旋转
10	 ⊘	指示计
11		带有测量表具的测量架(可根据测量设备的用途,将测量架的符号画成其他式样)

在各几何误差检测与验证方案示例中,仅给出了所用测量装置的类型,并不涉及测量装置的型号和精度等,具体可以根据实际的检测要求和推荐条件按相关规范选择。

在检测与验证前,应对一个几何要素进行"调直""调平""调同轴"等操作(如对直线的调直是指调整被测要素使其相距最远两点读数相等,对平面的最远三点调平是指调整平面使其相距最远三点的读数调为等值,等等),目的是使测量结果能接近评定条件或者便于简化数据处理。

表 4-21　几何误差中常见的检测与验证方案（摘自 GB/T 1958—2017）

序号	几何公差带和图例	计量器具 检测与验证方案	检验操作集	备注
1	上表面在平行于基准 A 的截面内，上素线的直线度公差为 0.1 mm （a） （b） （a）公差带；（b）图例	1. 计量器具 （1）水平仪； （2）桥板。 2. 检测与验证方案	1. 预备工作 　将固定水平仪的桥板放置在被测零件上，调整被测件至水平位置。 2. 被测要素的测量与评估 （1）分离：确定被测要素的测量方向及其测量界限。 （2）提取：水平仪按节距 l 沿与基准 A 平行的被测要素测量方向移动，同时记录水平仪的读数，获得提取线。 （3）拟合：采用最小区域法对提取线进行拟合，得到拟合直线。 （4）评估：误差值为提取线上的最高峰点、最低谷点到拟合直线之间的距离值之和。按上述方法测量该测量方向的直线度误差值，取其中最大的误差值作为该被测件的直线度误差值。 3. 符合性比较 （略）	图例中的相交平面框格 $\boxed{// \mid A}$ 表示被测要素是提取表面上与基准平面 A 平行的直线，其测量方向与基准 A 平行

续表

序号	几何公差带和图例	计量器具和检测与验证方案	检验操作集	备注
2	在平行于基准面 A 的截面内，曲线的线轮廓度公差为 0.04 mm 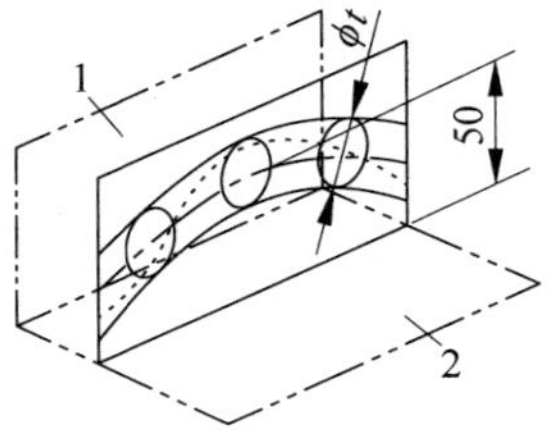 (a) 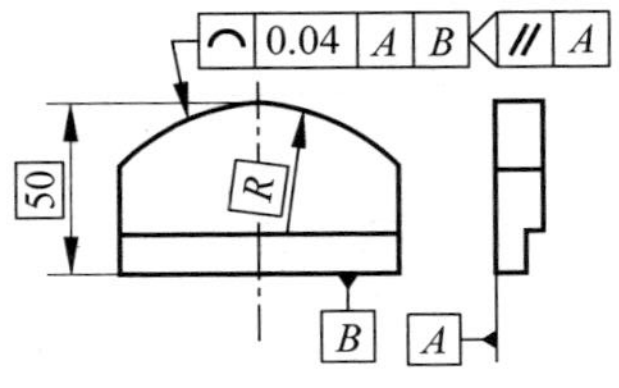 (b) 1—基准面 A；2—基准面 B。 (a) 公差带；(b) 图例	1. 计量器具 坐标测量机。 2. 检测与验证方案 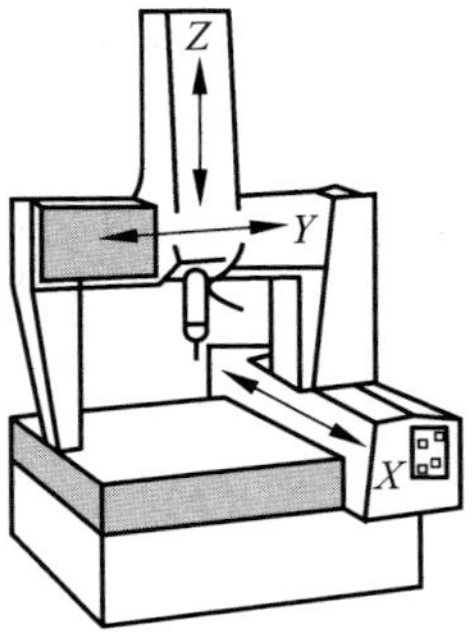 	1. 预备工作 将被测件稳定地放置在坐标测量机工作台上。 2. 基准体现 (1) 分离：确定基准要素 A 及其测量界限。 (2) 提取：按一定的提取方案对基准要素 A 进行提取，得到基准要素 A 的提取表面。 (3) 拟合：采用最小区域法，得到拟合平面，并以该平面体现基准 A。 (4) 分离：确定基准要素 B 及其测量界限。 (5) 提取：按一定的提取方案对基准要素 B 进行提取，得到基准要素 B 的提取表面。 (6) 拟合：在保证与基准 A 的拟合平面垂直的约束下，采用最小区域法对提取表面进行拟合，得到基准 B 的拟合平面，并以该拟合平面体现基准 B。 3. 被测要素测量与评估 (1) 分离：确定被测线轮廓及其测量界限。 (2) 提取：在已建立好的基准体系下，沿基准 A 平行方向上，采用一定的提取方案对被测线轮廓进行测量，测得实际线轮廓上的坐标值，获得提取线轮廓。 (3) 拟合：采用最小区域法对提取线轮廓的拟合，得到线轮廓的位置和位置由理论正确尺寸 (R,50) 和基准面 A,B 确定。 (4) 评估：线轮廓误差为提取线轮廓上的点到拟合线轮廓的最大距离的 2 倍，按上述方法测量多条线轮廓，取其中最大的误差值作为该被测件的线轮廓度误差值。 4. 符合性比较 (略)	

续表

序号	几何公差带和图例	计量器具和检测与验证方案	检验操作集	备注
3	上平面对下底面的平行度公差为 t，以贴切法拟合平面确定定向最小区域。 (a) 公差带；(b) 图例 1—提取要素；2—拟合要素；贴切要素； 3—基准 D。	1. 计量器具 (1) 平板； (2) 带指示计的测量架。 2. 检测与验证方案 1—贴切平面；2—有①之误差； 3—无①之误差	1. 预备工作 将被测件稳定地放置在平板上，且尽可能使基准表面 D 与平板表面之间的最大距离为最小。 2. 基准体现 采用平板（模拟基准要素）体现基准 D。 3. 被测要素测量与评估 方案：确定被测表面及其测量界限。 (1) 分离：确定被测表面及其测量界限。 (2) 提取：按一定的提取方案（如矩形栅格方案）对被测表面进行测量，获得提取表面。 (3) 拟合：采用（外）贴切法对被测表面的提取表面进行拟合，获得提取表面的（贴切）拟合平面。 (4) 拟合：在与基准 D 平行的约束下，采用最小区域法对提取表面的（贴切）拟合平面进行拟合，获得具有方位特征的拟合平行平面（即最小区域）。 (5) 评估：包容提取表面的（贴切）拟合平面之间的距离，即平行度误差值。 4. （略）	本图例中，符号①表示对被测要素的贴切要求的方向公差要求

续表

序号	几何公差带和图例	计量器具和检测与验证方案	检验操作集	备　注
4	上孔轴线对下孔轴线在铅垂平面和水平平面内的平行度公差分别为 t_2、t_1 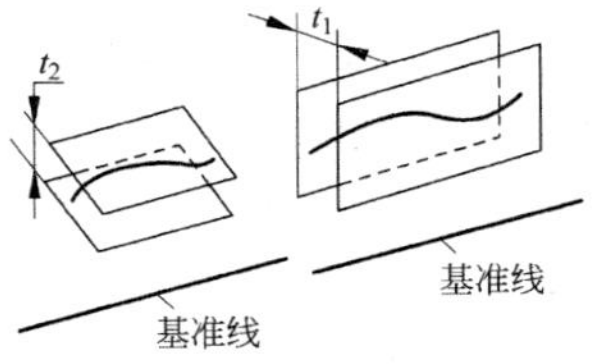 (a) 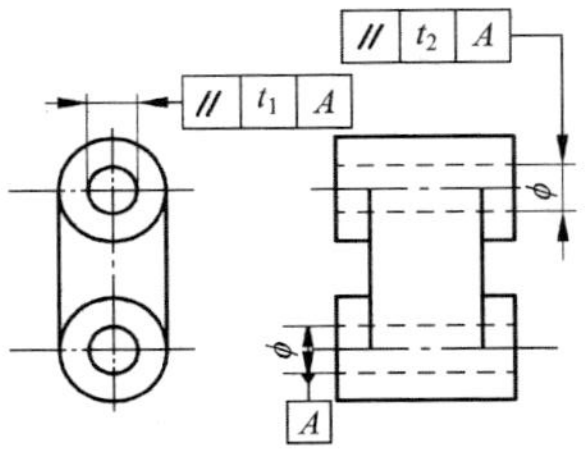 (b) (a) 公差带；(b) 图例	1. 计量器具 (1) 平板； (2) 心轴； (3) 等高支承； (4) 带指示计的测量架。 2. 检测与验证方案 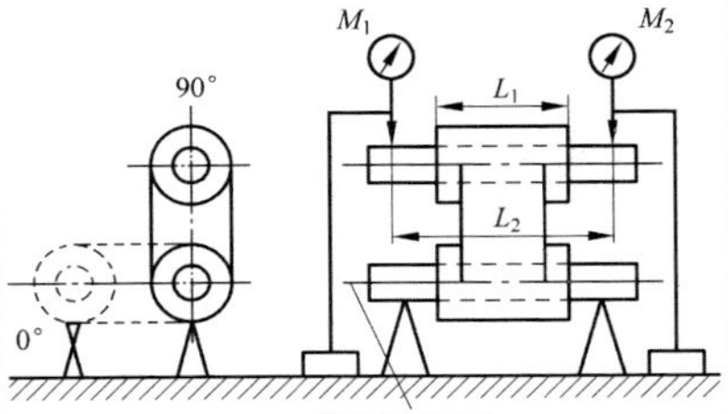	1. 预备工作 被测要素和基准要素均由心轴模拟体现。安装心轴，且尽可能使心轴与基准孔、心轴与被测孔之间的最大间隙为最小；采用等高支承将模拟基准要素的心轴调整至与平板工作面平行的方向上。分别将工件立放在平板上(即检测示意图 90°位置)和卧放在平板上(即检测示意图 0°位置)进行测量。 2. 基准体现 采用心轴 1(模拟基准要素)体现基准 A。 3. 被测要素体现与测量 (1) 分离：确定被测要素的模拟被测要素(心轴 2)及其测量界限。 (2) 提取：在轴向相距为 L_2 的两个平行于基准轴线 A 的正截面上测量，分别记录测位 1 和测位 2 上的指示计示值 M_1、M_2。 4. 评估 在垂直截面内(90°位置)的平行度误差 $f_2=\frac{L_1}{L_2}\lvert M_1-M_2\rvert$； 同理，将被测件卧放在平板上(在水平平面内，即 0°位置)，按上述方法测量心轴 2 的测量位上素线相对高度值，通过公式计算可获得该平面内平行度误差 f_1。 5. 符合性比较 若 $f_1\leqslant t_1$、$f_2\leqslant t_2$，则该平行度合格	(1) 采用心轴模拟，要求心轴具有足够的制造精度。 (2) 当被模拟的孔尺寸大于等于 30 mm 时，采用可胀式心轴；当被模拟的孔尺寸小于 30 mm 时，采用与孔成无间隙配合的实心心轴或采用小锥度的心轴模拟被测孔中心线。 (3) 此方案为近似测量

续表

序号	几何公差带和图例	计量器具和检测与验证方案	检验操作集	备注
5	斜孔轴线对基准 A,B 的倾斜度 公差为 φ0.05 mm,与基准 A 的夹角为理论正确角度 α,与基准 B 平行 φ0.05 A B A基准平面 B基准平面 (a) φD ⊿ φ0.05 A B A B α (b) (a) 公差带;(b) 图例	1. 计量器具 (1) 平板; (2) 直角座; (3) 定角垫块; (4) 固定支承; (5) 心轴; (6) 带指示计的测量架。 2. 检测与验证方案 M₁ M₂ T β β=90°-α 心轴 T	1. 预备工作 (1) 将被测件放在直角座的定角垫块上,且尽可能保持基准表面与定角垫块之间的最大距离为最小;安装心轴,且以可能的最大间隙使其与基准 B 稳定接触。 (2) 被测轴线由心轴模拟,安装心轴线能代替被测孔的前提下,采用固定支承使被测轴线与基准体现基准 B。 2. 基准体现 在采用直角座和定角垫块的前提下,采用固定支承体现基准 A 的前提下,采用固定支承体现基准 B。 3. 被测要素测量与评估 (1) 拟合:确定被测要素的模拟被测要素(心轴)及其测量界限。 (2) 提取:在模拟被测要素(心轴)上,距离为 L_1 的两个截面或多个模拟被测要素(心轴)进行周法提取操作,得到被测要素的各提取截面圆。 (3) 拟合:采用最小二乘法对基准截面提取截面圆圆分别进行拟合,得到各提取截面圆的圆心。 (4) 组合:将各提取截面圆圆心进行组合,得到被测要素的提取导出要素(中心线)。 (5) 拟合:在基准 A,B 和理论正确尺寸(角度)的约束下,采用最小区域法对提取导出要素(中心线)进行拟合,获得具有方位特征的定向圆柱面(即中心线)的定向圆柱面。 (6) 评估:包含被提取导出要素(中心线)的定向圆柱面的直径即为被测要素的倾斜度误差值。 4. 符合性比较 (略)	该方案中: (1) 被测要素由心轴模拟体现。测量(心轴)的组合要素,通过对模拟被测要素的提取、拟合及组合等操作,获得被测要素的提取导出要素(中心线)。 (2) 该方法是一种简便实用的检测方法,但由于该方法不是直接对被测要素的各提取要素进行提取,且提取部位与被测要素产生与基准部位不重合,由此相应的测量不确定度。 (3) 在心轴上,提取被测截面之间的距离 L_1 不等时,其倾斜斜误差值的评估可按长度的比例折算。

续表

序号	几何公差带和图例	计量器具和检测与验证方案	检验操作集	备注
6	大圆柱轴线对小圆柱轴线的同轴度公差为 ϕt (a) (b) (a) 公差带；(b) 图例	1. 计量器具 圆柱度仪。 2. 检测与验证方案	1. 预备工作 将被测件放置在圆柱度仪回转工作台上，并调整被测件使其基准轴线与工作台回转中心同轴。 2. 基准体现 (1) 分离：确定基准要素的组成要素及其测量界限。 (2) 提取：采用周向等间距多个提取方案，对基准要素的组成要素进行测量，得到基准的提取圆柱面。 (3) 拟合：在实体外采用最小外接圆柱法进行拟合，得到此拟合圆柱面的轴线（拟合导出要素），并以此轴线的中心线体现基准 A（小圆柱面的中心线）。 3. 被测要素测量与评估 (1) 分离：确定被测要素的组成要素及其测量界限。 (2) 提取：采用周向等间距提取方案，对被测要素的组成要素进行测量，获得一系列提取圆。 (3) 拟合：采用最小二乘法对各提取截面圆进行拟合，得到一系列拟合截面圆圆心。 (4) 组合：对各提取截面圆的圆心进行组合操作，获得被测要素的提取导出要素（大圆柱面的中心线）。 (5) 拟合：在与基准同轴的约束下，采用最小区域法对提取导出要素进行拟合，获得具有方位特征的拟合圆柱面（即确定的定位拟合圆柱面）。 (6) 评估：包容提取导出要素的定位小区域圆柱面的直径，即同轴度误差值。 4. 符合性比较 （略）	(1) 提取操作：根据被测工件的功能要求，结构特点和提取操作设备的情况等，参考图 4-44 选择合理的提取方案。 (2) 对为体现被测要素而进行的拟合操作，由于本方案为缺省标注，拟合方法约定采用最小二乘法。 (3) 对为获得被测要素位置误差值的拟合操作，拟合要素约定采用定位最小区域法。 (4) 本方案体现在基准操作中，由于基准面（被包容面）是轴的拟合方面，所以缺省采用最小外接法法是最小外接法。

续表

序号	几何公差带和图例	计量器具和检测与验证方案	检验操作集	备注
7	孔的轴线对两侧槽的公共对称中心面的对称度公差为 t，被测要素和基准要素均应用了最大实体要求，而且基准要素应用了零几何公差的最大实体部位要求。 (a) (b) (a) 公差带；(b) 图例	1. 计量器具 (1) 功能量规； (2) 千分尺。 2. 检测与验证方案 1—被测零件；2—功能量规	1. 预备工作 采用组合型功能量规，被测件与功能量规的检验部位和定位部位相结合。 2. 基准体现 用功能量规的定位部位体现基准。 3. 基准要素和被测要素的测量与评估 (1) 采用公共基准 $A—B$ 的合格性，同时检验基准要素和被测要素的合格性。定位块体现公共基准 $A—B$ 组成要素（两槽）可以自由地通过检验基准要素，如果基准要素能自由地通过来检验基准合格性。圆柱销用来检验被测要素的合格性，如果基准定位圆柱销约束的前提下，被测表面（孔）能自由通过圆柱销，说明被测要素的对称度误差合格。 (2) 采用普通计量器具（如游标卡尺或内径百分表等）测量被测要素的实际尺寸，其任一实际尺寸均不得超出其最大实体尺寸和最小实体尺寸。 4. 符合性比较 （略）	(1) 检验被测要素的功能量规，其检验部位的公称尺寸为被测要素的功能部位的最大实体实效尺寸。 (2) 本例也采用了最大实体要求，本例中，基准要素本身也采用了最大实体要求，则功能量规定位部位的公称尺寸为基准要素的最大实体实效尺寸，由于几何公差值为 0，所以它是最大实体尺寸

续表

序号	几何公差带和图例	计量器具和检测与验证方案	检验操作集	备　注
8	左侧球面球心对基准 A（小圆柱轴线）、大圆柱左端面的位置度公差为 S∅t (a) (b) (a) 公差带；(b) 图例	1. 计量器具 (1) 标准钢球； (2) 回转定心夹头； (3) 平板； (4) 带指示计的测量架。 2. 检测与验证方案 1—标准钢球；2—回转定心夹头	1. 预备工作 (1) 将被测件稳定地放置在回转定心夹头上，且被测件与回转定心夹头的内孔和上表面定接触，使它们之间的最大距离为最小。 (2) 将标准钢球放置在被测件的球面上且稳定接触，使二者之间的最大距离为最小。 2. 基准体现 采用回转定心夹头的内孔中心线和上表面（模拟基准要素）体现基准 A 和 B。 3. 被测要素测量与评估 (1) 分离：确定被测要素及其测量界限。 （标准钢球） (2) 提取：在标准钢球回转 1 周过程中，采用等间距提取方案对标准钢球面进行提取操作，记录向指示计最大示值差值 f_x 和相对于基准轴线 A 的径向值之半为相对于基准 B 的径向位置误差 f_y 和垂直方向指示示值差值为 $f=$ (3) 评估：被测点相对于基准 B 的轴向位置误差为 $f=$ $2\sqrt{f_x^2+f_y^2}$ 4. 符合性比较 （略）	(1) 被测要素由标准钢球模拟体现。 (2) 该方案是一种简便实用的检测方法，但由于该方案不是对被测要素的组成要素进行提取，由此会产生定的测量不确定度

续表

序号	几何公差带和图例	计量器具和检测与验证方案	检验操作集	备注
9	孔轴线相对底面基准 A、下侧面基准 B 和左侧面基准 C 的位置度公差为 ϕt (a) ϕt ϕD $\phi t \; A \; B \; C$ (b) (a) 公差带；(b) 图例	1. 计量器具 坐标测量机。 2. 检测与验证方案 	1. 预备工作 将被测件放置在坐标测量机工作台上。 2. 基准体现 (1) 确定基准要素 A、B、C 及其测量的提取界限。 (2) 提取：按米字形方案提取分别对基准要素 A、B、C 的提取表面。 (3) 拟合：①采用最小区域法对提取表面 A 在实体外对拟合，得到其拟合平面，并以此拟合平面与基准垂直面拟合，得到基准体现平面 A。②在保证与基准体现平面 A 垂直的约束下，采用最小区域法对提取表面 B 的拟合实体外拟合，得到基准要素平面 A 垂直的约束下又与基准体现平面 B 拟合，然后又采用最小区域法对提取表面 C 的拟合平面，并以此拟合平面与拟合表面平面 A 垂直的约束下，采用提取表面平面外拟合平面得到体现基准 C。 3. 被测要素的测量 (1) 分离：确定被测要素的组成要素及其测量界限。 (2) 提取：采用等间距布点策略略沿被测圆柱横截面周向测量，在轴线方向等间距截面测量多个横截面，得到多个提取圆。 (3) 拟合：将各提取圆分别对每个提取圆拟合，得到被测孔的圆心（中心线）。 (4) 组合：将各提取圆心组合，得到被测圆柱的圆心的约束为行组合，得到被测圆柱面圆心的拟合，得到被测圆柱的理想轴线的位置为轴线，以由理想轴线导出要素的圆柱拟合，得到被测圆柱的理想轴线。 (5) 拟合：在基准 A、B、C 的理想轴线导出要素进行拟合，采用最小区域法提取导出要素（中心线）的圆柱。 (6) 评估：误差值为包容各提取导出要素（中心线）圆柱值的直径值。 4. 符合性比较 （略）	(1) 提取操作：根据被测工件的功能要求、结构特点和提取操作设备的情况，参考图 4-44 选择合理的提取方案。比如，对被测要素进行提取操作时，为便于数据处理，一般采用等间距提取方案，但也允许采用不等间距的提取方案。 (2) 本案例为缺省标注，被测要素 A、B、C 均是孔，拟合方法是最小二乘法。 (3) 基准要素 A、B、C 均是平面，体现基准的拟合方法为最小区域法。

续表

序号	几何公差带和图例	计量器具和检测与验证方案	检验操作集	备注
10	中间圆柱面相对两端中心孔的公共轴线的径向圆跳动公差为 t 测量平面 (a) (a) 公差带；(b) 图例	1. 计量器具 (1) 一对同轴顶尖； (2) 带指示计的测量架。 或 (1) 偏摆检查仪； (2) 指示计。 2. 测量与验证方案 	1. 预备工作 将被测件安装在两同轴顶尖（或偏摆检查仪）上两顶尖之间。 2. 基准体现 采用同轴顶尖（模拟基准要素）的公共轴线体现基准 $A-B$。 3. 被测要素测量与评估 (1) 分离：确定被测要素及其测量界限。 (2) 提取：在垂直于基准 $A-B$ 的截面（单一测量平面）上，且当被测件回转 1 周的过程中，对被测要素进行测量，得到一系列测量值（指示计示值）。 (3) 评估：取其指示计示值最大差值，即为单一测量平面的径向圆跳动值。 重复上述提取、评估操作，在若干个截面上进行测量。取各截面上测得的径向圆跳动值中的最大值作为该被测件的径向圆跳动值。 4. 符合性比较 （略）	(1) 径向圆跳动属于特定检测方法定义的项目，简单实用。 (2) 基准的体现：采用模拟基准体现基准。 (3) 被测要素测量与评估，需要：① 构建测量平面（测量平面）；② 明确提取策略与方法；③ 无指示计示值最大，最小示值之差得到相应的跳动值

4.7.3 基准的建立

因基准实际要素本身也存在形状误差，所以，由基准要素建立基准时，基准由在实体外对基准要素或其提取组成要素进行拟合得到的拟合组成要素的方位要素建立，拟合方法有最小外接法、最大内切法、实体外约束的最小区域法和实体外约束的最小二乘法。

1. 单一基准的建立

单一基准由一个基准要素建立，该基准要素从一个单一表面或一个尺寸要素中获得，包括以下内容。

（1）基准点。基准由理想要素（如球面、平面、圆等）在实体外对基准要素或其提取组成要素采用最小外接法（对于被包容面）或采用最大内切法（对于包容面）进行拟合得到的拟合组成要素的方位要素（球心或圆心）建立，如图 4-45 所示。

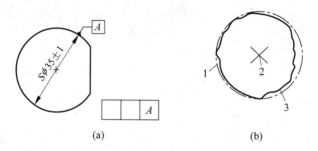

（a）　　　　　　　　　　　（b）

1—拟合组成要素；2—拟合导出要素；3—实际（组成）要素（或提取组成要素）。

图 4-45　基准点示例

（a）图样标注；（b）基准点的建立

（2）基准直线。基准由理想直线在实体外对基准要素或其提取组成要素（或提取线）采用最小区域法进行拟合得到的拟合直线建立，如图 4-46 所示。

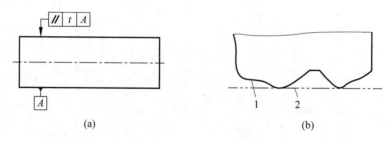

（a）　　　　　　　　　　　（b）

1—提取线；2—拟合直线。

图 4-46　基准直线示例

（a）图样标注；（b）基准直线的建立

（3）基准轴线、基准中心线。基准由理想要素（如圆柱面、圆锥面等）在实体外对基准要素或其提取组成要素采用最小外接法（对于被包容面）或采用最大内切法（对于包容面）进行拟合得到的拟合组成要素的方位要素（或拟合导出要素）建立，如图 4-47、图 4-48 所示。

（4）基准平面。基准由在实体外对基准要素或其提取组成要素（或提取平面）采用最小区域法进行拟合得到的拟合平面的方位要素建立，如图 4-49 所示。

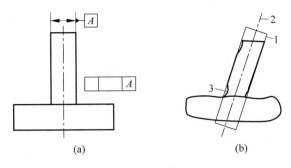

1—拟合组成要素；2—拟合导出要素；3—实际（组成）要素（或提取组成要素）。

图 4-47　基准轴线示例（一）

（a）图样标注；（b）基准轴线的建立

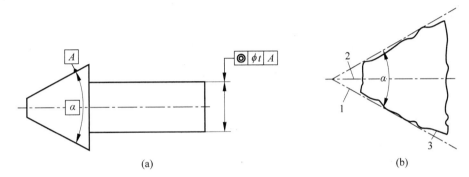

1—拟合组成要素；2—拟合要素的方位要素；3—实际（组成）要素（或提取组成要素）。

图 4-48　基准轴线示例（二）

（a）图样标注；（b）基准轴线的建立

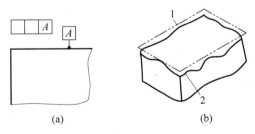

1—拟合平面；2—实际（组成）要素（或提取组成要素）。

图 4-49　基准平面示例

（a）图样标注；（b）基准平面的建立

（5）基准曲面。基准由在实体外对基准要素或其提取组成要素（或提取曲面）采用最小区域法进行拟合得到的拟合曲面的方位要素建立，如图 4-50 所示。

（6）基准中心面（由两平行平面建立）。基准由满足平行约束的两平行平面同时在实体外对基准要素或其两提取组成要素（或两提取表面）采用最小区域法进行拟合得到的一组拟合组成要素的方位要素（或拟合导出要素）建立，如图 4-51 所示。

2. 公共基准的建立

公共基准由两个或两个以上同时考虑的基准要素建立，包括以下内容：

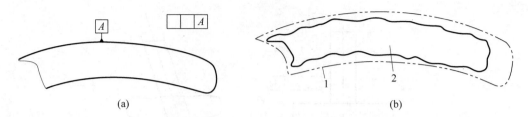

1—拟合要素；2—实际（组成）要素（或提取组成要素）。

图 4-50　基准曲面示例

（a）图样标注；（b）基准曲面的建立

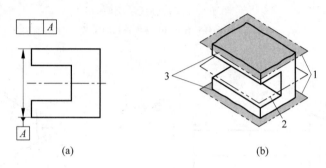

1—拟合组成要素；2—拟合导出要素；3—实际（组成）要素（或提取组成要素）。

图 4-51　基准中心平面示例

（a）图样标注；（b）基准中心平面的建立

（1）公共基准轴线。由两个或两个以上的轴线组合形成公共基准轴线时，基准由一组满足同轴约束的理想要素（如圆柱面或圆锥面）同时在实体外对各基准要素或其提取组成要素采用最小外接法（对于被包容面）或采用最大内切法（对于包容面）进行拟合得到的拟合组成要素的方位要素（或拟合导出要素）建立，公共基准轴线为这些提取组成要素所共有的拟合导出要素（拟合组成要素的方位要素），如图 4-52 所示。

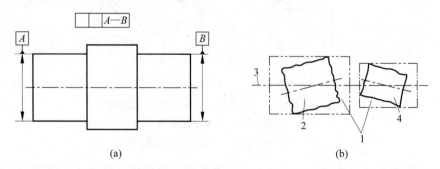

1—拟合组成要素；2—实际（组成）要素 A（或提取组成要素）；3—拟合组成要素的方位要素；

4—实际（组成）要素 B（或提取组成要素）。

图 4-52　公共基准轴线示例

（a）图样标注；（b）公共基准轴线的建立

（2）公共基准平面。由两个或两个以上表面组合形成公共基准平面时，基准由一组满足方向或/和位置约束的平面同时在实体外对各基准要素或其提取组成要素（或提取表面）

采用最小区域法进行拟合得到的两拟合平面的方位要素建立,公共基准平面为这些提取表面所共有的拟合组成要素的方位要素,如图 4-53 所示。

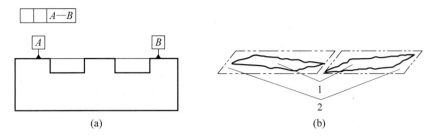

1—实际(组成)要素(或提取组成要素);2—共面约束下的两拟合要素。

图 4-53　公共基准平面示例

(a) 图样标注;(b) 公共基准平面的建立

(3) 公共基准中心平面。由两组或两组以上的平行平面的中心平面组合形成公共基准中心平面时,基准由两组或两组以上平行平面在各中心平面共面约束下、同时在实体外对各组基准要素或其提取组成要素(两组提取表面)采用最小区域法进行拟合得到的拟合组成要素的方位要素(或拟合导出要素)建立,公共基准中心平面为这些拟合组成要素所共有的拟合导出要素(拟合组成要素的方位要素),如图 4-54 所示。

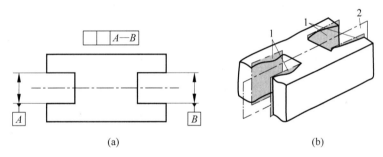

1—拟合平面;2—公共中心平面。

图 4-54　公共基准中心平面示例

(a) 图样标注;(b) 公共基准中心平面的建立

3. 基准体系的建立

基准体系由两个或三个单一基准或公共基准按一定顺序排列建立,该顺序由几何规范所定义。

用于建立基准体系的各拟合要素间的方向约束按几何规范所定义的顺序确定:第一基准对第二基准和第三基准有方向约束,第二基准对第三基准有方向约束。

图 4-55 所示为三个相互垂直的平面建立的基准体系,这三个相互垂直的平面按几何规范定义依次称为第一基准、第二基准和第三基准。第一基准平面 A 由在实体外对基准 A 的实际表面(或提取组成要素)采用最小区域法进行拟合得到的拟合平面建立;在与第一基准平面 A 垂直的约束下,第二基准平面 B 由在实体外对基准 B 的实际表面(或提取组成要素)采用最小区域法进行拟合得到的拟合平面建立;在同时与第一基准平面 A 和第二基准平面 B 垂直的约束下,第三基准平面 C 由在实体外对基准 C 的实际表面(或提取组成要素)

采用最小区域法进行拟合得到的拟合平面建立。

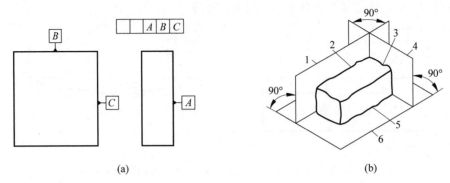

1—第三基准 C 的拟合平面；2—第三基准 C 的实际要素；3—第二基准 B 的实际要素；

4—第二基准 B 的拟合平面；5—第一基准 A 的实际要素；6—第一基准 A 的拟合平面。

图 4-55　三个相互垂直的平面建立的基准体系示例

(a) 图样标注；(b) 基准体系的建立

　　图 4-56 所示为由相互垂直的轴线和平面建立的基准体系。第一基准 A 由在实体外对基准 A 的实际表面（或提取组成要素）采用最小外接法进行拟合得到的拟合圆柱的方位要素（轴线）建立；在与第一基准 A 轴线垂直的约束下，第二基准 B 由在实体外对基准 B 的实际表面（或提取组成要素）采用最小区域法进行拟合得到的拟合平面建立。

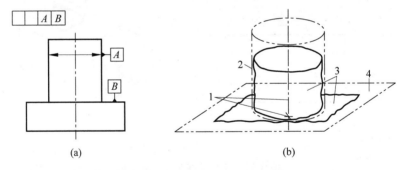

1—拟合要素的方位要素；2—第一基准 A 的拟合圆柱；3—实际要素；4—第二基准 B 的拟合平面。

图 4-56　由相互垂直的轴线和平面建立的基准体系示例

(a) 图样标注；(b) 基准体系的建立

　　图 4-57 所示为由相互垂直的一个平面和两个圆柱轴线建立的基准体系。第一基准 C 由在实体外对基准 C 的实际表面（或提取组成要素）采用最小区域法进行拟合得到的拟合平面建立；第二基准 A 在与第一基准 C 垂直的约束下，由在实体外对基准 A 的实际表面（或提取组成要素）采用最小外接法进行拟合得到的拟合圆柱的方位要素（轴线）建立；第三基准 B 是在与第一基准 C 垂直，且与第二基准 A 平行的约束下，由在实体外对基准 B 的实际表面（或提取组成要素）采用最小外接法进行拟合得到的拟合圆柱的方位要素（轴线）建立。

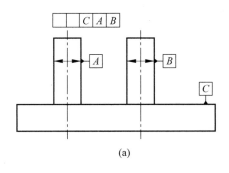
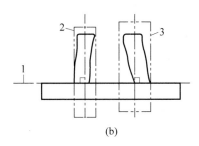

1—第一基准 C 的拟合平面；2—第二基准 A 的拟合圆柱；3—第三基准 B 的拟合圆柱。

图 4-57　由相互垂直的一个平面和两个圆柱轴线建立的基准体系示例

(a) 图样标注；(b) 基准体系的建立

【归纳与总结】

1. 掌握几何公差的基本概念,熟记 14 个形位公差特征项目的名称及其符号。

2. 掌握几何公差的符号及其标注。

3. 学会分析典型的形位公差带的形状、大小和位置,并比较形状公差带、定向的位置公差带、定位的位置公差带和跳动公差带的特点及其解释。

4.8　课 后 微 训

1. 简答题

(1) 尺寸公差带和几何公差带有什么区别?

(2) 几何误差主要有哪些?

2. 综合题

(1) 将下列几何公差按要求分别标注在图 4-58 上。

① ϕ100h6 圆柱表面的圆度公差为 0.005 mm。

② ϕ100h6 轴线对 ϕ40P7 孔轴线的同轴度公差为 ϕ0.015 mm。

③ ϕ40P7 孔的圆柱度公差为 0.005 mm。

④ 左端的凸台平面对 ϕ40P7 孔轴线的垂直度公差为 0.01 mm。

⑤ 右凸台端面对左凸台端面的平行度公差为 0.02 mm。

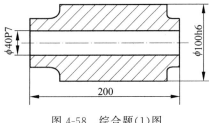

图 4-58　综合题(1)图

(2) 将下列技术要求标注在图 4-59 上。

① 圆锥面的圆度公差为 0.01 mm,圆锥素线直线度公差为 0.02 mm。

② 圆锥轴线对 ϕd_1 和 ϕd_2 两圆柱面公共轴线的同轴度为 0.05 mm。

③ 端面 I 对 ϕd_1 和 ϕd_2 两圆柱面公共轴线的端面圆跳动公差为 0.03 mm。

④ ϕd_1 和 ϕd_2 圆柱面的圆柱度公差分别为 0.008 mm 和 0.006 mm。

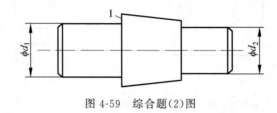

图 4-59　综合题(2)图

(3) 图 4-60 所示为销轴的 3 种形位公差标注,它们的公差带有何不同?

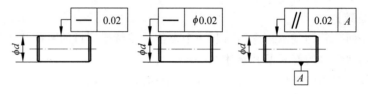

图 4-60　综合题(3)图

第5章 公差原则及几何公差选择

【能力目标】

1. 掌握有关公差原则的术语及定义。

2. 理解独立原则、相关要求在图样上的标注、含义、主要应用场合。

3. 掌握相关要求的几何公差与尺寸公差的关系。

【学习目标】

1. 掌握作用尺寸、最大实体尺寸、最大实体尺寸边界、最大实体实效尺寸、最大实体实效边界等概念。

2. 掌握独立原则、包容要求、最大实体要求的内容、表达及应用。

【学习重点和难点】

1. 各种尺寸的符号和计算公式。

2. 有关实效状态和实效尺寸的概念。

3. 包容要求、最大实体要求的应用分析。

【知识梳理】

GB/T 16671—2018《产品几何技术规范(GPS) 几何公差 最大实体要求(MMR)、最小实体要求(LMR)和可逆要求(RPR)》

GB/T 4249—2018《产品几何技术规范(GPS) 基础概念、原则和规则》

在机械零件精度设计中,常常对零件的同一要素既要规定尺寸公差,又要规定几何公差。因此为了满足某些配合性质、装配性质及最低强度等的要求,对于这些要素提出了尺寸公差与几何公差之间的关系问题。公差原则就是处理尺寸公差与几何公差之间关系的一项原则。

5.1 概 述

国家标准 GB/T 4249—2018《产品几何技术规范(GPS) 基础概念、原则和规则》规定了几何公差与尺寸公差之间的关系。

5.1.1 公差原则分类

公差原则按照几何公差是否与尺寸公差发生关系分为独立原则和相关要求。相关要求则按应用的要素和使用要求的不同又分为包容要求、最大实体要求、最小实体要求和可逆要求。

5.1.2 有关术语的定义和符号

公差原则涉及有关术语的定义、符号及其实体极限等概念。国家标准 GB/T 16671—2018《产品几何技术规范(GPS) 几何公差 最大实体要求(MMR)、最小实体要求(LMR)和可逆要求（RPR)》中涉及有关概念,这里从应用标准的角度进行表述。

1. 局部实际尺寸

在实际要素的任意截面上,两对应点之间测得的距离称为局部实际尺寸(D_{ai},d_{ai}),简称实际尺寸。

2. 体外作用尺寸和体内作用尺寸

1）体外作用尺寸

体外作用尺寸(D_{fe},d_{fe})是指在被测要素的给定长度上,与实际内表面体外相接的最大理想面或与实际外表面体外相接的最小理想面的直径或宽度。

在配合的全长上,与实际内表面（孔）体外相接的最大理想轴的尺寸,称为孔的体外作用尺寸,用D_{fe}表示。

在配合的全长上,与实际外表面（轴）体外相接的最小理想孔的尺寸,称为轴的体外作用尺寸,用d_{fe}表示。

单一要素的体外作用尺寸如图 5-1 所示。

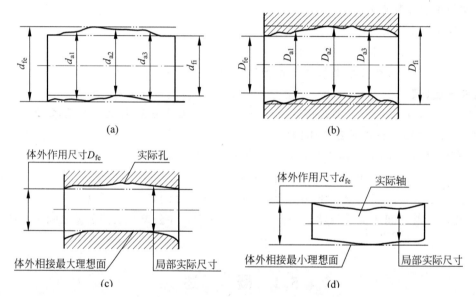

图 5-1　单一要素的体外作用尺寸

对于关联要素,该理想面的轴线或中心平面必须与基准要素保持图样上给定的几何关系,如图 5-2 所示。

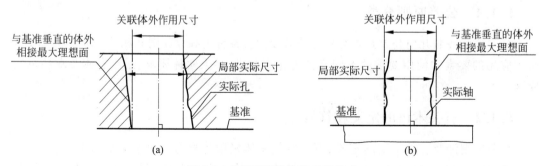

图 5-2　关联要素的体外作用尺寸

从图 5-1 中可以看出,体外作用尺寸是由被测要素的实际尺寸和形状(或位置)误差综合形成的,可表示为

$$\begin{cases} d_{fe} = d_a + f_{形位} \\ D_{fe} = D_a - f_{形位} \end{cases} \tag{5-1}$$

2) 体内作用尺寸

体内作用尺寸(D_{fi}, d_{fi})是指在被测要素的给定长度上,与实际内表面体外相接的最小理想面或与实际外表面体外相接的最大理想面的直径或宽度。

在配合的全长上,与实际内表面(孔)体内相接的最小理想轴的尺寸,称为孔的体内作用尺寸,用 D_{fi} 表示。

在配合的全长上,与实际外表面(轴)体内相接的最大理想面的直径或宽度,称为轴的体内作用尺寸,用 d_{fi} 表示。

单一要素的体内作用尺寸如图 5-3 所示。

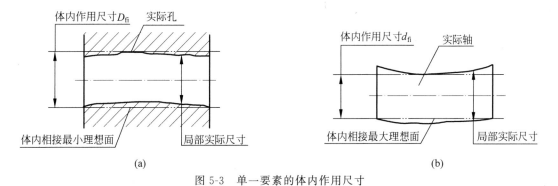

图 5-3　单一要素的体内作用尺寸
(a) 内表面; (b) 外表面

对于关联要素,该理想面的轴线或中心平面必须与基准要素保持图样上给定的几何关系,如图 5-4 所示。

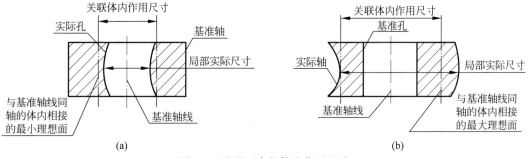

图 5-4　关联要素的体内作用尺寸
(a) 内表面; (b) 外表面

从图 5-4 中可以看出,体内作用尺寸是由被测要素的实际尺寸和形状(或位置)误差综合形成的,可表示为

$$\begin{cases} d_{fi} = d_a - f_{形位} \\ D_{fi} = D_a + f_{形位} \end{cases} \tag{5-2}$$

必须指出,作用尺寸是零件在加工完成后才形成的,它是由实际尺寸和几何误差综合形成的。在加工中必须对要素的作用尺寸进行控制,以便保证配合时的最小间隙或最大过盈。从这一点来讲,作用尺寸是实际要素在配合中真正起作用的尺寸。

3. 实体状态与实体尺寸

实体状态(material condition,MC)分为最大实体状态(maximum material condition,MMC)和最小实体状态(least material condition,LMC)。

最大实体状态是假定提取组成要素的局部尺寸处处位于极限尺寸,且使其具有实体最大时的状态,也就是实体要素在尺寸公差范围内具有材料量最多时的状态。

最小实体状态是假定提取组成要素的局部尺寸处处位于极限尺寸,且使其具有实体最小时的状态,也就是实体要素在尺寸公差范围内具有材料量最少时的状态。

实体尺寸(material size,MS)分为最大实体尺寸(maximum material size,MMS)和最小实体尺寸(least material size,LMS)。

最大实体尺寸是实际要素在最大实体状态下的极限尺寸。对于外尺寸要素(轴),最大实体尺寸 d_M 就是轴的上极限尺寸 d_{max};对于内尺寸要素(孔),最大实体尺寸 D_M 就是孔的下极限尺寸 D_{min}。即

$$\begin{cases} d_M = d_{max}（轴） \\ D_M = D_{min}（孔） \end{cases} \tag{5-3}$$

最小实体尺寸是实际要素在最小实体状态下的极限尺寸。对于外尺寸要素(轴),最小实体尺寸 d_L 就是轴的下极限尺寸 d_{min};对于内尺寸要素(孔),最小实体尺寸 D_L 就是孔的上极限尺寸 D_{max}。即

$$\begin{cases} d_L = d_{min}（轴） \\ D_L = D_{max}（孔） \end{cases} \tag{5-4}$$

例如,在图 5-5 中,轴颈的尺寸为 $\phi 25^{+0.009}_{-0.004}$ mm,当实际轴的尺寸处处等于 25.009 mm 时,该轴所拥有的材料量为最多,其处于最大实体状态。因此,尺寸 25.009 mm 为最大实体尺寸,是该轴的上极限尺寸。当实际轴的尺寸处处等于 24.996 mm 时,该轴所拥有的材料量为最少,其处于最小实体状态,则尺寸 24.996 mm 为最小实体尺寸,是该轴的下极限尺寸。

又如,在图 5-5 中,尺寸为 $\phi(52\pm0.015)$ mm 的孔的最大实体状态是实际孔的尺寸处处等于 51.985 mm 的状态,尺寸 51.985 mm 为该孔的最大实体尺寸,也是孔的下极限尺寸;而 52.015 mm 则为该孔的最小实体尺寸,即孔的上极限尺寸。

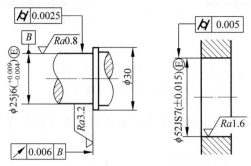

图 5-5　最大实体尺寸和最小实体尺寸

4. 最大实体边界和最小实体边界

最大实体边界(maximum material boundary,MMB)是指最大实体状态的理想形状的极限包容面。

对于外尺寸(轴),其最大实体边界是尺寸为最大实体尺寸,形状为理想的内圆柱面,如图 5-6 所示;对于内尺寸(孔),其最大实体边界是尺寸为最大实体尺寸,形状为理想的外圆柱面,如图 5-7 所示。

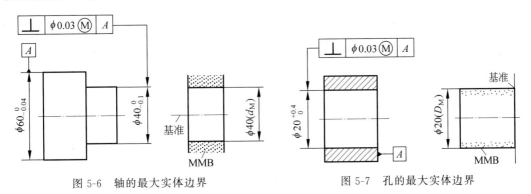

图 5-6 轴的最大实体边界   图 5-7 孔的最大实体边界

最小实体边界(least material boundary,LMB)是指最小实体状态的理想形状的极限包容面。

对于外尺寸(轴),其最小实体边界是尺寸为最小实体尺寸,形状为理想的外圆柱面,如图 5-8 所示;对于内尺寸(孔),其最小实体边界是尺寸为最小实体尺寸,形状为理想的内圆柱面,如图 5-9 所示。

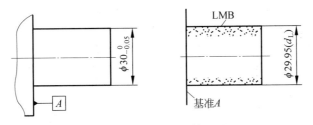

图 5-8 轴的最小实体边界

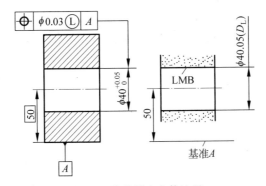

图 5-9 孔的最小实体边界

5. 实体实效状态和实体实效尺寸

实体实效状态(material virtual condition,MVC)分为最大实体实效状态(maximum material virtual condition,MMVC)和最小实体实效状态(least material virtual condition, LMVC)。

最大实体实效状态是指在给定长度上,实际要素处于最大实体状态且其中心要素的形状或位置误差等于给定公差值时的综合极限状态。

最大实体实效尺寸是最大实体实效状态下的体外作用尺寸。对于外表面,为最大实体尺寸加上导出要素的几何公差值$t_{形位}$；对于内表面,为最大实体尺寸减去导出要素的几何公差值$t_{形位}$,即

对于外尺寸要素(轴),有

$$d_{MV} = d_M + t_{形位} \tag{5-5}$$

对于内尺寸要素(孔),有

$$D_{MV} = D_M - t_{形位} \tag{5-6}$$

最小实体实效状态是指在给定长度上,实际要素处于最小实体状态且其中心要素的形状或位置误差等于给定公差值时的综合极限状态。

最小实体实效尺寸是最小实体实效状态下的体内作用尺寸。对于外表面,为最小实体尺寸减去导出要素的几何公差值$t_{形位}$；对于内表面,为最小实体尺寸加上导出要素的几何公差值$t_{形位}$,即

对于外尺寸要素(轴),有

$$d_{LV} = d_L - t_{形位} \tag{5-7}$$

对于内尺寸要素(孔),有

$$D_{LV} = D_L + t_{形位} \tag{5-8}$$

6. 最大实体实效边界和最小实体实效边界

尺寸为最大实体实效尺寸的边界称为最大实体实效边界(maximum material virtual boundary,MMVB),即直径或距离尺寸为最大实体实效尺寸,且具有理想形状和位置的极限圆柱面或平行面。

尺寸为最小实体实效尺寸的边界称为最小实体实效边界(least material virtual boundary,LMVB),即直径或距离尺寸为最小实体实效尺寸,且具有理想形状和位置的极限圆柱面或平行面。

【典型实例 5-1】　图 5-10 所示为加工轴、孔零件,实际测得轴的直径尺寸为 19.97 mm,其轴线的直线度误差为 0.02 mm,孔的直径尺寸为 20.08 mm,其轴线的直线度误差为 0.02 mm,试求轴和孔的最大实体尺寸、最小实体尺寸、体外作用尺寸、体内作用尺寸、最大实体实效尺寸和最小实体实效尺寸。

解：(1) 按照图 5-10 所示加工零件轴,根据有关公式进行计算。

最大实体尺寸：$d_M = d_{max} = 20$ mm

最小实体尺寸：$d_L = d_{min} = 20 - 0.07$ mm $= 19.93$ mm

体外作用尺寸：$d_{fe} = d_{ai} + f_{形位} = 19.97 + 0.02$ mm $= 19.99$ mm

体内作用尺寸：$d_{fi} = d_{ai} - f_{形位} = 19.97 - 0.02$ mm $= 19.95$ mm

最大实体实效尺寸：$d_{MV} = d_M + t_{形位} = 20 + 0.04$ mm $= 20.04$ mm

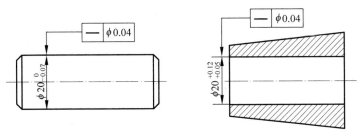

图 5-10　轴、孔零件

最小实体实效尺寸：$d_{LV}=d_L-t_{形位}=19.93-0.04$ mm$=19.89$ mm

（2）按照图 5-10 所示加工零件孔，根据有关公式进行计算。

最大实体尺寸：$D_M=D_{max}=20.05$ mm

最小实体尺寸：$D_L=D_{min}=20.12$ mm

体外作用尺寸：$D_{fe}=D_{ai}-f_{形位}=20.08-0.02$ mm$=20.06$ mm

体内作用尺寸：$D_{fi}=D_{ai}+f_{形位}=20.08+0.02$ mm$=20.10$ mm

最大实体实效尺寸：$D_{MV}=D_M-t_{形位}=20.05-0.04$ mm$=20.01$ mm

最小实体实效尺寸：$D_{LV}=D_L+t_{形位}=20.12+0.04$ mm$=20.16$ mm

从典型实例 5-1 的计算可知，实效尺寸与作用尺寸是两个相似但又不相同的尺寸概念。所谓"相似"，是指它们都是"尺寸"与"几何"的综合，且都具有理想形状或理想方位；所谓"不同"，是指它们在概念上有原则性的区别。实效尺寸是设计者确定的，当图样上给定了尺寸公差（确定了最大实体尺寸）和几何公差之后，其实效尺寸即随之确定，为一固定值；而作用尺寸是零件上实际要素所具有的尺寸，其值随零件实际要素的局部尺寸和几何误差值的不同而变化，故为变值。显然，零件上实际要素处于最大实体尺寸，且几何误差达到最大时的作用尺寸即等于实效尺寸。所以，实效尺寸在某些情况下可以是控制作用的边界尺寸。

5.2　独　立　原　则

5.2.1　独立原则的含义

独立原则（independence principle，IP）是指图样上给定的每一个尺寸和形状、位置要求均是独立的，彼此无关，应分别满足各自的公差要求。它是线性尺寸公差和几何公差之间相互关系所遵循的一项基本原则。当被测要素的尺寸公差和几何公差采用独立原则时，图样上给出的尺寸公差只控制要素的尺寸偏差，不控制要素的几何误差；而图样上给定的几何公差只控制被测要素的几何误差，与要素的实际尺寸无关。

5.2.2　图样上的标注方法

当注有公差的被测要素的几何公差与尺寸公差遵守独立原则时，在图样上不作任何附加标记。

（1）独立原则应用于单一要素。如图 5-11 所示，直径尺寸 $\phi30_{-0.021}^{\ 0}$ mm 为注出尺寸公差的尺寸；该轴的轴线直线度公差为 $\phi0.012$ mm，为注出形状公差；长度 50 mm 为未注尺寸公差的尺寸；未注出几何公差有两端面的平面度公差、轴的圆柱度公差和圆度公差、在轴向截面上圆柱的素线直线度公差、端面相对轴线的垂直度公差等。

（2）独立原则应用于关联要素，如图 5-12 所示。

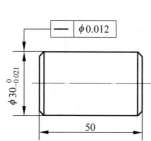

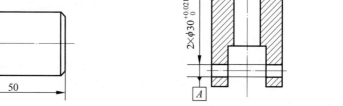

图 5-11　独立原则应用于单一要素的标注示例　　　图 5-12　独立原则应用于关联要素的标注示例

5.2.3　零件的合格条件

1. 独立原则应用单一要素的合格条件

当被测要素应用于独立原则时，该要素的合格条件是：提取要素的局部尺寸应在其两个极限尺寸之间；提取要素均应位于给定的几何公差带内，并且其几何误差允许达到最大值。即

尺寸公差要求为

$$\begin{cases} d_{\min} \leqslant d_{\mathrm{a}} \leqslant d_{\max}（轴）\\ D_{\min} \leqslant D_{\mathrm{a}} \leqslant D_{\max}（孔）\end{cases} \tag{5-9}$$

几何公差要求为

$$几何误差\ f_{几何} \leqslant 几何公差\ t_{几何} \tag{5-10}$$

只有式（5-9）和式（5-10）的两个条件同时满足，该零件才合格。其中只要有一项不满足，该零件就不合格。如图 5-11 中，被测轴的合格条件是：轴径 $\phi 30$ mm 提取要素的局部尺寸应在 $29.979 \sim 30.000$ mm 之间；轴的直线度误差小于或等于 $\phi 0.012$ mm；轴长尺寸 50 mm 的误差不超过未注公差的范围；轴的两端面平面度误差不超过未注平面度公差，以及其他未注公差项目的误差不得超过其未注公差值。

2. 独立原则应用关联要素的合格条件

在图 5-12 中，被测孔的合格条件是：$\phi 50$ mm 孔径提取要素的局部尺寸应在 $50.000 \sim 50.025$ mm 之间；该孔的轴线应垂直于 $2 \times \phi 30$ mm 的公共轴线，其垂直度误差值不大于 0.05 mm。

5.2.4　独立原则的应用范围

独立原则应用范围广泛，是基本的公差原则。其主要的应用范围有：

（1）对形位精度要求严格，需要单独加以控制而不允许受尺寸影响的要素。

（2）尺寸精度与形位精度要求相差较大，需分别满足要求的情况。

（3）尺寸精度与形位精度两者之间无必然联系的情况。

（4）尺寸精度与形位精度要求较低的非配合要素。

（5）未注公差的要素。

5.2.5　检测方法和计量器具

当被测要素应用独立原则时，采用的检测方法是用通用计量器具测量被测要素的提取要素局部尺寸和几何误差。例如，独立原则应用于单一要素时，可用立式光学比较仪测量轴各部位直径的提取要素局部尺寸，再用计量器具测量该轴的轴线直线度误差。

5.3　包 容 要 求

包容要求（envelope requirement，ER）的提出源于泰勒原理，泰勒原理出自泰勒于 1905 年提出的"螺纹量规的改进"这一专利，用于光滑工件的检验。

5.3.1　包容要求的含义及特点

包容要求是指要求实际要素处处不得超过最大实体边界的一种公差原则，即实际组成要素应遵守最大实体边界，作用尺寸不超出最大实体尺寸。图 5-13 所示为最大实体边界控制被测要素的实际尺寸和形位误差的综合效应，该被测要素的实际轮廓 S 不得超出最大实体边界。

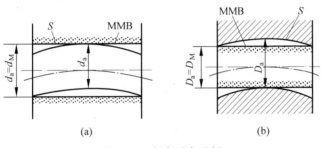

图 5-13　包容要求示例

（a）轴的包容要求；（b）孔的包容要求

按照这一公差原则，如果实际要素达到最大实体状态，就不得有任何几何误差；只有在实际要素偏离最大实体状态时，才允许存在与偏移量相对应的几何误差。显然，遵守包容要求时，对于孔而言，其局部实际尺寸应不大于其最小实体尺寸；对于轴而言，其局部实际尺寸应不小于其最小实体尺寸。

包容要求的实质是当要素的实际尺寸偏离最大实体尺寸时，允许其形状误差增大，它反映了尺寸公差与几何公差之间的补偿关系。采用包容要求时，被测要素应遵守最大实体边界，即被测要素的体外作用尺寸不得超出最大实体尺寸，且实际尺寸不得超出最小实体尺寸，即对于外表面，有

$$d_{fe} \leqslant d_M(d_{max}), \quad d_{ai} \geqslant d_L(d_{min}) \tag{5-11}$$

对于内表面，有

$$D_{fe} \leqslant D_M(D_{min}), \quad D_{ai} \geqslant D_L(D_{max}) \tag{5-12}$$

包容要求只适合处理单一要素尺寸公差和几何公差的相互关系。

5.3.2　图样注释

1. 轴

有一轴的标注如图 5-14(a)所示，遵守包容要求。其含义应包括以下几点：

(1) 图 5-14(b)所示为轴的实际尺寸。实际轴应该遵守最大实体边界，即轴的体外作用尺寸不能超过最大实体尺寸 $\phi(50+0)$ mm＝$\phi50$ mm。当轴的局部实际尺寸处处为最大实体尺寸 $\phi50$ mm 时，不允许轴线有直线度误差，如图 5-14(c)所示。

(2) 轴的局部实际尺寸不能小于最小实体尺寸 $\phi49.96$ mm，如图 5-14(d)所示。

(3) 当轴的实际尺寸由最大实体尺寸向最小实体尺寸偏离时，允许轴线有直线度误差。例如，当轴的局部实际尺寸处处为 $\phi49.98$ mm 时，轴线直线度误差的最大允许值为 $\phi(50-49.98)$ mm＝$\phi0.02$ mm；当轴的局部实际尺寸处处为最小实体尺寸 $\phi49.96$ mm 时，轴线直线度误差的最大允许值为 $\phi0.04$ mm（即图样上给定的尺寸公差值），如图 5-14(e)所示。局部实际尺寸与直线度误差的关系如图 5-14(f)所示。

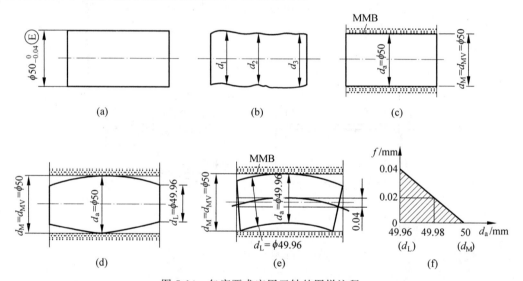

图 5-14　包容要求应用于轴的图样注释

(a) 图样标注；(b) 实际尺寸；(c) 最大实体状态；(d) 实际尺寸偏离最大实体尺寸；(e) 最小实体状态；(f) 动态误差图

2. 孔

有一孔的标注如图 5-15(a)所示，遵守包容要求。其含义应包括以下几点：

(1) 图 5-15(b)所示为孔的实际尺寸。实际孔应该遵守最大实体边界，即孔的体外作用尺寸不能超过最大实体尺寸 $\phi(50+0)$ mm＝$\phi50$ mm。当孔的局部实际尺寸处处为最大实体尺寸 $\phi50$ mm 时，不允许孔的轴线有直线度误差，如图 5-15(c)所示。

(2) 孔的局部实际尺寸不能大于最小实体尺寸 $\phi50.05$ mm，如图 5-15(d)所示。

(3) 当孔的实际尺寸由最大实体尺寸向最小实体尺寸偏离时，允许孔的轴线有直线度误差。例如，当孔的局部实际尺寸处处为 $\phi50.03$ mm 时，孔的轴线直线度误差的最大允许值为 $\phi(50.03-50)$ mm＝$\phi0.03$ mm；当孔的局部实际尺寸处处为最小实体尺寸 $\phi50.05$ mm 时，孔的轴线直线度误差的最大允许值为 $\phi0.05$ mm（即图样上给定的尺寸公差值），如

图 5-15(e)所示。局部实际尺寸与直线度误差的关系如图 5-15(f)所示。

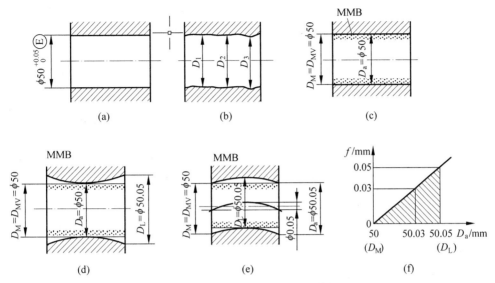

图 5-15　包容要求应用于孔的图样注释

（a）图样标注；（b）实际尺寸；（c）最大实体状态；（d）实际尺寸偏离最大实体尺寸；（e）最小实体状态；（f）动态误差图

5.3.3　图样上的标注方法

在图样上，单一要素的尺寸极限偏差或公差带之后注有符号"Ⓔ"时，就表示该单一要素采用包容要求，例如 $\phi 40^{+0.018}_{+0.002}$Ⓔ。

5.3.4　包容要求的应用范围

包容要求主要用于保证单一要素孔、轴配合的配合性质，特别是配合公差较小的精密配合，最大实体边界可保证所需的最小间隙或最大过盈。

如图 5-16 所示，加工后孔的实际尺寸处处皆为 $\phi 20$ mm，孔的形状正确，其体外作用尺寸 $D_{fe} > \phi 20$ mm；轴的实际尺寸也处处皆为 $\phi 20$ mm，其横截面形状正确，但存在轴线直线度误差，其体外作用尺寸 $d_{fe} = \phi 20$ mm，因此，该孔与轴的装配形成过盈配合。

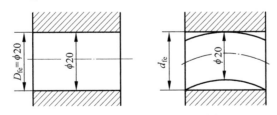

图 5-16　理想孔与轴线弯曲的轴装配

5.3.5　检测方法与计量器具

采用包容要求的孔、轴应使用光滑极限量规检验。量规的通规模拟被测孔、轴的最大实体边界，用来检验该孔、轴的实际轮廓是否在最大实体边界范围内；止规体现了两点法测量原理,用来判断该孔、轴的实际尺寸是否超出最小实体尺寸。

5.4　最大实体要求

5.4.1　最大实体要求的含义及特点

最大实体要求(maximum material requirement,MMR)是控制被测要素的实际轮廓处于其最大实体实效边界之内的一种公差要求。当其实际尺寸偏离最大实体尺寸时,允许其形位误差值超出其给出的公差值,即形位误差值能得到补偿。

最大实体要求适用于轴线、中心平面等中心要素,既可以用于被测要素,也可以用于基准要素。用最大实体实效边界控制被测要素的实际尺寸与形位公差的综合效应,被测要素的实际轮廓 S 不得超出该边界。如图 5-17 所示,图样上标注的形位公差值是被测要素的实际轮廓处于最大实体状态时给出的形位公差值,当它的实际尺寸偏离最大实体尺寸时,允许其形位误差值超出给出的形位公差值,即被测要素或基准要素偏离最大实体状态时,其形位公差可获得补偿的一种公差原则。关联要素的最大实体实效边界与基准保持图样上给定的几何关系,最大实体实效边界的轴线应垂直于基准平面 A 。

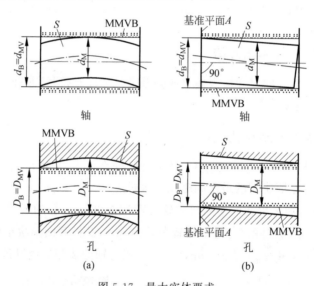

图 5-17　最大实体要求

(a) 单一要素的最大实体实效边界;(b) 关联需要的最大实体实效边界

5.4.2　最大实体要求的应用

(1) 最大实体要求应用于被测要素时,被测要素的实际轮廓在给定的长度上处处不得超出最大实体实效边界,即其体外作用尺寸不应超出最大实体实效尺寸,且局部实际尺寸不得超出最大实体尺寸和最小实体尺寸。

(2) 最大实体要求应用于被测要素时,被测要素的形位公差值是在该要素处于最大实体状态时给出的。当被测要素的实际轮廓偏离其最大实体状态时,形位误差值可以超出给出的形位公差值。

（3）当给出的形位公差值为零时，则为零形位公差。此时，被测要素的最大实体实效边界等于最大实体边界，最大实体实效尺寸等于最大实体尺寸。它是最大实体要求的特例，应用场合与包容要求相同，且可保证装配性。

（4）最大实体要求主要应用于关联要素，也可应用于单一要素。

（5）零件的合格条件。

① 从含义上判断：

对于轴，有

$$\begin{cases} d_{fe} \leqslant d_{MV} \\ d_L \leqslant d_a \leqslant d_M \end{cases} \quad 即 \quad \begin{cases} d_a + f_{形位} \leqslant d_{max} + t_{形位} \\ d_{min} \leqslant d_a \leqslant d_{max} \end{cases} \tag{5-13}$$

对于孔，有

$$\begin{cases} D_{fe} \geqslant D_{MV} \\ D_M \leqslant D_a \leqslant D_L \end{cases} \quad 即 \quad \begin{cases} D_a - f_{形位} \geqslant D_{min} - t_{形位} \\ D_{min} \leqslant D_a \leqslant D_{max} \end{cases} \tag{5-14}$$

② 从偏离最大实体状态上判断：

$$d_{min} \leqslant d_a \leqslant d_{max} \quad 或 \quad D_{min} \leqslant D_a \leqslant D_{max} \tag{5-15}$$

对于轴，有

$$补偿值 = d_{max} - d_a \tag{5-16}$$

对于孔，有

$$补偿值 = D_a - D_{min} \tag{5-17}$$

5.4.3　图样注释

1. 单一要素

一轴的标注如图 5-18(a)所示，被测单一要素遵循最大实体要求。它的含义包括以下几点：

（1）轴的实际轮廓遵守最大实体实效边界，即轴的体外作用尺寸不能超过最大实体实效尺寸[$\phi(20+0) + \phi0.1$]mm = $\phi20.1$mm。图样上的轴线直线度公差值是在轴的局部实际尺寸处处为最大实体尺寸 $\phi20$ mm 时给定的，即当轴的局部实际尺寸处处为最大实体尺寸 $\phi20$ mm 时，轴线直线度误差的最大允许值为图样上标注的公差值 $\phi0.1$ mm。

（2）轴的局部尺寸在最小实体尺寸 $\phi19.7$ mm 和最大实体尺寸 $\phi20$ mm 之间。

（3）当轴的实际尺寸由最大实体尺寸向最小实体尺寸偏离时，轴线直线度误差可以大于规定的公差值 $\phi0.1$ mm。例如，当轴的局部实际尺寸处处为 $\phi19.9$ mm 时，轴线直线度误差的最大允许值可为($\phi20 - \phi19.9$)mm + $\phi0.1$ mm = $\phi0.2$ mm；当轴的局部实际尺寸处处为最小实体尺寸 $\phi19.7$ mm 时，轴线直线度误差的最大允许值为 $\phi0.4$ mm，即为图样上给定的尺寸公差值 0.3 mm 与直线度公差值 0.1 mm 之和，如图 5-18(c)所示。局部实际尺寸与直线度误差的关系如图 5-18(d)所示。

2. 关联要素

一孔的标注如图 5-19(a)所示，被测关联要素遵循最大实体要求。它的含义包括以下几点：

（1）孔的实际轮廓遵守最大实体实效边界，即孔的体外作用尺寸不能超过最大实体实

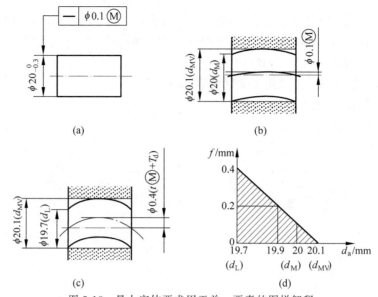

图 5-18　最大实体要求用于单一要素的图样解释

(a) 图样标注；(b) 最大实体状态；(c) 最小实体状态；(d) 动态误差图

效尺寸[$\phi(50-0.08)-\phi0.01$]mm＝$\phi49.91$ mm。图样上孔的轴线垂直度公差值 $\phi=$ 0.01 mm 是在轴的局部实际尺寸处处为最大实体尺寸 $\phi49.92$ mm 时给定的，即当孔的局部实际尺寸处处为最大实体尺寸 $\phi49.92$ mm 时，孔的轴线垂直度误差允许值为 $\phi0.01$ mm，即为图样上标注的公差值 $\phi0.01$ mm。

(2) 孔的局部实际尺寸在最小实体尺寸 $\phi50.13$ mm 和最大实体尺寸 $\phi49.92$ mm 之间。

(3) 当孔的实际尺寸由最大实体尺寸向最小实体尺寸偏离时，轴线垂直度误差可以大于规定的公差值 $\phi0.01$ mm。例如，当孔的局部实际尺寸处处为 $\phi50.02$ mm 时，孔的轴线垂直度误差的最大允许值可为($\phi50.02-\phi49.92$)mm＋$\phi0.01$mm＝$\phi0.11$mm；当孔的局部实际尺寸处处为最小实体尺寸 $\phi50.13$ mm 时，孔的轴线垂直度误差的最大允许值为 $\phi0.22$ mm，即为图样上给定的尺寸公差值 $\phi0.21$ mm 与垂直度公差值 $\phi0.01$ mm 之和，如图 5-19(c)所示。局部实际尺寸与直线度误差的关系如图 5-19(d)所示。

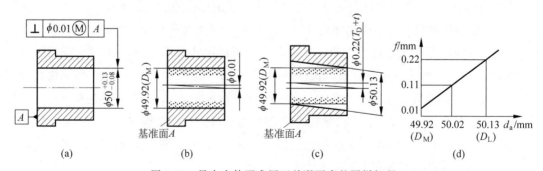

图 5-19　最大实体要求用于关联要素的图样解释

(a) 图样标注；(b) 最大实体状态；(c) 最小实体状态；(d) 动态误差图

5.4.4　图样上的标注方法

在图样上的形位公差框格内的公差值后面标注符号"Ⓜ"，表示最大实体要求用于被测要素。

5.4.5　计量器具和检测方法

根据被测要素应用最大实体要求的合格条件，明确计量器具及检测方法。

最大实体要求应用于被测要素时，被测要素的实际轮廓是否超出最大实体实效边界，应该使用功能量规的检验部分(它模拟体现被测要素的最大实体实效边界)来检验；其实际尺寸是否超出极限尺寸，可用两点法测量。最大实体要求应用于被测要素对应的基准要素时，可以使用同一功能量规的定位部分(它模拟体现基准要素应遵守的边界)或者光滑极限量规的通规来检验基准要素的实际轮廓是否超出规定边界。

5.5　公差原则的选用

如前所述，选择公差原则时，应根据被测要素的功能要求，充分发挥给出公差的职能和采取该种公差原则的可行性、经济性。表 5-1 列出了 3 种主要公差原则的应用场合和示例，供选择公差原则时参考。

表 5-1　公差选择原则参考表

公差原则	应用场合	示　　例
独立原则	尺寸精度与形位精度需要分别满足要求	齿轮箱体孔的尺寸精度和两孔轴线的平行度；连杆活塞销孔的尺寸精度与圆柱度；滚动轴承内、外圈的尺寸精度与形状精度
	尺寸精度与形位精度要求相差较大	滚筒类零件尺寸精度要求很低，形位精度要求较高；平板的形位精度要求很高，尺寸精度要求不高；通油孔的尺寸精度有一定要求，形位精度无要求
	尺寸精度与形位精度无关系	齿轮箱体孔的尺寸精度与孔轴线间的位置精度；发动机连杆上的尺寸精度与孔轴线间的位置精度
	保证运动精度	导轨的形位精度要求严格，尺寸精度要求次要
	保证密封性	汽缸套的形位误差要求严格，尺寸精度要求次要
	未注公差	凡未注尺寸公差与未注形位公差都采用独立原则，例如退刀槽倒角、圆角等非功能要素
包容要求	保证公差与配合国家标准规定的配合性质	φ20H7Ⓔ孔与 φ20h6Ⓔ轴的配合，可以保证配合的最小间隙等于零
	尺寸公差与形位公差间无严格比例关系要求	一般孔与轴配合，只要求孔外作用尺寸不超越最大实体尺寸，局部实际尺寸不超越最小实体尺寸
	保证关联作用尺寸不超越最大实体尺寸	当被测要素的实效边界等同于最大实体边界时，实效尺寸等于最大实体尺寸，标注为"0 Ⓜ"
最大实体要求	被测中心要素	保证自由装配，如轴承盖上用于穿过螺钉的通孔，法兰盘上用于穿过螺栓的通孔
	基准中心要素	基准轴线或中心相对于理想边界的中心允许偏离时，如同轴度的基准轴线

5.5.1 独立原则

独立原则是处理形位公差与尺寸公差关系的基本原则,主要用于以下场合:

(1) 尺寸精度和形位精度要求都较高,且需要分别满足要求。例如,齿轮箱体孔,为保证与轴承的配合性质和齿轮的正确啮合,要分别保证孔的尺寸精度和孔心轴线的平行度要求。

(2) 尺寸精度与形位精度要求相差较大。例如,印刷机的滚筒、轧钢机的轧辊等零件,尺寸精度要求低、圆柱度要求较高,平板尺寸精度要求低、平面度要求高,应分别提出要求。

(3) 为保证运动精度、密封性等特殊要求,通常单独提出与尺寸精度无关的形位公差要求。例如,机床导轨为保证运动精度,直线度要求严,尺寸精度要求次要;气缸套内孔为保证与活塞环在直径方向的密封性,圆度或圆柱度公差要求严,需要单独保证。

其他尺寸公差与形位公差无联系的零件,也广泛采用独立原则。

5.5.2 包容要求

包容要求主要用于需要严格保证配合性质的场合。例如,$\phi 20H7Ⓔ$孔与$\phi 20h6Ⓔ$轴的配合,可以保证配合的最小间隙等于零。若对形位公差有更严的要求,可在标注"Ⓔ"的同时进一步提出形位公差要求。

5.5.3 最大实体要求

最大实体要求用于零件的中心要素,主要用于保证可装配性(无配合性质要求)的场合。例如,轴承盖上用于穿过螺钉的通孔和法兰盘上用于穿过螺栓的通孔的位置度公差采用最大实体要求。

【归纳与总结】

1. 掌握有关公差原则的术语及定义。

2. 理解独立原则、相关要求在图样上的标注、含义、主要应用场合。

3. 掌握相关要求的几何公差与尺寸公差的关系。

5.6 课后微训

(1) 什么是几何公差的公差原则和公差要求?说明它们的种类、表示方法和应用场合。

(2) 实际尺寸和作用尺寸有什么不同?实效尺寸和作用尺寸有什么不同?确定实效尺寸时,对轴和孔有什么不同的要求?

(3) 最大实体边界和最大实体实效边界有什么区别?什么情况下两者相同?

(4) 什么是独立原则?独立原则应用于哪些场合?

(5) 什么是包容要求?为什么说包容要求多用于配合性质要求比较严的场合?

(6) 什么是最大实体要求?最大实体要求应用于哪些场合?采用最大实体要求的优点是什么?

（7）图 5-20 分别给出了轴的 3 种图样标注方法,试根据标注的方法填写下表。

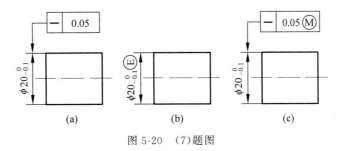

图 5-20　(7)题图

mm

图　号	尺寸公差与形状 公差的处理原则	轴处于最大实体状态时 允许的直线度误差值	轴处于最小实体状态时 允许的直线度误差值
图(a)			
图(b)			
图(c)			

（8）按照图 5-21 中孔的两种标注方法,根据标注的含义填写下表。

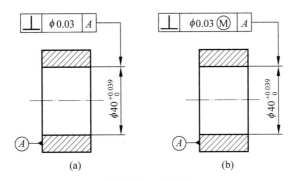

图 5-21　(8)题图

mm

序　号	采用的公差原则 的名称	边界名称及边界 尺寸	最大实体状态下 的位置误差允 许值	允许的最大位置 误差值	实际尺寸的 合格范围
(a)					
(b)					

第6章　表面粗糙度

【能力目标】

1. 明确表面粗糙度的定义及其对机械零件使用性能的影响。

2. 识别表面粗糙度的代号。

3. 具备检测表面粗糙度的能力。

【学习目标】

1. 理解表面粗糙度的概念、表面粗糙度的评定参数。

2. 掌握表面粗糙度基本参数的名称和代号。

【学习重点和难点】

1. 表面粗糙度的评定参数。

2. 表面粗糙度参数值的合理选用。

3. 表面粗糙度的检测。

【知识梳理】

GB/T 1031—2009《产品几何技术规范(GPS)　表面结构　轮廓法　表面粗糙度参数及其数值》

GB/T 131—2006《产品几何技术规范(GPS)　技术产品文件中表面结构的表示法》。

GB/T 10610—2009《产品几何技术规范(GPS)　表面结构　轮廓法　评定表面结构的规则和方法》

6.1　概　　述

6.1.1　表面粗糙度的概念

表面粗糙度(surface roughness)是指加工表面所具有的较小间距和微小峰谷的不平度,其相邻两波峰或两波谷之间的距离(波距)很小(在 1 mm 以下),用肉眼是难以区分的,是一种微观几何形状误差。

机械加工零件的表面结构大致呈现 3 种几何形状特征:表面粗糙度、表面波纹度及形状误差。图 6-1 所示为一加工平面的实际轮廓放大波形图,其中,λ 表示波距,h 表示波高。区分 3 种几何形状特征的常见方法有在表面轮廓截面上采用不同频率范围的定义来划分的,也有用波形的峰与峰之间的间距来划分的。波距小于 1 mm 的属于表面粗糙度,波距在 1~10 mm 之间并呈周期性变化的几何形状误差属于表面波纹度,波距大于 10 mm 并无明显周期性变化的几何形状误差则属于宏观几何形状误差,如平面度、圆度等形状误差。表面粗糙度越小,则表面越光滑。

表面粗糙度与机械零件的配合性质、耐磨性、疲劳强度、接触刚度、振动和噪声等有密切关系,对机械产品的使用寿命和可靠性有重要影响。其一般标注采用符号 Ra。

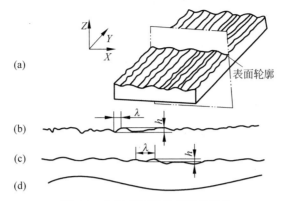

图 6-1 加工表面的几何形状误差

(a) 表面实际轮廓放大；(b) 表面粗糙度；(c) 表示波纹度；(d) 形状误差

6.1.2 表面粗糙度对零件使用性能的影响

表面粗糙度的大小对零件的使用性能和使用寿命有很大的影响，主要表现在以下几个方面。

1. 对零件耐磨性的影响

表面越粗糙，摩擦系数就越大，相对运动的表面磨损得越快。然而，表面过于光滑，由于润滑油被挤出或分子间的吸附作用等原因，也会使摩擦阻力增大从而加速磨损。

2. 对配合性质的影响

零件表面的粗糙度对各类配合均有较大的影响。对于间隙配合，两个表面粗糙的零件在相对运动时会迅速磨损，造成间隙增大，影响配合性质；对于过盈配合，在装配时表面上的微观凸峰极易被挤平，产生塑性变形，使装配后的实际有效过盈减小，降低连接强度；对于过渡配合，因多用压力及锤敲装配，表面粗糙度也会使配合变松。

3. 对疲劳强度的影响

承受交变载荷作用的零件的失效多数是由于表面产生疲劳裂纹造成的。疲劳裂纹主要是由于表面微观峰谷的波谷造成的应力集中引起的。零件表面越粗糙，波谷越深，应力集中就越严重。因此，表面粗糙度影响零件的抗疲劳强度。

4. 对接触刚度的影响

接触刚度影响零件的工作精度和抗振性。由于表面粗糙度使表面间只有一部分面积接触，表面越粗糙，受力后局部变形越大，接触刚度也越低。

5. 对抗腐蚀性的影响

粗糙表面的微观凹谷处易存积腐蚀性物质，久而久之，这些腐蚀性物质就会渗入金属内层，造成表面锈蚀。此外，表面粗糙度对接触刚度、密封性、产品外观、表面光学性能、导电导热性能及表面结合的胶合强度等有很大影响。所以，在设计零件的几何参数精度时，必须对其提出合理的表面粗糙度要求，以保证机械零件的使用性能。

6. 对结合面密封性的影响

粗糙的表面结合时，两表面只在局部点上接触，中间有缝隙，影响其表面密封性。

7. 对零件其他性能的影响

表面粗糙度对零件的其他性能(如测量精度、流体流动的阻力及零件外形的美观)也有很大的影响。因此,为了保证机械零件的使用性能及寿命,在对零件进行精度设计时,必须合理地提出表面粗糙度的要求。

6.1.3 影响零件表面粗糙度的因素

在应用切削刀具进行零件表面加工时,零件表面粗糙度受切削刀具几何形状、切削刀具材料、切削过程及机械加工等因素的影响,同时与机械加工表面切削用量、工件材料性质、机械加工切削冷却液的应用等存在着紧密关系。

1. 切削加工因素

在进行工件切削加工作业时,适当增加切削刀具几何形状前角有助于消除工件表面粗糙度,然而如切削刀具的前角过大,则会增加工件的表面粗糙度。在切削刀具前角一定时,其后角设置越大,在切削作业时刀刃更为锋利;同时适当增加切削刀具的尖圆弧后角可以降低后刀面与已加工工件的表面摩擦,从而降低加工工件的表面粗糙度。但切削刀具后角太大时会引发切削振动,影响切削质量,造成工件表面粗糙度较大。

2. 切削作业过程中的刀具因素

在进行工件切削作业时,切削刀具的刃口圆角对加工工件的挤压与摩擦会使工件材料出现一定的塑性变形,从而增加工件的表面粗糙度。在进行塑性工件材料切削作业时,在切削刀具前刀面中容易出现硬度较高的积屑瘤,积屑瘤的存在会改变切削刀具的几何角度及背吃刀量,且因积屑瘤多不规则,导致加工后的工件表面存在着深浅、宽窄不一的刀痕,影响了工件表面加工质量。另外,部分积屑瘤存留于工件表面也会导致工件表面粗糙度较大。

3. 工件材料性质因素

在对塑性材料工件进行切削作业时,会形成积屑瘤,积屑瘤的出现、成长与脱落均会对切削作业产生影响,严重的会增加加工表面粗糙度,影响加工工件的表面质量;在进行脆性材料切削作业时,切屑多呈现碎粒状,加工后的工件表面多存在着微粒痕迹,会增加工件的表面粗糙度。

4. 机械加工工件切削用量因素

在进行工件加工时,切削用量参数的选择对表面粗糙度有着极为重要的影响。工件切削速度在一定范围内时,机械加工塑性材料工件容易出现积屑瘤,一般在低速加工时积屑瘤更容易产生。机械加工工件时,切削深度对工件表面粗糙度的影响极低,然而在机械加工时如果切削深度设置过小,会使工件在刀尖圆弧挤压下通过,从而引起塑性变形问题。

5. 机械加工过程中残余应力因素

在机械加工工件过程中,被加工工件表面的金属层会出现一定的塑性变形,增加表面金属密度,从而在里层金属中会产生一定的残余拉应力。对工件进行切削加工时,在切削区域会产生大量的切削热,不同工件的金相组织密度不同,加工过程中工件表面金属的金相组织会发生变化,而表面金属密度的变化受到基体金属的制约,从而产生机械加工残余应力,使工件的表面粗糙度增加。

6. 切削冷却液因素

切削冷却液在工件机械加工过程中发挥着冷却、润滑与清洗作用,能够有效降低切削温度,减少切削摩擦,抑制积屑瘤的产生。选择合理的冷却液可以降低工件机械加工的表面粗糙度。

6.1.4　零件表面粗糙度的改进措施

1. 合理设置切削条件

用机械加工工件时应合理选择切削用量,对于塑性材料,设置较高的切削速度可以有效避免积屑瘤的出现,同时还应降低进给量,根据工件材料及加工要求,合理设置切削速度及切削深度等参数。采用高效切削液可以使工艺系统的刚度增加,进而提高机床的动态稳定性,因此,要合理选择切削冷却液,如在工件铰孔作业时可以选择煤油、硫化油作为切削冷却液,这样才能获得较好的工件表面质量。

2. 合理选配切削刀具

在选择刀具材料时应尽量与工件材料有着较高的适应性,磨损严重的刀具应避免继续使用,这样有助于降低表面粗糙度;切削刀具几何参数的设置要合理,尽量增加切削刀具的刃倾角,降低刀具主、副偏角,增加刀具尖圆弧半径,这样可以有效减少残留面积。

3. 对工件材料进行适当处理

依据工件材料的性质,塑性和金相组织对工件表面粗糙度影响较大,因此,对于塑性大的材料应提前进行正火处理或回火处理,以降低塑性,提高加工质量。

4. 防止加工工艺系统产生振动

加工工艺系统的正常切削过程受到振动的影响,因此,设置隔振设施或激振力设施,提高机械加工刚度,降低或消除机械加工振动,可以减轻振动对机械加工工件表面粗糙度的影响。

5. 减少加工表面残余应力

当机械加工工件表面存在残余应力时,会降低其疲劳强度,在有应力集中或有腐蚀性的材料中加工时尤为突出,因此,要想提高加工工件的表面质量,应考虑尽可能在机械加工中减少残余应力的产生,虽然残余应力产生的因素较多,但是减小塑性变形、降低切削温度会使工件表面的残余应力减小。

6.2　零件表面粗糙度参数值的选择

6.2.1　表面粗糙度的评定参数

1. 一般术语

测量和评定表面粗糙度轮廓时,应规定取样长度、评定长度、轮廓中线和几何参数。当没有指定测量方向时,测量截面的方向与表面粗糙度轮廓幅度参数的最大值相一致,该方向垂直于被测表面的加工纹理,即垂直于表面主要加工痕迹的方向。

1) 坐标系

坐标系(coordinate system)是确定表面结构参数的坐标体系。通常采用一个直角坐标系,其轴线形成一个右旋笛卡儿坐标系,X 轴与中线方向一致,Y 轴也处于实际表面上,而 Z 轴则在从材料到周围介质的外延方向。

2）取样长度 lr

取样长度（sampling length）lr 是评定表面粗糙度时所取的一段基准线长度。规定取样长度的目的在于限制和减弱其他几何形状误差，特别是表面波度对测量结果的影响。表面越粗糙，取样长度越大，因为表面越粗糙，波距也越大，较大的取样长度才能反映一定数量的微量高低不平的痕迹。一般在一个取样长度 lr 内应包含 5 个以上的波峰和波谷。

3）评定长度 ln

评定长度（evaluation length）ln 是评定表面轮廓所必需的一段长度。评定长度包括一个或几个取样长度，由于零件表面各部分的表面粗糙程度不一定很均匀，在一个取样长度上往往不能合理地反映某一表面粗糙度特征，故须在表面上取几个取样长度来评定表面粗糙，可选 $ln > 5lr$（见图 6-2）。一般取 $ln = 5lr$，如被测表面均匀性较好，测量时可选 $ln < 5lr$；对均匀性差的表面，可选 $ln > 5lr$。取样长度和评定长度的常用值见表 6-1。

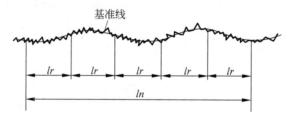

图 6-2　取样长度和评定长度

表 6-1　取样长度 lr 和评定长度 ln 常用值

$Ra/\mu m$	$Rz/\mu m$	lr/mm	$ln(ln=5lr)/mm$
$\geqslant 0.008 \sim 0.02$	$\geqslant 0.025 \sim 0.10$	0.08	0.4
$> 0.02 \sim 0.1$	$> 0.10 \sim 0.50$	0.25	1.25
$> 0.1 \sim 2.0$	$> 0.50 \sim 10.0$	0.8	4.0
$> 2.0 \sim 10.0$	$> 10.0 \sim 50.0$	2.5	12.5
$> 10.0 \sim 80.0$	$> 50.0 \sim 320$	8	40.0

4）中线

中线（mean lines）是具有几何轮廓形状并划分轮廓的基准线。原始中线是在原始轮廓上按照标称形状用拟合法确定的中线。轮廓中线有以下两种：

（1）轮廓最小二乘中线。轮廓最小二乘中线根据实际轮廓用最小二乘法来确定。如图 6-3 所示，在一个取样长度范围内，使轮廓上各点至该线距离的二次方和为最小，即

$$\sum_{i=1}^{n} Z_i^2 = \min \tag{6-1}$$

图 6-3 中的 O_1O_1, O_2O_2 线为最小二乘中线。

（2）轮廓算术平均中线。轮廓算术平均中线是指在取样长度内，与轮廓走向一致并将被测轮廓划分为上、下两部分，且使上部分面积之和与下部分面积之和相等的基准线，如图 6-4 所示。用公式表示为

$$\sum_{i=1}^{n} F_i = \sum_{i=1}^{n} F_i' \tag{6-2}$$

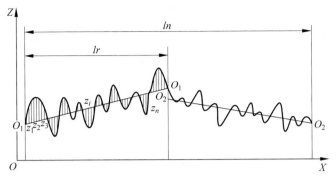

图 6-3　轮廓的最小二乘中线

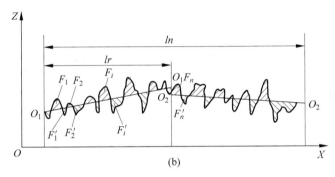

图 6-4　轮廓的算术平均中线

　　轮廓算术平均中线往往不是唯一的,在一簇算术平均中线中只有一条与最小二乘中线重合。在实际评定和测量表面粗糙度时,使用图解法时可用算术平均中线代替最小二乘中线。

2. 评定参数

　　表面粗糙度的评定参数是用来定量描述零件表面微观几何形状特征的参数。评定参数应从轮廓算术平均偏差 Ra 和轮廓最大高度 Rz 两个主要评定参数中选取。除此之外,根据表面功能的需要,还可以从轮廓单元平均宽度 Rsm 和轮廓支承长度率 $Rmr(c)$ 两个附加参数中选取。

　　1) 轮廓算术平均偏差 Ra

　　在一个取样长度内,纵坐标 $Z(X)$ 绝对值的算术平均值称为轮廓的算术平均偏差,如图 6-5 所示。用公式表示为

$$Ra = \frac{1}{l} \int_0^{lr} |Z(X)| \, \mathrm{d}X \tag{6-3}$$

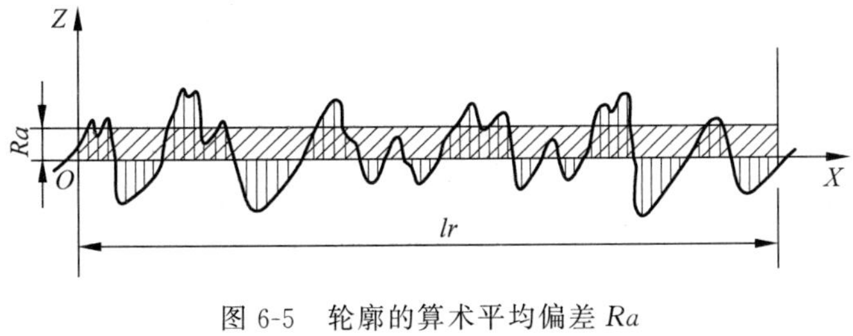

图 6-5　轮廓的算术平均偏差 Ra

或近似为

$$Ra = \frac{1}{n}\sum_{i=1}^{n} \mid Z_i \mid \tag{6-4}$$

Ra 能充分反映表面微观几何形状高度方面的特性,是通常采用的评定参数,一般用电动轮廓仪进行测量,测量方法也比较简单。测得的 Ra 值越大,则表面越粗糙。但因受计量器具功能的限制,Ra 不能用作过于粗糙或太光滑的表面的评定参数。

2) 轮廓最大高度 Rz

在一个取样长度内,轮廓最大峰高线 Z_{pmax} 和最大谷深线 Z_{vmax} 之和称为轮廓的最大高度,如图 6-6 所示。用公式表示为

$$Rz = Z_{pmax} + Z_{vmax} \tag{6-5}$$

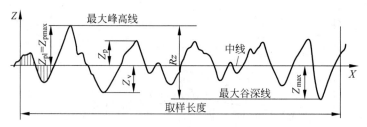

图 6-6　表面粗糙度轮廓的最大高度

3) 轮廓单元平均宽度 Rsm

国家标准规定的评定表面粗糙度的间距参数主要是轮廓单元平均宽度 Rsm。轮廓单元是指轮廓峰和相邻轮廓谷的组合。轮廓单元平均宽度 Rsm 指在一个取样长度内,轮廓单元宽度 X_s 的平均值,如图 6-7 所示。用公式表示为

$$Rsm = \frac{1}{m}\sum_{i=1}^{m} X_{si} \tag{6-6}$$

式中,m 表示在取样长度内间距 X_{si} 的个数。

Rsm 反映了表面加工痕迹的细密程度,其数值越小,说明在取样长度内轮廓峰值数量越多,即加工痕迹细密。

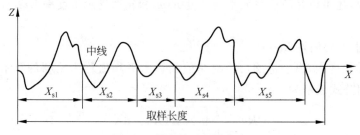

图 6-7　轮廓单元平均宽度

4) 轮廓支承长度率 $Rmr(c)$

轮廓支承长度率 $Rmr(c)$ 指轮廓的实体材料长度 $Ml(c)$ 与评定长度的比率。轮廓的实体材料长度 $Ml(c)$ 是指用平行于中线且和轮廓峰顶线相距为 c 的一条直线相截轮廓峰所得的各段截线 b_i 之和,如图 6-8 所示。用公式表示为

$$Rmr(c) = \frac{Ml(c)}{ln} = \frac{1}{ln}\sum_{i=1}^{n} b_i \tag{6-7}$$

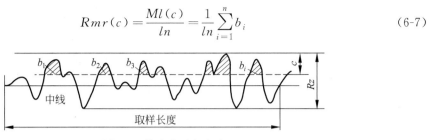

图 6-8 轮廓支承长度率

轮廓算术平均偏差 Ra、轮廓最大高度 Rz 和轮廓单元平均宽度 Rsm 的规范数值分为主系列和补充系列,其主系列数值分别见表 6-2～表 6-4。轮廓支承长度率 $Rmr(c)$ 的数值见表 6-5。

表 6-2 轮廓算术平均偏差 **Ra** 的数值(摘自 GB/T 1031—2009) μm

	0.012	0.20	3.2	50
Ra	0.025	0.40	6.3	100
	0.050	0.80	12.5	
	0.100	1.60	25	

表 6-3 轮廓最大高度 **Rz** 的数值(摘自 GB/T 1031—2009) μm

	0.025	0.4	6.3	100	1 600
Rz	0.05	0.8	12.5	200	
	0.1	1.6	25	400	
	0.2	3.2	50	800	

表 6-4 轮廓单元平均宽度 **Rsm** 的数值(摘自 GB/T 1031—2009) μm

	0.006	0.1	1.6
Rsm	0.012 5	0.2	3.2
	0.025 0	0.4	6.3
	0.05	0.8	12.5

表 6-5 轮廓支承长度率 **Rmr(c)** 的数值(摘自 GB/T 1031—2009) %

$Rmr(c)$	10	15	20	25	30	40	50	60	70	80	90

注:选用 $Rmr(c)$ 时,必须同时给出轮廓水平截距 c 的数值。c 值多用 Rz 的百分数表示,其系列如下:5%,10%,15%,20%,25%,30%,40%,50%,60%,70%,80%,90%。

6.2.2 表面粗糙度的选用

1. 表面粗糙度评定参数的选用

国家标准规定,设计机械零件时,表面粗糙度评定参数大多数情况下可以只从高度特性评定参数——轮廓算术平均偏差 Ra 和轮廓最大高度 Rz 中选取,只有当高度参数不能满足表面功能要求时才按需选用附加参数——轮廓单元平均宽度 Rsm 和轮廓支承长度率 $Rmr(c)$,且不能单独使用。如 $Rmr(c)$ 是在表面承受重载,要求耐磨性时才选用。因此,高度参数是基本参数。

粗糙度标准广泛采用最基本的评定参数。Ra 能较全面地反映表面微观几何形状特征及轮廓波峰高度,且测量方便。因此 GB/T 1031—2009 中规定,在常用参数范围内(Ra 为 $0.025\sim6.3\ \mu m$,Rz 为 $0.1\sim25\ \mu m$),推荐优先选用 Ra 参数,该参数适合应用触针扫描方法进行测量,即使用一种叫作"电动轮廓仪"或"表面粗糙度参数检测仪"的仪器进行测量。由于触针要求做到很尖细,制造起来非常困难,且使用过程中容易损坏,所以当粗糙度要求特别高或特别低($Ra<0.025\ \mu m$ 或 $Ra>6.3\ \mu m$)时,都不适宜采用触针扫描方法,一般推荐使用 Rz 参数评定,因为该参数的测量适合人工数字处理,可用光切显微镜和光干涉显微镜进行测量。

当表面很小或为曲面时,取样长度可能不足 1 个或只有 $2\sim3$ 个粗糙度轮廓峰谷,或表面粗糙度要求很低时可选用 Rz 参数;对易产生应力集中而导致疲劳破坏的较敏感表面,可在选取 Ra 参数的基础上再选取 Rz 参数,使轮廓的最大高度也加以控制。选用轮廓支承长度率 $Rmr(c)$ 参数时,必须同时给出轮廓水平截距 c 值。

如果零件表面有特殊功能要求,为了保证功能和提高产品质量,可以同时选用几个参数来综合控制表面质量,具体情况如下:

(1) 当表面要求耐磨时,可以选用 Ra,Rz 和 $Rmr(c)$。

(2) 当表面要求承受交变应力时,可以选用 Rz 和 Rsm。

(3) 当表面着重要求外观质量和可漆性时,可选用 Ra 和 Rsm。

2. 表面粗糙度评定参数选择的方法

零件表面粗糙度不仅对其使用性能有影响,还关系到产品质量和生产成本。因此,在选择表面粗糙度数值时,应在满足零件使用功能要求的前提下,同时考虑零件的工艺性和经济性。在确定零件表面粗糙度时,除了有特殊要求的表面外,一般采用类比法选取。一般的选择原则如下:

(1) 在满足表面功能要求的情况下,尽量选用较大的表面粗糙度参数值。

(2) 同一零件上,工作表面的粗糙度参数值小于非工作表面的粗糙度参数值。

(3) 摩擦表面比非摩擦表面的粗糙度参数值要小;滚动摩擦表面比滑动摩擦表面的粗糙度参数值要小;运动速度高、单位压力大的摩擦表面应比运动速度低、单位压力小的摩擦表面的粗糙度参数值要小。

(4) 受循环载荷的表面及易引起应力集中的部分(如圆角、沟槽),表面粗糙度参数值要小。

(5) 配合性质要求高的结合表面、配合间隙小的配合表面及要求连接可靠、受重载的过盈配合表面等,应取较小的粗糙度参数值。

(6) 配合性质相同,零件尺寸愈小则表面粗糙度参数值应愈小;同一精度等级下,小尺寸比大尺寸、轴比孔的表面粗糙度参数值要小。通常,尺寸公差、表面形状公差小时,表面粗糙度参数值也小。但表面粗糙度参数值和尺寸公差、表面形状公差之间并不存在确定的函数关系,如手轮、手柄的尺寸公差值较大,表面粗糙度参数值却较小。一般情况下,它们之间有一定的对应关系,见表 6-6。

表 6-6　表面粗糙度与尺寸公差等级及形状公差的对应关系

尺寸公差等级	形状公差 t	Ra	Rz
IT5～IT7	≈0.61IT	≤0.05IT	≤0.2IT
IT8～IT9	≈0.41IT	≤0.025IT	≤0.1IT
IT10～IT12	≈0.251IT	≤0.012IT	≤0.05IT
＞IT12	＜0.251IT	≤0.15t	≤0.6t

（7）防腐性、密封性要求高，外表美观等表面的粗糙度值应较小。

（8）凡有关标准已对表面粗糙度要求做出规定的（如与滚动轴承配合的轴颈和外壳孔、键槽、各级精度齿轮的主要表面等），则应按标准规定的表面粗糙度参数值选用。表 6-7 和表 6-8 给出了一些资料供设计时参考。

表 6-7　表面粗糙度的表面特征、经济加工方法及应用举例加工方法

表面微观特性		$Ra/\mu m$	$Rz/\mu m$	加工方法	应用举例
粗糙表面	可见刀痕	＞20～40	＞80～160	粗车、粗刨、粗铣、钻、毛锉、锯断	半成品粗加工过的表面，非配合的加工表面，如轴端面、倒角、钻孔、齿轮、带轮侧面、键槽底面、垫圈接触面
	微见刀痕	＞10～20	＞40～80		
半光表面	微见加工痕迹	＞5～10	＞20～40	车、刨、铣、镗、钻、粗铰	轴上不安装轴承、齿轮处的非配合表面，紧固件的自由装配表面，轴和孔的退刀槽等
		＞2.5～5	＞10～20	车、刨、铣、镗、磨、拉、粗刮、滚压	半精加工表面，箱体、支架、盖面、套筒等和其他零件结合而无配合要求的表面，需要法兰的表面等
	看不清加工痕迹	＞1.25～2.5	＞6.3～10	车、刨、铣、镗、磨、拉、刮、压、铣齿	接近于精加工的表面，箱体上安装轴承的镗孔表面，轮齿的工作面
光表面	可辨加工痕迹方向	＞0.63～1.25	＞3.2～6.3	车、镗、磨、拉、刮、精铰、磨齿、滚压	圆柱销、圆锥销与滚动轴承配合的表面，卧式车床导轨面，内、外花键的定表面
	微辨加工痕迹方向	＞0.32～0.63	＞1.6～3.20	车、镗、磨、拉、刮、精铰、磨齿、滚压	要求配合性质稳定的配合表面，工作时受交变应力的重要零件表面，较高精度车床的导轨面
	不可辨加工痕迹方向	＞0.16～0.32	＞0.8～1.6	精铰、精镗、磨、刮、滚压	精密机床主轴锥孔，顶尖圆锥面，发动机曲轴、凸轮轴的工作表面，高精度齿轮齿面

续表

表面微观特性		$Ra/\mu m$	$Rz/\mu m$	加工方法	应用举例
极光表面	暗光泽面	>0.08~0.16	>0.4~0.8	精磨、珩磨、研磨、超精加工	精密机床主轴颈表面，一般量规工作表面，汽缸套内表面，活塞销表面等
	亮光泽面	>0.04~0.08	>0.2~0.4	精磨、研磨、普通抛光	精密机床主轴颈表面，滚动轴承的滚珠表面，高压液压泵中柱塞和柱塞配合的表面
	锐状光泽面	>0.01~0.04	>0.05~0.2	超精磨、超抛光、镜面磨削	
	镜面	≤0.01	≤0.05	镜面磨削、超精研	高精度量仪、量块的工作表面，光学仪器中的金属镜面

表 6-8　常用表面粗糙度参数值　　　　　　　　　　　　　　　　μm

应用场合		基本尺寸/mm					
	公差等级	≤50		50~120		120~500	
		轴	孔	轴	孔	轴	孔
经常装拆零件的配合表面	IT5	≤0.2	≤0.4	≤0.2	≤0.4	≤0.4	≤0.8
	IT6	≤0.4	≤0.8	≤0.4	≤0.8	≤0.8	≤1.6
	IT7	≤0.8		≤0.8		≤1.6	
	IT8	≤0.8	≤1.6	≤0.8	≤1.6	≤1.6	≤3.2
过盈配合 压入装配	IT5	≤0.2	≤0.4	≤0.4	≤0.8	≤0.4	≤0.8
	IT6~IT7	≤0.4	≤0.8	≤0.8	≤1.6	≤1.6	
	IT8	≤0.8	≤1.6	≤1.6	≤3.2	≤3.2	
热装	—	≤1.6	≤3.2	≤1.6	≤3.2	≤1.6	≤3.2

应用场合		轴		孔	
滑动轴承的配合表面	公差等级	轴		孔	
	IT6~IT9	≤0.8		≤1.6	
	IT10~IT12	≤1.6		≤3.2	
	液体湿摩擦的条件	≤0.4		≤0.8	

应用场合		速度/(m·s⁻¹)		
密封材料处的孔、轴表面	密封形式	≤3	3~5	>5
	橡胶圈密封	0.8~0.6(抛光)	0.4~0.8(抛光)	0.2~0.4(抛光)
	毛毡密封	0.8~0.6(抛光)		
	迷宫式密封	3.2~6.3		
	涂油槽密封	3.2~6.3		

应用场合		径向跳动					
精密定心零件的配合表面	IT5~IT8	径向跳动	2.5	4	6	10	16	25
		轴	≤0.05	≤0.1	≤0.1	≤0.1	≤0.4	≤0.8
		孔	≤0.1	≤0.2	≤0.2	≤0.2	≤0.8	≤1.6

应用场合		有垫片	无垫片
箱体分界面(减速箱)	类型	有垫片	无垫片
	需要密封	3.2~6.3	0.8~1.6
	不需要密封	6.3~12.5	

6.3 表面粗糙度符号、代号及其标注

表面粗糙度的评定参数及其数值确定后,要在图样上进行标注,图样上所标注的表面粗糙度符号、代号是该表面完工后的要求。

6.3.1 表面粗糙度的符号、代号

1. 表面粗糙度的符号

图样上表示零件表面粗糙度的符号见表 6-9。

表 6-9 表面粗糙度的符号(摘自 GB/T 131—2006)

符 号	意 义 及 说 明
√	表面结构的基本图形符号,表示表面可用任何方法获得。仅适用于简化代号标注,没有补充说明(例如表面处理、局部热处理状况等)时不能单独使用
√	要求去除材料的图形符号(基本符号加一短划线),表示表面是用去除材料的方法获得的,例如车、铣、钻、磨、剪切、抛光、腐蚀、电火花加工、气割等
√	不允许去除材料的图形符号(基本符号加一小圆),表示表面是用不去除材料的方法获得的,例如铸、锻、冲压变形、热轧、冷轧、粉末冶金等或者是用于保持原供应状况的表面(包括保持上道工序的状况)
√ √ √	完整图形符号(在上述三个符号的长边上均可加一横线),用于标注有关参数和说明
√ √ √	在上述三个符号上均可加一小圆,表示视图上构成封闭轮廓的各表面具有相同的表面粗糙度要求

2. 表面粗糙度的代号

在表面粗糙度符号的基础上,注出表面粗糙度数值及其有关的规定项目后就形成了表面粗糙度的代号。表面粗糙度数值及其有关规定在符号中注写的位置如图 6-9 所示。各注写位置代表的意义如下:

位置 a 幅度参数代号及其数值等。

位置 b 附加参数代号及其数值。

位置 c 加工方法。

位置 d 加工纹理方向符号。

位置 e 加工余量(单位:mm)。

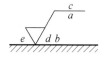

图 6-9 表面粗糙度数值及其有关的规定在符号中注写的位置

6.3.2 表面粗糙度幅度参数的各种标注方法及其意义

表面粗糙度幅度参数的各种标注方法及其意义见表 6-10。

表 6-10 表面粗糙度幅度参数的标注方法及其意义

代 号	意 义	代 号	意 义
√ $Ra\ 3.2$	用任何方法获得的表面粗糙度,Ra 的上限值为 $3.2\ \mu m$	√ $Ra\ \text{max}\ 3.2$	用任何方法获得的表面粗糙度,Ra 的最大值为 $3.2\ \mu m$

续表

代　号	意　义	代　号	意　义
$\sqrt{}$ $Ra\,3.2$	用去除材料方法获得的表面粗糙度，Ra 的上限值为 3.2 μm	$\sqrt{}$ $Ra\,\mathrm{max}\,3.2$	用去除材料方法获得的表面粗糙度，Ra 的最大值为 3.2 μm
$\sqrt{}$ $Ra\,3.2$	用不去除材料方法获得的表面粗糙度，Ra 的上限值为 3.2 μm	$\sqrt{}$ $Ra\,\mathrm{max}\,3.2$	用不去除材料方法获得的表面粗糙度，Ra 的最大值为 3.2 μm
$\sqrt{}$ U $Ra\,3.2$ L $Ra\,1.6$	用去除材料方法获得的表面粗糙度，Ra 的上限值为 3.2 μm，Ra 的下限值为 1.6 μm	$\sqrt{}$ $Ra\,\mathrm{max}\,3.2$ $Ra\,\mathrm{min}\,1.6$	用去除材料方法获得的表面粗糙度，Ra 的最大值为 3.2 μm，Ra 的最小值为 1.6 μm
$\sqrt{}$ $Rz\,3.2$	用任何方法获得的表面粗糙度，Rz 的上限值为 3.2 μm	$\sqrt{}$ $Rz\,\mathrm{max}\,3.2$	用任何方法获得的表面粗糙度，Rz 的最大值为 3.2 μm
$\sqrt{}$ U $Rz\,3.2$ L $Rz\,1.6$　　$\sqrt{}$ $Rz\,3.2$ $Rz\,1.6$	用去除材料方法获得的表面粗糙度，Rz 的上限值为 3.2 μm，Rz 的下限值为 1.6 μm（在不引起误会的情况下，也可省略标注 U，L）	$\sqrt{}$ $Rz\,\mathrm{max}\,3.2$ $Rz\,\mathrm{min}\,1.6$	用去除材料方法获得的表面粗糙度，Rz 的最大值为 3.2 μm，Rz 的最小值为 1.6 μm
$\sqrt{}$ U $Ra\,1.6$ U $Rz\,6.3$	用去除材料方法获得的表面粗糙度，Ra 的上限值为 1.6 μm，Rz 的上限值为 6.3 μm	$\sqrt{}$ $Ra\,\mathrm{max}\,3.2$ $Rz\,\mathrm{max}\,6.3$	用去除材料方法获得的表面粗糙度，Ra 的最大值为 3.2 μm，Rz 的最大值为 6.3 μm
$\sqrt{}$ $0.008\sim0.8/Ra\,3.2$	用去除材料方法获得的表面粗糙度，Ra 的上限值为 3.2 μm，传输带 0.008～0.8 mm	$\sqrt{}$ $-0.8/Ra\,3\,3.2$	用去除材料方法获得的表面粗糙度，Ra 的上限值为 3.2 μm，取样长度 0.8 mm，评定包含三个取样长度

6.3.3　表面粗糙度要求的图样标注

　　表面粗糙度要求对每一表面一般只标注一次，并尽可能注在相应的尺寸及其公差的同一视图上。表面粗糙度要求的图样标注方法如下：

　　（1）使表面粗糙度的注写和读取方向与尺寸的注写和读取方向一致，如图 6-10 所示。

　　（2）标注在轮廓线上或指引线上。表面粗糙度要求可标注在轮廓线上，其符号应从材料外指向并接触表面。必要时，表面粗糙度符号也可用带箭头或黑点的指引线引出标注，如图 6-11、图 6-12 所示。

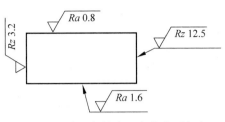

图 6-10　表面粗糙度要求的注写方向

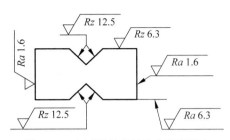

图 6-11　表面粗糙度标注在轮廓线上

（3）标注在特征尺寸的尺寸线上。在不引起误解的情况下，表面粗糙度要求可以标注在给定的尺寸线上，如图 6-13 所示。

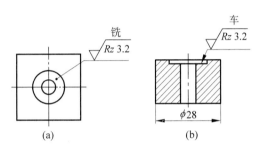

图 6-12　表面粗糙度标注在指引线上

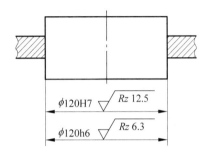

图 6-13　表面粗糙度标注在尺寸线上

（4）标注在几何公差的框格上。表面粗糙度要求可标注在几何公差框格的上方，如图 6-14 所示。

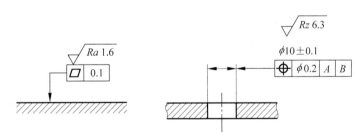

图 6-14　表面粗糙度标注在几何公差框格的上方

（5）标注在延长线上。表面粗糙度要求可以直接标注在延长线上，或用带箭头的指引线引出标注，如图 6-11 和图 6-15 所示。

（6）标注在圆柱和棱柱表面上。圆柱和棱柱表面的表面粗糙度要求只标注一次，如图 6-15 所示。如果每个圆柱和棱柱表面有不同的表面粗糙度要求，则应分别单独标注，如图 6-16 所示。

（7）表面粗糙度和尺寸可以标注在同一尺寸线上，如图 6-17 所示。

（8）表面粗糙度和尺寸可以一起标注在延长线上，也可分别标注在轮廓线和尺寸界线上，如图 6-18 所示。

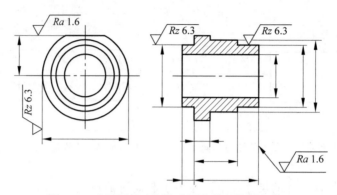

图 6-15　表面粗糙度标注在圆柱特征的延长线上

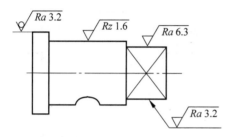

图 6-16　表面粗糙度标注在圆柱和棱柱的轮廓线上

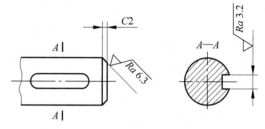

图 6-17　键槽侧壁的表面粗糙度标注

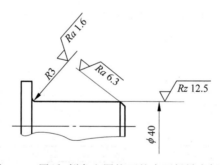

图 6-18　圆弧、倒角和圆柱面的表面粗糙度标注

6.3.4　表面粗糙度要求的简化注法

1. 有相同表面粗糙度要求的简化注法

不同的表面粗糙度要求应直接标注在图形中。但如果在工件的多数(包括全部)表面有相同的表面粗糙度要求,则其表面粗糙度要求可统一标注在图样的标题栏附近。此时(除全部表面有相同要求的情况外),有以下两种标注方法:

(1) 表面粗糙度要求的符号后面在圆括号内给出无任何其他标注的基本符号(见图 6-19);

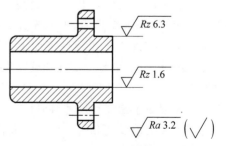

图 6-19　大多数表面有相同表面粗糙度
要求的简化标注法(一)

（2）表面粗糙度要求的符号后面在圆括号内给出不同的表面粗糙度要求（见图 6-20）。

图 6-19 和图 6-20 所示的是除上限值 $Rz=1.6\ \mu m$ 和 $Rz=6.3\ \mu m$ 的表面外，其余所有表面粗糙度均为上限值 $Ra=3.2\ \mu m$，图 6-19 和图 6-20 两种注法意义相同。

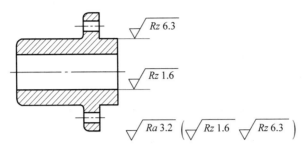

图 6-20　大多数表面有相同表面粗糙度要求的简化标注法（二）

2. 多个表面有共同要求的简化注法

当多个表面具有相同的表面粗糙度要求或图纸空间有限时，可以采用简化注法。即用带字母的完整符号，以等式的形式在图形和标题栏附近，对有相同表面粗糙度要求的表面进行简化标注，如图 6-21 所示。

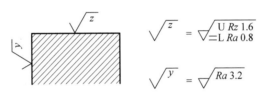

图 6-21　图纸空间有限时的简化注法

3. 只用表面粗糙度符号的简化注法

可用基本图形符号、扩展图形符号，以等式的形式给出对多个表面共同的表面粗糙度要求，如图 6-22～图 6-24 所示。

图 6-22　未定工艺方法的多个表面粗糙度要求简化注法	图 6-23　不允许去除材料的多个表面粗糙度要求简化注法	图 6-24　要求去除材料的多个表面粗糙度要求简化注法

6.4　表面粗糙度的检测

6.4.1　检测的基本原则

零件完工后，其表面粗糙度是否满足使用要求，需要进行检测。

1. 测量方向的选择

对于表面粗糙度，如未指定测量截面的方向，则应在幅度参数最大值的方向进行测量，一般来说是在垂直于表面加工纹理方向上测量。

2. 表面缺陷的摒弃

表面粗糙度不包括气孔、砂眼、擦伤、划痕等缺陷。

3. 测量部位的选择

表面粗糙度要在若干有代表性的区段上测量。

6.4.2 检测方法

国家标准 GB/T 10610—2009 对表面粗糙度的检测程序做了详细规定,常用的检测方法有比较法、针描法、光切法及干涉法等。

1. 比较法

比较法是将被测表面与已知其评定参数值的粗糙度样板相比较,如被测表面精度较高时,可借助放大镜、比较显微镜进行比较,以提高检测精度。比较样板的选择应使其材料、形状和加工方法与被测工件尽量相同。

比较法简单实用,适合车间条件下判断较粗糙的表面。比较法的判断准确程度与检验人员的技术熟练程度有关。用比较法评定表面粗糙度比较经济、方便,但是测量误差较大,仅用于表面粗糙度要求不高的情况。若有争议或进行工艺分析时,可用仪器测量。

2. 针描法

按针描法原理设计制造的表面粗糙度测量仪器通常称为轮廓仪。根据转换原理的不同,可以有电感式轮廓仪、电容式轮廓仪、压电式轮廓仪等。轮廓仪可测 Ra、Rz、Rsm 及 $Rmr(c)$ 等多个参数。

除上述轮廓仪外,还有光学触针轮廓仪,它适用于非接触测量,以防止划伤零件表面,这种仪器通常直接显示 Ra 值,其测量范围为 $0.02\sim5\ \mu m$。

3. 光切法

光切法是利用光切原理测量表面粗糙度的方法。按光切原理设计制造的表面粗糙度测量仪器称为光切显微镜(或双管显微镜),其测量范围为 Rz 值为 $0.8\sim8\ \mu m$。

4. 干涉法

干涉法是利用光波干涉原理测量表面粗糙度的方法。根据干涉原理设计制造的仪器称为干涉显微镜,其主要用来测量 Rz,其测量范围为 $0.025\sim0.8\ \mu m$。

5. 印模法

对于大零件的内表面,也有采用印模法进行测量的,即用石蜡、低熔点合金(锡、铅等)或其他印模材料将被测表面印模下来,然后对复制的印模表面进行测量。由于印模材料不可能充满谷底,其测量值略有缩小,可查阅有关资料或自行实验得出修正系数,在计算中加以修正。

6. 激光反射法

激光反射法的基本原理是用激光束以一定的角度照射被测表面,根据反射光与散射光的强度及其分布来评定被照射表面的微观不平度状况。

7. 三维几何表面测量

用三维评定参数能真实地反映被测表面的实际特征。国内外学者致力于研究开发三维几何表面测量技术,现已将光纤法、微波法和电子显微镜等测量方法成功地应用于三维几何表面的测量,测量表面粗糙度所用仪器的结构和操作方法,读者可参阅所做实验项目的实验指导书。

为了方便起见,国家标准同时又做出了目视检查、比较检查及测量等简化程序说明。

（1）目视检查。对于表面粗糙度值与规定值相比明显地好或明显地不好,或者因为存在明显影响表面功能的缺陷,没有必要用更精确的方法来检验的工件表面,采用目视法检查。

（2）比较检查。如果目视检查不能做出判定,则可采用与表面粗糙度样板（见图 6-25）进行比较的方法进行检查。

（3）测量。如果用比较检查不能做出判定,则可根据目视检查结果,在被测表面上最有可能出现极值的部位进行测量。

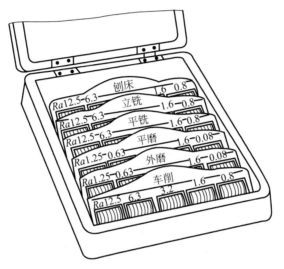

图 6-25　表面粗糙度比较样板

【归纳与总结】

1. 理解表面粗糙度的概念、表面粗糙度的评定参数。
2. 掌握表面粗糙度基本参数的名称和代号。

6.5　课后微训

（1）表面粗糙度的含义是什么?

（2）表面粗糙度属于什么误差? 对零件的使用性能有哪些影响?

（3）为什么要规定取样长度和评定长度,两者的区别何在? 关系又如何? 各自的常用范围如何?

（4）国家标准规定了哪些表面粗糙度评定参数? 应如何选择? 选择表面粗糙度参数值时是否越小越好? 为什么?

第7章　光滑极限量规

【能力目标】

1. 明确光滑工件尺寸的验收原则、安全裕度和验收极限。
2. 会运用光滑工件尺寸检测的方法。
3. 了解光滑极限量规设计的方法。
4. 具备使用常用尺寸测量仪器的能力。

【学习目标】

1. 理解光滑工件尺寸及光滑极限量规的相关概念。
2. 掌握使用光滑极限量规的用法。
3. 掌握使用常用尺寸测量仪器的方法。

【学习重点和难点】

1. 光滑工件尺寸的检测方法；
2. 常用尺寸测量仪器的使用方法。

【知识梳理】

GB/T 3177—2009《产品几何技术规范(GPS)　光滑工件尺寸的检测》

GB/T 1957—2006《光滑极限量规　技术条件》

7.1　基　本　概　念

7.1.1　光滑极限量规的概念

在机器制造中,工件的尺寸一般使用通用计量器具来测量。

光滑极限量规是一种无刻度的专用检验工具,用它来检验工件只能确定工件是否在允许的极限尺寸范围内,不能测量出工件的实际尺寸。检验孔径的光滑极限量规称为塞规,检验轴径的光滑极限量规称为卡规或环规。它适用于大批量生产、遵守包容要求的轴、孔检验,以保证合格的轴与孔的配合性质。

7.1.2　光滑极限量规的分类

1. 按被检工件类型分类

(1) 塞规,即用以检验被测工件为孔的量规。

(2) 卡规,即用以检验被测工件为轴的量规。

2. 按量规用途分类

(1) 工作量规,即在加工工件的过程中用于检验工件的量规,由操作者使用。为了提高加工精度,保证工件合格率,防止产生废品,要求通规是新的或磨损较小的量规。

(2) 验收量规,即验收者(检验员或购买机械产品的客户代表)用以验收工件的量规。

为了使更多的合格件得以验收,并减少纠纷,量规的通规应是旧的或已磨损较大但未超过磨损极限的量规。

(3) 校对量规,即专门用于校对轴用工作量规——卡规或环规的量规。卡规和环规的工作尺寸属于孔尺寸,由于尺寸精度高,难以用一般的计量器具测量,故国家标准规定了校对量规。校对量规又分为以下几种:

TT——在制造轴用通规时,用以校对的量规。当校对量规通过时,被校对的新的通规合格。

ZT——在制造轴用止规时,用以校对的量规。当校对量规通过时,被校对的新的止规合格。

TS——用以检验轴用旧的通规报废用的校对量规。当校对量规通过,轴用旧的通规磨损达到或超过极限时,应作报废处理。

7.2　光滑工件尺寸检验

计量器具因存在测量误差、轴或孔的形状误差、测量条件偏离国家标准规定范围等,会使测量结果偏离被测真值。当测量误差较大时,可能做出错误的判断。为了保证足够的测量精度,实现零件的互换性,必须正确地、合理地选择计量器具,按 GB/T 3177—2009《产品几何技术规范(GPS)　光滑工件尺寸的检验》中规定的验收原则及要求验收工件。

7.2.1　光滑工件尺寸的验收原则

轴、孔的提取要素的局部尺寸在尺寸公差带内时,该尺寸合格。但是,当工件被测真值在极限尺寸附近时,由于存在测量误差,则容易做出错误的判断——"误收"或"误废"。

误收指把被测真值超出极限尺寸范围的工件误判为合格件而接收。误废指把被测真值在极限尺寸范围内的工件误判为不合格件而报废。误收会影响产品质量,误废则会造成经济损失。例如,用示值误差为±0.005 mm 的外径千分尺测量某轴实际零件上 ϕ55d9 轴颈的实际尺寸时,被测轴颈尺寸公差带如图 7-1 所示。当被测真值在上、下极限尺寸附近时,由于千分尺存在测量误差,设测得值呈正态分布曲线,其极限误差为±5 μm。因此,当轴径真值在 54.900~54.905 mm 和 54.821~54.826 mm 范围时,因千分尺存在示值误差,使千分尺测得的实际尺寸有可能在尺寸公差带内而造成误收;同理,当轴径真值在 54.895~54.900 mm 和 54.826~54.831 mm 范围时,则可能产生误废。

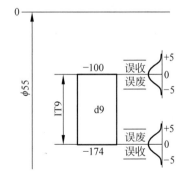

图 7-1　测量误差对检验结果的影响

国家标准规定的工件验收原则是:所用验收方法原则上是只接收位于规定的尺寸极限以内的工件,即只允许误废而不允许误收。由图 7-1 所示的例子可知,若要防止由于计量器具误差造成的误收,则可将尺寸公差带上、下极限偏差线各内缩 5 μm 作为合格尺寸的验收范围。

由于存在计量器具的内在误差(如随机误差、未定系统误差)、测量条件(如温度、压陷效应)及该工件形状等综合影响,使测量结果偏离真值,其偏离程度由测量不确定度评定。显然,测量不确定度 μ' 由计量器具的不确定度 μ'_1 和温度、压陷效应及工件误差等因素影响所引起的不确定度 μ'_2 两部分组成。

7.2.2 光滑工件尺寸的安全裕度和验收极限

国家标准通过安全裕度来防止因测量不确定度的影响而使工件误收和误废,即设置验收极限,以执行国家标准规定的验收原则。验收原则是指所用验收方法应只接收位于规定的尺寸极限之内的工件。

安全裕度(A)即测量不确定度的允许值。它由被测工件的尺寸公差值(T)确定,一般取工件尺寸公差值的 10% 左右。A 的数值可查表 7-1 和表 7-2。

表 7-1　IT6~IT8 级的尺寸公差、安全裕度和计量器具的测量不确定度允许值 u_1　　　μm

公差等级		IT6					IT7					IT8				
公称尺寸		T	A	u_1			T	A	u_1			T	A	u_1		
大于	至			I	II	III			I	II	III			I	II	III
—	3	6	0.6	0.54	0.9	1.4	10	1	0.9	1.5	2.3	14	1.4	1.3	2.1	3.2
3	6	8	0.8	0.72	1.2	1.8	12	1.2	1.1	1.8	2.7	18	1.8	1.6	2.7	4.1
6	10	9	0.9	0.81	1.4	2	15	1.5	1.4	2.3	3.4	22	2.2	2	3.3	5
10	18	11	1.1	1	1.7	2.5	18	1.8	1.7	2.7	4.1	27	2.7	2.4	4.1	5.1
18	30	13	1.3	1.2	2	2.9	21	2.1	1.9	3.2	4.7	33	3.3	3	5	7.4
30	50	16	1.6	1.4	2.4	3.6	25	2.5	2.3	3.8	5.6	39	3.9	3.5	5.9	8.8
50	80	19	1.9	1.7	2.9	4.3	30	3	2.7	4.5	6.8	46	4.6	4.1	6.9	10
80	120	22	2.2	2	3.3	5	35	3.5	3.2	5.3	7.9	54	5.4	4.9	8.1	12
120	180	25	2.5	2.3	3.8	5.6	40	4	3.6	6	9	63	6.3	5.7	9.5	14
180	250	29	2.9	2.6	4.4	6.5	46	4.6	4.1	6.9	10	72	7.2	6.5	11	16
250	315	32	3.2	2.9	4.8	7.2	52	5.2	4.7	7.8	12	81	8.1	7.3	12	18
315	400	36	3.6	3.2	5.4	8.1	57	5.7	5.1	8.4	13	89	8.9	8	13	20
400	500	40	4.0	3.6	6.0	9.0	63	6.3	5.7	9.5	14	97	9.7	8.7	15	22

表 7-2　IT9~IT11 级的尺寸公差、安全裕度和计量器具的测量不确定度允许值 u_1　　　μm

公差等级		IT9					IT10					IT11				
公称尺寸		T	A	u_1			T	A	u_1			T	A	u_1		
大于	至			I	II	III			I	II	III			I	II	III
—	3	25	2.5	2.3	3.8	5.6	40	4	3.6	6	9	60	6	5.4	9	14
3	6	30	3	2.7	4.5	6.8	48	4.8	4.3	7.2	11	75	7.5	6.8	11	17
6	10	36	3.6	3.3	5.4	8.1	58	5.8	5.2	8.7	13	90	9	8.1	14	20
10	18	43	4.3	3.9	6.5	9.7	70	7	6.3	11	16	110	11	10	17	25
18	30	52	5.2	4.7	7.8	12	84	8.4	7.6	13	19	130	13	12	20	29
36	50	62	6.2	5.6	9.3	14	100	10	9	15	23	160	16	14	24	36
50	80	74	7.4	6.7	11	17	120	12	11	18	27	190	19	17	29	43
80	120	87	8.7	7.8	13	20	140	14	13	21	32	220	22	20	33	50
120	180	100	10	9	15	23	160	16	15	24	36	250	25	23	38	56

续表

公差等级		IT9					IT10					IT11				
公称尺寸		T	A	u_1			T	A	u_1			T	A	u_1		
大于	至			Ⅰ	Ⅱ	Ⅲ			Ⅰ	Ⅱ	Ⅲ			Ⅰ	Ⅱ	Ⅲ
180	250	115	12	10	17	26	185	18	17	28	42	290	29	26	44	65
250	315	130	13	12	19	29	210	21	19	32	47	320	32	29	48	72
315	400	140	14	13	21	32	230	23	21	35	52	360	36	32	54	81
400	500	155	16	14	23	35	250	25	23	38	56	400	40	36	60	90

　　验收极限是判断所检验工件尺寸合格与否的尺寸界限。国家标准 GB/T 3177—2009《产品几何技术规范(GPS)　光滑工件尺寸的检验》规定了确定验收极限的两种方式。

　　(1) 验收极限是从规定的最大实体尺寸(MMS)和最小实体尺寸(LMS)分别向工件公差带内移动一个安全裕度(A)来确定的,如图 7-2 所示。A 值按工件尺寸公差值(T)的 1/10 确定,其数值见表 7-1。

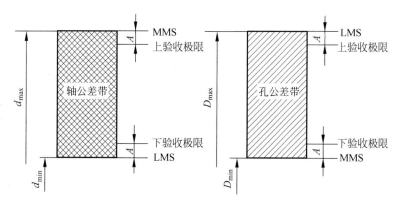

图 7-2　量规尺寸公差带分布

　　轴尺寸的验收极限:

$$上验收极限 = 最大实体尺寸(MMS) - 安全裕度(A) \tag{7-1}$$
$$下验收极限 = 最小实体尺寸(LMS) + 安全裕度(A) \tag{7-2}$$

　　孔尺寸的验收极限:

$$上验收极限 = 最小实体尺寸(LMS) - 安全裕度(A) \tag{7-3}$$
$$下验收极限 = 最大实体尺寸(MMS) + 安全裕度(A) \tag{7-4}$$

该方式适用的场合如下:

　　① 验收遵守包容要求的尺寸和公差等级高的尺寸。这是因为内缩一个安全裕度,不但可以防止因测量误差而造成的误收,还可以防止由于工件的形状误差而引起的误收。

　　② 验收呈偏态分布的尺寸。对"局部尺寸偏向的一边"的验收极限采用内缩一个安全裕度 A 作为验收极限。

　　③ 验收遵守包容要求且过程能力指数 $C_p \geqslant 1$ 的尺寸。其最大实体极限一边的验收极限内缩一个安全裕度 A。其中,当工件尺寸遵循正态分布时,过程能力指数为

$$C_p = T/(6\sigma) \tag{7-5}$$

式中,T 为工件尺寸公差值;σ 为标准偏差。

（2）验收极限等于规定的最大实体尺寸（MMS）和最小实体尺寸（LMS），即 A 值等于零。

该方式适用的场合如下：

① 验收过程能力指数 $C_p \geqslant 1$ 的尺寸。

② 验收非配合和一般公差的尺寸。

7.3　光滑极限量规设计

GB/T 1957—2006《光滑极限量规　技术条件》用于检验遵守包容要求的单一实际要素，常用于判断轴、孔实际轮廓状态的合格性。

7.3.1　光滑极限量规的设计原理

由公差原则中的包容要求可知，光滑极限量规应按照遵守包容要求的合格条件设计，即被测实际轮廓（提取组成要素）应处处不得超越最大实体边界，其局部实际尺寸不得超出最小实体尺寸。因此，光滑极限量规的通规应模拟体现最大实体边界（MMB），止规应模拟体现最小实体尺寸（LMS）。

7.3.2　光滑极限量规的设计规则

光滑极限量规的设计主要包括量规的结构形式设计、通规和止规的形状设计及其尺寸精度设计等。量规的结构形式可根据实际需要选用适当的结构。量规常用的结构形式如图 7-3 和图 7-4 所示。下面重点介绍光滑极限量规中工作量规工作部分的形状及其几何参数的精度设计。

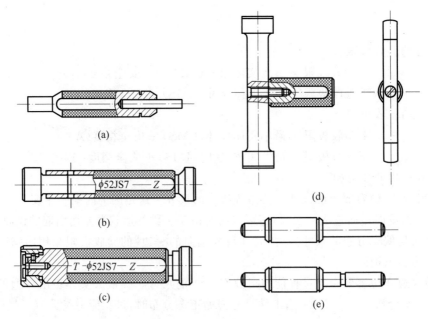

图 7-3　常见孔用塞规的结构形式

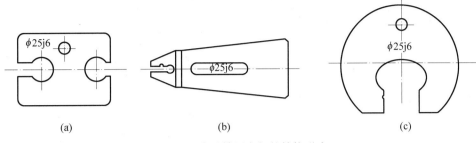

图 7-4 常见轴用卡规的结构形式

1. 工作量规通规、止规的形状设计

工作量规通规、止规的形状设计应按照光滑极限量规的设计原理进行。

由光滑极限量规的设计原理可知，由于"通规模拟体现最大实体边界"，则通规的形状为被检要素遵守的最大实体边界的全形形状。而"止规模拟体现最小实体尺寸"，则止规的形状为"两点接触式形状"。两点接触式的量规形状如图 7-3(d)、(e)所示。

在量规的实际设计中，由于加工、使用和成本的原因，量规的形状未能按照设计原理进行设计制造。国家标准规定，允许适当地偏离设计原理来设计量规的形状。例如，塞规的止规、检验大尺寸孔的塞规的通规和卡规的通、止规的形状就是按"偏离设计原理"进行设计的。

检验孔的塞规的止规未按"两点接触式"的形状设计，而是设计成"全形"，即设计成外圆柱面，如图 7-3(a)、(b)、(c)所示。这是因为"两点接触式"的形状加工复杂，而全形加工方便，但其圆柱厚度应薄。

对于检验大尺寸的通规，若按"全形"设计制造，则会因笨重而无法使用，只能设计成非"全形"的形状，如图 7-3(d)所示。

卡规的通规形状设计，按照设计原理，应按"全形"设计成"内圆柱"表面的形状。而卡规的通规是两平行平面的内表面，与被检轴的形状不一致。按照设计原理，卡规的通规应设计成"环规"，即内圆柱表面。卡规的止规同样偏离了设计原理，非"两点接触式"，为"两平行平面的内表面"。可见，卡规的通、止规的形状设计均偏离了设计原理。

在 GB/T 1957—2006《光滑极限量规 技术条件》的附录 B 中推荐了量规的形式和应用尺寸范围，见表 7-3，可供选择。

2. 工作量规的通规、止规的尺寸及其精度设计

工作量规的通规、止规的尺寸及其精度设计指通规、止规的公称尺寸及其公差带设计。

1）通规、止规的尺寸公差带

由于在制造通规、止规的过程中，必定产生误差，国家标准规定了检验工件尺寸的公差等级在 IT6～IT16 范围内的通规、止规的制造公差(T)。表 7-4 列出尺寸至 180 mm 和被检工件的尺寸公差等级在 IT6～IT10 范围内的通规、止规的制造公差。

表 7-3　工作量规的形式和应用尺寸范围

用途	推荐顺序	量规的工作尺寸/mm			
		~18	>18~100	>100~315	>315~500
工件孔用的通端量规形式	1	全形塞规		不全形塞规	球端杆规
	2	—	不全形塞规或片形塞规	片形塞规	—
工件孔用的止端量规形式	1	全形塞规	全形或片形塞规		球端杆规
	2	—	不全形塞规		—
工件轴用的通端量规形式	1	环规		卡规	
	2	卡规		—	
工件轴用的止端量规形式	1	卡规			
	2	环规	—		

表 7-4　IT6～IT10 级工作量规的通规、止规的制造公差(T)和位置要素值(Z)　　　　μm

工件公称尺寸/mm		被检工件的公差等级														
		TI6			IT7			IT8			IT9			IT10		
大于	至	IT6	T	Z	IT7	T	Z	IT8	T	Z	IT9	T	Z	IT10	T	Z
—	3	6	1.0	1.0	10	1.2	1.6	14	1.6	2.0	25	2.0	3	40	2.4	4
3	6	8	1.2	1.4	12	1.4	2.0	18	2.0	2.6	30	2.4	4	48	3.0	5
6	10	9	1.4	1.6	15	1.8	2.4	22	2.4	3.2	36	2.8	5	58	3.6	6
10	18	11	1.6	2.0	18	2.0	2.8	27	2.8	4.0	43	3.4	6	70	4.0	8
18	30	13	2.0	2.4	21	2.4	3.4	33	3.4	5.0	52	4.0	7	84	5.0	9
30	50	16	2.4	2.8	25	3.0	4.0	39	4.0	6.0	62	5.0	8	100	6.0	11
50	80	19	2.8	3.4	30	3.6	4.6	46	4.6	7.0	74	6.0	9	120	7.0	13
80	120	22	3.2	3.8	35	4.2	5.4	54	5.4	8.0	87	7.0	10	140	8.0	15
120	180	25	3.8	4.4	40	4.8	6.0	63	6.0	9.0	100	8.0	12	160	9.0	18

2) 通规公差带的位置要素(Z)

位置要素是为保证通规具有一定寿命而设置的公差带位置要素。在检验工件时,对于合格的工件,由于通规往往要通过被检孔(或轴)的实际轮廓,因此会产生磨损。所以,需要增大通规的最大实体量,即将通规的公差带向被检尺寸公差带内移动一个量,这个量就是位置要素。位置要素值(Z)见表 7-4。

3) 通规、止规的尺寸公差带位置设置

由于光滑极限量规的通规模拟体现的是最大实体边界(MMB),止规模拟体现的是最小实体尺寸(LMS),所以,通规的尺寸公差带按最大实体尺寸(MMS)设置位置,还需要考虑内缩一个位置要素(Z);止规的尺寸公差带按最小实体尺寸(LMS)设置位置,如图 7-5所示。

通规、止规的尺寸公差带位置设置在被检工件的尺寸公差带以内,即采用"内缩"的方式,使光滑极限量规验收工件时可有效地防止误收,保证了工件精度,但会出现误废。

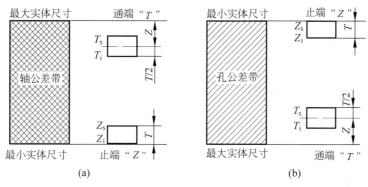

图 7-5　通规、止规的尺寸公差带分布图

(a) 轴用卡规；(b) 孔用塞规

（4）通规、止规工作部分的极限尺寸计算见表 7-5。

表 7-5　通规、止规工作部分的极限尺寸计算公式

光滑极限量规		极限尺寸计算公式	光滑极限量规		极限尺寸计算公式
孔用塞规	通规	$T_{max}=D+T_s=D+EI$ $+Z+T/2$	轴用卡规	通规	$T_{max}=d+T_s=d+es$ $-Z+T/2$
		$T_{min}=D+T_i=D+EI+$ $Z-T/2$			$T_{min}=d+T_i=d+es-$ $Z-T/2$
	止规	$Z_{max}=D+Z_s=D+ES$		止规	$Z_{max}=d+Z_s=d+ei+T$
		$Z_{min}=D+Z_i=D+ES-T$			$Z_{min}=d+Z_i=d+ei$

注：1. D，d 为被检工件表面的公称尺寸，$ES(es)$，$EI(ei)$ 分别为孔（轴）的上、下极限偏差；

2. T 为量规的制造公差，Z 为量规的位置要素；

3. T_s，T_i 分别为通规尺寸的上、下极限偏差；Z_s，Z_i 分别为止规尺寸的上、下极限偏差。

3. 工作量规的通规、止规的几何精度及表面粗糙度设计

工作量规的通规、止规的几何公差主要有以下要求：几何公差 t 的取值为量规尺寸公差值 T 的一半，即 $t=T/2$。当 $T\leqslant0.002$ mm 时，取 $t=0.001$ mm。而且，通规、止规的尺寸公差与形状公差之间的关系遵守包容要求。

通规、止规的工作表面要求的粗糙度 Ra 值可按表 7-6 取值。

表 7-6　量规测量面的粗糙度参数 Ra

工 作 量 规	工作量规的公称尺寸/mm		
	$\leqslant120$	$>120\sim315$	$>315\sim500$
	工作量规测量面的表面粗糙度 $Ra/\mu m$		
IT6 级孔用塞规	$\leqslant0.05$	$\leqslant0.10$	$\leqslant0.20$
IT6～IT9 级轴用环规 IT7～IT9 级孔用塞规	$\leqslant0.10$	$\leqslant0.20$	$\leqslant0.40$
IT10～IT12 级轴用环规、孔用塞规	$\leqslant0.20$	$\leqslant0.40$	$\leqslant0.80$
IT13～IT16 级轴用环规、孔用塞规	$\leqslant0.40$	$\leqslant0.80$	

4. 工作量规的通规、止规工作部分的技术要求

量规工作部分的材料采用合金工具钢、碳素工具钢、渗碳钢及其他耐磨材料制造。这些材料的尺寸稳定性好且耐磨。若用碳素钢制造,其工作表面应进行镀铬或氮化处理,其厚度应大于磨损量,以提高量规工作表面的硬度。钢制量规工作表面的硬度不应小于 700 HV(或 60 HRC),并应经过稳定性处理。

量规的工作表面不应有锈迹、毛刺、黑斑、划痕等明显影响外观和使用质量的缺陷。其他表面不应有锈蚀和裂纹。

7.3.3　光滑极限量规的工作量规设计实例

以"设计检验图 7-6 中的箱体孔 $\phi52\mathrm{JS7}(\pm0.015)\text{\textcircled{E}}$ 和图 7-7 中的花键套筒上 $\phi25\mathrm{j6}$($^{+0.009}_{-0.004}$)轴颈的光滑极限量规的工作量规"为例,介绍设计内容。

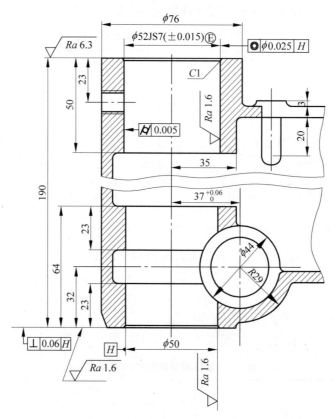

图 7-6　台钻主轴箱零件示意图

【典型实例 7-1】　设计 $\phi52\mathrm{JS7}(\pm0.015)$ 孔用量规——塞规的工作量规和 $\phi25\mathrm{j6}$($^{+0.009}_{-0.004}$)轴用量规——卡规的工作量规。

解:(1) 按被检工件尺寸及其公差等级查表 7-4,获得量规的制造公差(T)和量规公差带的位置要素值(Z)。

塞规的工作量规:$T=3.6~\mu\mathrm{m}$,　$Z=4.6~\mu\mathrm{m}$;

卡规的工作量规:$T=2.0~\mu\mathrm{m}$,　$Z=2.4~\mu\mathrm{m}$。

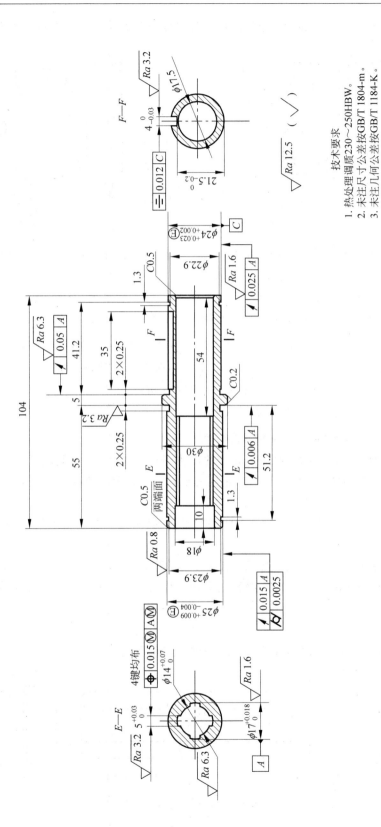

图 7-7　台钻花键套筒零件示意图

（2）分别绘制塞规、卡规的通、止规的尺寸公差带分布图，如图 7-8 和图 7-9 所示。

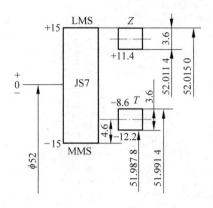 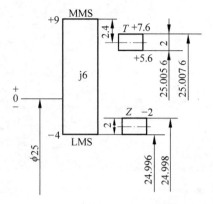

图 7-8　孔用塞规的尺寸公差带分布图　　　　图 7-9　轴用卡规的尺寸公差带分布图

（3）分别计算塞规、卡规工作量规的通、止规的工作尺寸。

① $\phi52JS7(\pm0.015)Ⓔ$孔用量规——塞规。由图 7-6 可得

通规的尺寸公差：$\phi52^{-0.0086}_{-0.0122}=\phi51.9914^{\ 0}_{-0.0036}$（按照"入体原则"标注）；

止规的尺寸公差：$\phi52^{+0.0150}_{+0.0114}=\phi52.015^{\ 0}_{-0.0036}$（按照"入体原则"标注）。

② $\phi25j6(^{+0.009}_{-0.004})Ⓔ$轴用量规——卡规。由图 7-7 可得，

通规的尺寸公差：$\phi25^{+0.0076}_{+0.0056}=\phi25.0056^{\ 0}_{+0.002}$；

止规的尺寸公差：$\phi25^{-0.002}_{-0.004}=\phi24.996^{+0.002}_{\ 0}$。

（4）设计塞规、卡规工作量规的通、止规的形状，确定几何公差项目及公差数值。

塞规工作量规的通规形状为长圆柱，止规的形状为短圆柱。其尺寸公差与几何公差之间的关系遵循"包容要求"，且圆柱度公差 $t=T/2=0.0018$ mm。

卡规工作量规的通、止规的形状均为两平行平面，其平行度公差值为尺寸公差的一半，即 $t=0.001$ mm。

（5）确定表面粗糙度值及技术要求。按表 7-6 的推荐，公称尺寸≤120 mm，IT7 级孔用塞规工作表面的 $Ra\leqslant0.10$ μm，IT6 级轴用卡规工作表面的 $Ra\leqslant0.10$ μm。因此，取塞规工作表面 $Ra\leqslant0.10$ μm；卡规工作表面 $Ra\leqslant0.10$ μm。

技术要求略。

图 7-10 所示为塞规工作图，图 7-11 所示为卡规工作图。

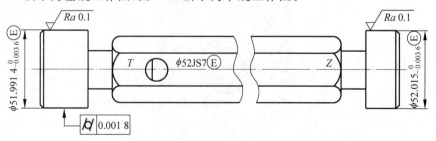

图 7-10　塞规工作图

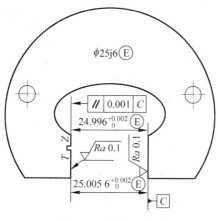

图 7-11　卡规工作图

7.4　常用尺寸的测量仪器

尺寸的测量方法和计量器具的种类很多,除了在生产实习中已介绍过的游标类量具(游标卡尺、游标深度尺、游标高度尺等)、螺旋测微量具(外径千分尺、内径千分尺)、指示表(百分表、千分表、杠杆百分表、内径百分表等)以外,下面介绍几种较精密的计量器具的工作原理。

7.4.1　卧式测长仪

卧式测长仪是以一精密线纹尺为实物基准,利用显微镜细分读数的高精度测量仪器,可对零件的外形尺寸进行绝对测量和相对测量。如更换附件,还能测量内尺寸和内、外螺纹的中径。

卧式测长仪的工作原理如图 7-12 所示。在进行外尺寸测量时,测量前先使仪器测座与尾座 10 的两测量头接触,在读数显微镜中观察并记下第一次读数值。然后,以尾座测量头为固定测量头,移动测座,将被测工件放入两测量头之间,通过工作台的调整,使被测尺寸处于测量轴线上,再从读数显微镜中观察并读出第二个读数。两次读数之差,就是被测工件的实际尺寸。

由图 7-12 也能看出其光学系统的原理。由光源 8 发出的光线经过滤光片 7、聚光镜 6 照亮了玻璃基准线纹尺 5,经物镜 4 成像于螺旋分划板 2 上。在读数显微镜的目镜 1 中,可以看到 3 种刻度重合在一起:一种是毫米线纹尺上的刻度,其间隔为 1 mm;另一种是间隔为 0.1 mm 的十等分刻度,在十等分分划板 3 上;还有一种是有 10 圈多一点的阿基米德螺旋线刻度,在螺旋分划板 2 上,其螺距为 0.1 mm,在螺旋线里圈的圆周上有 100 格圆周刻度,每格圆周刻度代表阿基米德螺旋线移动 0.001 mm。读数时,旋转螺旋分划板微调手柄 9,使毫米刻度线位于某阿基米德螺旋双刻线之间。图 7-12 中放大的刻度线是从显微镜中看到的图像,基准线纹尺的毫米数值为 52 mm 和 53 mm,其中 53 mm 指示线在第二圈阿基米德螺旋线双刻线中,则毫米数为 53 mm,第二圈阿基米德螺旋线在十等分分划板上的位置不足 2 格,则读数为 0.1 mm;0.001 mm 的数值从螺旋线里圈的圆周上读出,为 0.085 5 mm,最

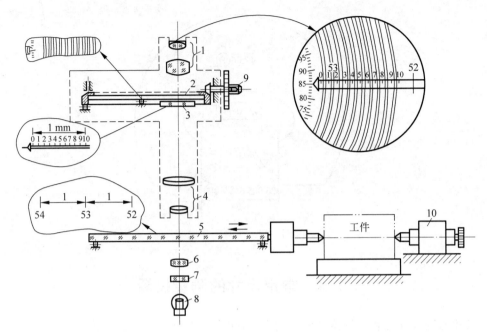

1—目镜；2—螺旋分划板；3—十等分分划板；4—物镜；5—基准线纹尺；

6—聚光镜；7—滤光片；8—光源；9—微调手柄；10—尾座。

图 7-12　卧式测长仪的工作原理

后一位数字由目测者估计得出，则整个读数值为

$$(53+0.1+0.085\ 5)mm=53.185\ 5\ mm$$

卧式测长仪的分度值为 0.001 mm，测量范围为 0～100 mm，借助量块可扩大测量范围。

7.4.2　立式光学比较仪

立式光学比较仪是一种用相对法进行测量的精度较高、结构简单的常用光学量仪。

立式光学比较仪采用了光学杠杆放大原理。如图 7-13(a)所示，玻璃标尺位于物镜的焦平面上，C 为标尺的原点。当光源发出的光照亮标尺时，标尺相当于一个发光体，其光束经物镜产生一束平行光。光线前进时遇到与主光轴垂直的平面反射镜，则按原路反射回来，经物镜后，光线会聚在焦点 C' 上。C' 与 C 重合，标尺的影像仍在原处。图 7-13(b)表示当测杆 2 有微量位移 l 时，使平面反射镜 1 对主光轴偏转 α 角，于是由反射镜反射的光线与入射光线之间偏转 2α 角，则标尺上 C 点的影像移到 C'' 点。只要把位移 L 测量出来，就可求出测杆的位移量 l。由图 7-11(b)可知，$L=f\tan(2\alpha)$，其中，f 是物镜的焦距，而 $l=a\tan\alpha$，因 α 很小，$\tan(2\alpha)\approx2\tan\alpha$，故放大比为

$$K=L/l=\frac{f\tan(2\alpha)}{a\tan\alpha}\approx2f/a \qquad (7\text{-}6)$$

式中，a 为测杆到平面反射镜支点 M 的距离，称为臂长。

一般物镜的焦距 $f=200$ mm，臂长 $a=5$ mm，代入式(7-6)得

$$K=2\times200/5=80$$

因此，光学杠杆放大比为 80 倍，而标尺的像是通过放大倍数为 12 的目镜来观察的，这样

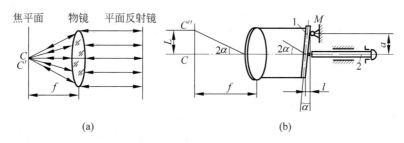

(a)　　　　　　　　　　　　　　(b)

1—平面反射镜；2—测杆。

图 7-13　光学杠杆转换原理

总的放大倍数为 $12 \times 80 = 960$ 倍。也就是说，当测杆位移 $1~\mu m$ 时，经过 960 倍的放大，相当于在目镜内看到刻线移动了 0.96 mm。

立式光学比较仪的分度值为 0.001 mm，示值范围为 ± 0.1 mm，测量范围为高度 $0 \sim 180$ mm、直径 $0 \sim 150$ mm。

图 7-14 所示为立式光学比较仪中光学测量管的光学系统图。照明光经反射镜 1 照亮分划板 2 左面的刻度标尺，标尺的光线经棱镜 3、物镜 4 形成平行光束（分划板位于物镜的焦平面上），照射在平面反射镜 5 上。当测杆 6 有微量位移时，反射镜 5 绕支点转动 α 角，使刻度尺在分划板右边的像相对于固定的基准线上下移动。从目镜中可观察到刻度尺影像相对于基准线的位移量，即可得到测杆的位移量。

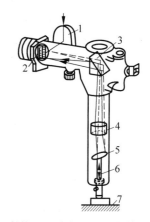

1—反射镜；2—分划板；3—棱镜；4—物镜；5—反射镜；6—测杆；7—工作台。

图 7-14　光学测量管的光学系统

测量时，先将量块放在工作台 7 上，调整仪器使反射镜 1 与主光轴垂直，然后换上被测工件。由于工件与量块尺寸的差异而使测杆产生位移。

7.4.3　电感测微仪

电感测微仪是一种常用的电动量仪。它是利用磁路中气隙的改变，引起电感量相应改变的一种量仪。图 7-15 所示为数字式电感测微仪的工作原理图。测量前，用量块调整仪器的零位，即调节测量杆 3 与工作台 5 的相对位置，使测量杆 3 上端的磁芯 2 处于两只差动线圈 1 的中间位置，数字显示为零。测量时，若被测尺寸相对于量块尺寸有偏差，测量杆 3 则

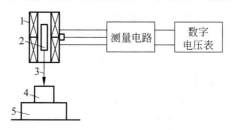

1—差动线圈；2—磁芯；3—测量杆；4—被测零件；5—工作台。

图 7-15　数字式电感测微仪的工作原理

带动磁芯 2 在差动线圈 1 内上下移动,引起差动线圈电感量的变化,再通过测量电路将电感量的变化转换为电压(或电流)信号,并经放大和整流,由数字电压表显示被测尺寸相对于量块的偏差。数字显示可读出 $0.1\ \mu m$ 的量值。

7.4.4 三坐标测量机

三坐标测量机是 20 世纪 60 年代初在国际上发展起来的一种新型计量仪器,是一种集光、机、电、计算机和自动控制等多种技术于一体的新型精密测量仪器。它可在空间相互垂直的 3 个坐标上进行零件和部件尺寸、形状及相互位置的检测,例如箱体、导轨、涡轮和叶片、缸体、凸轮、齿轮、形体等空间型面的测量。此外,还可用于画线、定中心孔、光刻集成线路等,并可对连续曲面进行扫描及制定数控机床的加工程序等。由于其通用性强、测量范围大、精度高、效率高、性能好、能与柔性制造系统相连接,已成为一类大型精密仪器,故有"测量中心"之称,并广泛应用于机械制造、电子、汽车、航空航天等工业中,是精密测量发展的方向。目前,在全世界范围内已出现了很多具有相当规模的三坐标测量机制造厂,其产品按类型和尺寸来划分约有 300 多个品种。国外著名的生产厂家有德国的蔡司(Zeiss)、莱茨(Leitz),意大利的 DEA,美国的布朗-夏普(Brown &. Sharpe),日本的三丰(Mitutoyo)等公司。

1. 三坐标测量机的分类

按测量精度划分,三坐标测量机分为高精度、中精度和低精度 3 类。低精度三坐标测量机主要是具有水平臂的三坐标画线机;中等精度及一部分低精度的三坐标测量机常称为生产型三坐标测量机;高精度三坐标测量机称为精密型三坐标测量机或计量型三坐标测量机,主要在计量室使用。它们的划分原则是:低精度三坐标测量机的单轴最大测量不确定度大体在 $1\times10^{-4}L$ 左右,而空间最大测量不确定度为 $(2\sim3)\times10^{-4}L$,其中 L 为最大量程;中等精度的三坐标测量机,其单轴与空间最大测量不确定度分别为 $1\times10^{-5}L$ 和 $(2\sim3)\times10^{-5}L$;精密型的三坐标测量机,其单轴与空间最大测量不确定度分别小于 $1\times10^{-6}L$ 和 $(2\sim3)\times10^{-6}L$。

三坐标测量机按其测量范围可分为大型测量机(X 轴的测量范围在 2 000 mm 以上,主要用于汽车与飞机外壳、发动机与推进器叶片等大型零件的检测)、中型测量机(X 轴的测量范围为 500~2 000 mm,主要用于箱体、模具类零件的测量)和小型测量机(X 轴的测量范围小于 500 mm,主要用于测量小型精密的模具、工具、刀具与集成线路板等)。按其自动化程度可分为数字显示及打印型、带有小型计算机的测量机型、计算机数字控制(CNC)型 3 类。

三坐标测量机的结构形式可归纳为 7 大类:由平板测量原理发展起来的悬臂式、桥框式和龙门式,这 3 类一般称为坐标测量机;由镗床发展起来的立柱式和卧镗式,这两类测量机一般称为万能测量机;由测量显微镜演变而成的仪器台式,这类可称为三坐标测量仪;极坐标式,它是根据极坐标原理发展而来的。

悬臂式三坐标测量机的工作台开阔、运动轻便、易于装卸工件,但由于是单点支承,刚性较差。龙门式三坐标测量机精度高、刚性好、移动平稳,但立柱限制了工件的装卸,测量不方便。桥框式三坐标测量机刚性好,在测量范围较大时仍能保证测量精度。

2. 三坐标测量机的结构及工作原理

三坐标测量机由主机(包括工作台、导轨、驱动系统、位置测量系统等)、测头系统、控制系统、计算机及其软件、终端设备、工作台及附件等部分组成。

　　工作台一般由花岗石制成。导轨一般在 X, Y, Z 3 个方向采用气浮导轨,移动时摩擦阻力小、轻便灵活、工作平稳、精度高。位置测量系统是三坐标测量机的重要组成部分,对测量精度影响很大,一般采用自动发出信号的数字式连续位移系统。该系统由标尺光栅、指示光栅和光电转换器组成。当指示光栅相对标尺光栅移动时,由光栅副产生的莫尔条纹随之移动,其位移量由光电转换器转换成周期电信号,经放大整形处理成计数脉冲,送入数字显示器或计算机中。

　　测量头是三坐标测量机的关键部件,对测量机的功能、精度和效率影响很大。测量头按测量方法不同,可以分为接触式和非接触式两种;按结构不同,可分为机械式、光学式和电气式 3 种。接触式测量头在测量时用测量头的下端与工件直接接触。非接触式测量头多为光学式或电气式,测量时没有测量力,故可对软材料和易变形材料进行精确测量。测量头在测杆上一般可以沿前、后、左、右和下 5 个方向安装;也可以同时安装几个测量头,以便同时进行各个面的测量。如测量复杂的曲面,测量头还可以在水平或垂直面内旋转。

　　最常用的测量头是电气式测量头,可分为两类:①点位测量电子测头;②连续扫描测量电子测头。点位测量电子测头工作时,测头接触工件后发出采样信号,多头电子测头有 5 个三向过零发讯的电子测头,分别装在测头主体的前、后、左、右、下 5 个位置。因为是由不同形状和不同长度的测头组成的,所以点位测量电子测头可以在不更换测头和不改变测头状态的情况下,一次完成所有方向上的测量。连续扫描测量电子测头工作时,测头不离开工件。如多向连续扫描电子测头可以在通过测头中心的断面内或在垂直测头中心的平面内扫描轮廓型面。测头内含有 3 套辅助伺服控制系统,用来保证测头始终贴在零件的表面上。连续扫描测量电子测头可对三维空间的曲线、曲面进行连续扫描测量。

　　三坐标测量机测量时,测头沿着被测工件的几何型面移动时,测量机随时给出测头的位置,从而可获得被测几何型面上各测点的坐标值。根据这些坐标值,再由计算机算出待测的尺寸或形位误差。图 7-16 所示为悬臂式三坐标测量机的外形图。图 7-17 是 Renishaw 公司生产的测头系统,包括测头回转体控制器、测头自动更换控制器和测头接口。

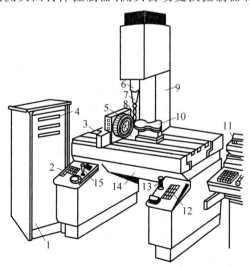

1—电器控制箱;2—操作键盘;3—工作台;4—数显器;5—分度头;6—测轴;

7—三维测头;8—测针;9—立柱;10—工件;11—记录仪、打印机等外部设备;

12—程序调用键盘;13,15—控制 X, Y, Z 3 个运动方向的操作手柄;14—机座。

图 7-16　悬臂式三坐标测量机外形

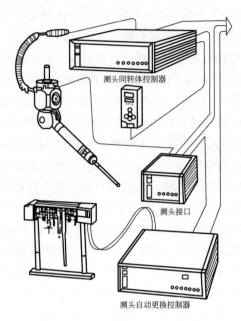

图 7-17　Renishaw 的测头系统

3. 三坐标测量机的应用

三坐标测量机的主要用途是将加工好的零件与图样进行比较。通过软件控制测头(传感器),可以连续可靠地进行测量。

三坐标测量机通常用于各种几何量的测量和连续扫描测量。

1) 几何量的测量

(1) 自动找正。测量前,先在标准块上校准测头,然后可将工件任意放在工作台上,用计算机找正。这时有两个坐标系:工件坐标系 X_w,Y_w,Z_w,测量机坐标系 X_m,Y_m,Z_m。测量时先将工件坐标系中的基准点坐标送入计算机,计算机自动将各测量点的坐标值通过平移和旋转转换成工件坐标系中的坐标值。通常采用点位测量,在工件表面上采样一系列有意义的空间点,经数据处理,计算出由这些点组成的特定几何要素的形状和位置。例如测圆,理论上是三点定圆,当测量点大于三点后可给出最小二乘圆的圆心和位置。

(2) 基本几何元素的测量。基本几何元素有点、线、平面、球、圆、圆柱、圆锥……计算时,计算机按最小二乘法给出各基本几何参数值,随着采样点数的增加,测量精度也相应地提高。任何复杂的工件均可分解为基本几何要素进行测量。

(3) 形状误差的测量。测量各种几何要素的形状误差。

(4) 距离的测量。例如,可测量点到点、点到线、点到面、线到线等的距离。

(5) 位置误差的测量。例如,测量线到面的垂直度等。

(6) 轮廓的测量。测量曲线、曲面,例如,测量叶片曲面、模具型面等。

(7) 其他测量。例如,测量螺纹、齿轮、滚道等。

2) 连续扫描测量

例如,对汽车轮廓或电视屏幕进行连续扫描测量等。

使用三坐标测量机对零件进行综合测量和全面分析具有效率高、测量精度和可靠性高,能自动处理测量数据(缩短加工机床的停机时间),易于与加工中心配套等优点。但由于三坐标测量机价格较高,一般工厂生产车间用得较少。

【归纳与总结】

1. 掌握验收原则和验收极限的概念和计算,了解生产零件的尺寸公差对防止误收与误废所起的作用。

2. 掌握安全裕度的概念并且合理选择验收所用的量具。

3. 了解光滑极限量规的设计过程。

7.5　课 后 微 训

1. 判断题

(1) 光滑量规止规的基本尺寸等于工件的最大极限尺寸。(　　　)

(2) 通规公差由制造公差和磨损公差两部分组成。(　　　)

(3) 检验孔的尺寸是否合格的量规是通规,检验轴的尺寸是否合格的量规是止规。(　　　)

(4) 光滑极限量规是一种没有刻线的专用量具,但不能确定工件的实际尺寸。(　　　)

2. 选择题

(1) 光滑极限量规是检验孔、轴的尺寸公差和形状公差之间(　　　)的关系的零件。

　　A. 独立原则　　　　　B. 相关原则　　　　　C. 最大实体原则　　　D. 包容原则

(2) 光滑极限量规通规的设计尺寸应为工件的(　　　)。

　　A. 最大极限尺寸　　B. 最小极限尺寸　　C. 最大实体尺寸　　D. 最小实体尺寸

(3) 光滑极限量规止规的设计尺寸应为工件的(　　　)。

　　A. 最大极限尺寸　　B. 最小极限尺寸　　C. 最大实体尺寸　　D. 最小实体尺寸

(4) 为了延长量规的使用寿命,国家标准除规定量规的制造公差外,对(　　　)还规定了磨损公差。

　　A. 工作量规　　　　B. 验收量规　　　　C. 校对量规　　　　D. 止规

　　E. 通规

(5) 极限量规的通规用来控制工件的(　　　)。

　　A. 最大极限尺寸　　B. 最小极限尺寸　　C. 最大实体尺寸　　D. 最小实体尺寸

　　E. 作用尺寸　　　　F. 实效尺寸　　　　G. 实际尺寸

(6) 极限量规的止规用来控制工件的(　　　)。

　　A. 最大极限尺寸　　B. 最小极限尺寸　　C. 实际尺寸　　　　D. 作用尺寸

　　E. 最大实体尺寸　　F. 最小实体尺寸　　G. 实效尺寸

(7) 用符合光滑极限量规标准的量规检验工件时,如有争议,使用的通规尺寸应更接近(　　　)。

　　A. 工件的最大极限尺寸　　　　　　　B. 工件的最小极限尺寸

　　C. 工件的最小实体尺寸　　　　　　　D. 工件的最大实体尺寸

(8) 用符合光滑极限量规标准的量规检验工件时,如有争议,使用的止规尺寸应接近(　　　)。

　　A. 工件的最小极限尺寸　　　　　　　B. 工件的最大极限尺寸

　　　　C. 工件的最大实体尺寸　　　　　　　　　　D. 工件的最小实体尺寸

（9）符合极限尺寸判断原则的通规的测量面应设计成（　　　）。

　　　　A. 与孔或轴形状相对应的不完整表面

　　　　B. 与孔或轴形状相对应的完整表面

　　　　C. 与孔或轴形状相对应的不完整表面或完整表面均可

（10）符合极限尺寸判断原则的止规的测量面应设计成（　　　）。

　　　　A. 与孔或轴形状相对应的完整表面

　　　　B. 与孔或轴形状相对应的不完整表面

　　　　C. 与孔或轴形状相对应的完整表面或不完整表面均可

3. 简答题

（1）极限量规按其不同用途可分为哪几类？

（2）怎样确定量规的工作尺寸？

第8章 尺 寸 链

【能力目标】

1. 明确尺寸链的含义、组成及分类。
2. 在图样上能够识别封闭环、组成环、增环和减环等基本术语。
3. 具备尺寸链计算的能力。

【学习目标】

1. 了解尺寸链的基本概念和有关尺寸链的基本术语。
2. 掌握尺寸链的建立及解算方法。
3. 掌握极值法和概率法解尺寸链的基本公式。
4. 能使用极值法和概率法的相关公式解尺寸链。

【学习重点和难点】

1. 尺寸链的建立及解算方法。
2. 使用极值法和概率法的相关公式解尺寸链。

【知识梳理】

GB/T 5847—2004《尺寸链 计算方法》

8.1 概 述

在设计机器和零部件时,根据机械产品的技术要求,经济合理地决定各有关零件的尺寸公差和几何公差,使机械产品获得最佳的技术经济效益,对于保证产品质量和提高产品设计水平具有重要意义。

机械产品是由零部件组成的,只有各零部件间保持正确的尺寸关系,才能实现正确的运动关系,达到功能要求。但是,零件的尺寸、形状与位置在制造过程中必然存在误差,因此需要从零部件的尺寸与位置的变动中去分析各零部件有关尺寸与位置允许的变动范围,在结构设计上或在装配工艺上为了达到精度要求而采取相应的措施。这些问题就是尺寸链的研究对象和需要解决的问题。

尺寸链是研究机械产品中尺寸之间的相互关系,分析影响装配精度与技术要求的因素,确定各有关零部件尺寸和位置的适宜公差,从而求得保证机械产品达到设计精度要求的经济合理的方法。

尺寸链是由一组相互间有一定精度要求、联系着的尺寸组成的,没有精度要求的尺寸链是没有实际意义的。

8.1.1 尺寸链的基本术语及定义

1. 尺寸链的定义

在机器装配或零件加工过程中,由相互连接的尺寸形成的封闭尺寸组称为尺寸链。

如图 8-1(a)所示,将直径为 A_1 的轴装入直径为 A_2 的孔中,装配后得到间隙 A_0。A_0 的大小取决于轴径 A_1 和孔径 A_2 的大小。A_1 和 A_2 属于不同零件的设计尺寸。A_0,A_1 和 A_2 这三个相互连接的尺寸就形成了封闭的尺寸组,即形成了一个尺寸链。

如图 8-1(b)所示,齿轮轴及其各个轴向长度尺寸,按轴的全长 B_3 下料,加工该轴时,加工出尺寸 B_1 和 B_2,最后形成尺寸 B_0。B_0 的大小取决于 B_1,B_2 和 B_3 的大小。B_1,B_2 和 B_3 为同一零件的设计尺寸。B_0,B_1,B_2 和 B_3 这四个相互连接的尺寸就形成了一个尺寸链。

如图 8-1(c)所示,内孔需要加镀层使用。镀层前按工序尺寸 C_1 加工孔,孔壁镀层厚度为 C_2,C_3,镀层后得到孔径 C_0。C_0 的大小取决于 C_1,C_2 和 C_3 的大小。C_1,C_2 和 C_3 均为同一零件的工艺尺寸。C_0,C_1,C_2 和 C_3 这四个相互连接的尺寸就形成了一个尺寸链。

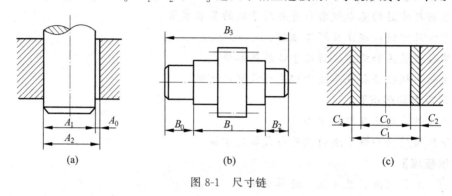

图 8-1　尺寸链

2. 尺寸链组成部分的术语及定义

1) 环

列入尺寸链中的每一个尺寸称为环。例如,图 8-2 中的 A_0,A_1,A_2 等都是尺寸链的环。环一般用英文大写字母表示,由封闭环和组成环组成。

2) 封闭环

尺寸链中在装配或加工过程中间接获得的派生尺寸,即最后自然形成的那个尺寸,称为封闭环。如图 8-2 中的 A_0(在加工过程中最后形成的)就是封闭环。封闭环一般用下角标为阿拉伯数字"0"的英文大写字母表示。

3) 组成环

在加工或装配过程中直接获得的尺寸,即尺寸链中对封闭环有影响的全部环称为组成环。这些环中任何一环的变动必然引起封闭环的变动。组成环一般用下角标为阿拉伯数字 (1,2,3,…)的英文大写字母表示,如图 8-2 中的 A_1,A_2 等。组成环又分为增环和减环。

(1) 增环,即该环自身增大封闭环随之增大,该环自身减小封闭环随之减小的组成环。

(2) 减环,即该环自身增大封闭环随之减小,该环自身减小封闭环随之增大的组成环。

(3) 增、减环的确定方法。首先给封闭环任意确定一个方向,然后沿此方向作一回路。回路方向与封闭环方向一致的环为减环,回路方向与封闭环方向相反的环为增环,如图 8-3 所示。

图 8-2　尺寸链

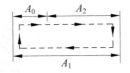

图 8-3　增、减环的确定

8.1.2　尺寸链的特征

从尺寸链的定义和尺寸链的组成中可以看出,尺寸链有以下几个特征。

1. 封闭性

各环必须依次连接封闭,不封闭则不能成为尺寸链。

2. 关联性

任一组成环的尺寸或公差的变化必然引起封闭环的尺寸或公差的变化。

3. 唯一性

一个尺寸链只有一个封闭环,既不能没有,也不能出现两个或两个以上的封闭环。

4. 最少的环数

一个尺寸链最少有 3 个环,少于 3 个环的尺寸链不存在。

8.1.3　尺寸链的分类

1. 按尺寸链的功能要求分类

(1) 零件尺寸链。全部组成环由同一零件上的设计尺寸所形成的尺寸链,称为零件尺寸链,如图 8-4 所示。

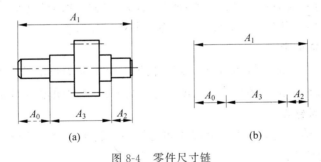

(a)　　　　　　　　　　　　　　(b)

图 8-4　零件尺寸链

(2) 工艺尺寸链。全部组成环由零件加工时该零件的工艺尺寸所形成的尺寸链,称为工艺尺寸链,如图 8-5 所示。

(3) 装配尺寸链。全部组成环由不同零件的设计尺寸所形成的尺寸链,称为装配尺寸链,如图 8-6 所示。

2. 按尺寸链中各环的相互位置分类

(1) 直线尺寸链。全部组成环平行于封闭环的尺寸链,称为直线尺寸链。这也是本章讨论的重点。

(2) 平面尺寸链。全部组成环位于一个或几个平行平面内,但某些组成环不平行于封闭环,这样的尺寸链称为平面尺寸链。

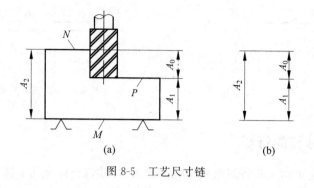

图 8-5　工艺尺寸链

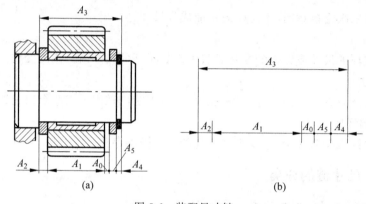

图 8-6　装配尺寸链

（3）空间尺寸链。组成环位于几个不平行的平面内，这样的尺寸链称为空间尺寸链。

最常见的尺寸链是直线尺寸链。平面尺寸链和空间尺寸链可以通过采用坐标投影的方法转换为直线尺寸链，然后按照直线尺寸链的计算方法来计算。

3. 按几何特征分类

（1）长度尺寸链。链中各环均为长度尺寸的尺寸链，称为长度尺寸链。

（2）角度尺寸链。链中各环均为角度尺寸的尺寸链，称为角度尺寸链。

4. 按相互关系分类

（1）独立尺寸链。链中的所有组成环和封闭环只属于一个尺寸链，不参与其他尺寸链的组成，称为独立尺寸链。

（2）相关尺寸链。链中的某些环节不只属于这个尺寸链，还参与其他尺寸链的组成，称为相关尺寸链。

8.1.4　尺寸链的确立

正确地建立尺寸链是进行尺寸链计算的前提，具体步骤如下。

1. 确定封闭环

建立尺寸链时，首先要正确确定封闭环。

零件尺寸链的封闭环应为公差等级要求最低的环，一般在零件图上不进行标注，以免引起加工中的混乱。例如，图 8-4（a）中的尺寸 A_0 是不标注的。

　　工艺尺寸链的封闭环是在加工中最后自然形成的，一般为被加工零件要求达到的设计尺寸或工艺过程中需要的余量尺寸。加工顺序不同，封闭环也不同。所以，工艺尺寸链的封闭环必须在加工顺序确定后才能判断。

　　装配尺寸链的封闭环是在装配之后形成的，往往是机器上有装配精度要求的尺寸，如保证机器可靠工作的相对位置尺寸或保证零件相对运动的间隙等。在着手建立尺寸链之前，必须查明在机器装配和验收的技术要求中规定的所有几何精度要求项目，这些项目往往就是某些尺寸链的封闭环。

　　2. 查找组成环

　　组成环是对封闭环有直接影响的那些尺寸，与此无关的尺寸要排除在外。一个尺寸链的环数应尽可能少。

　　查找装配尺寸链的组成环时，先从封闭环的任意一端开始找相邻零件的尺寸，然后再找与第一个零件相邻的第二个零件的尺寸，这样一环接一环，直到封闭环的另一端为止，从而形成封闭的尺寸组。

　　一个尺寸链中最少要有两个组成环。组成环中可能只有增环没有减环，但不能只有减环没有增环。

　　在封闭环有较高技术要求或几何误差较大的情况下，建立尺寸链时，还要考虑几何误差对封闭环的影响。

　　3. 绘制尺寸链图

　　为了讨论问题方便，更清楚地表达尺寸链的组成，通常不需要画出零件或部件的具体结构，也不必按照严格的比例，只需要将尺寸链中各尺寸依次画出，形成封闭的图形即可。

8.2　尺寸链的计算方法

8.2.1　尺寸链计算的目的

　　尺寸链的计算，包括分析确定封闭环与组成环公称尺寸之间及其极限偏差之间的关系等，其目的是通过计算，正确合理地确定尺寸链中封闭环与各个组成环的基本尺寸。

8.2.2　尺寸链计算的类型

　　组成环的公称尺寸是设计给定的尺寸，通常都是已知量，通过尺寸链进行分析计算，主要是校核各组成环的公称尺寸是否有误。对组成环的公差与极限偏差，通常情况下可直接给出经济可行的数值，但须应用尺寸链的分析计算来审核所给数值能否满足封闭环的技术要求，从而决定达到封闭环技术要求的工艺方法。尺寸链计算分为以下 3 种类型。

　　1. 正计算

　　正计算是根据已给定的组成环的尺寸和极限偏差计算封闭环的尺寸和极限偏差，它是一种校核计算，验算所设计的产品能否满足性能要求及零件加工后能否满足零件的技术要求。

　　2. 反计算

　　反计算是已知封闭环的尺寸和极限偏差，以及各组成环的基本尺寸，求各组成环的极限偏差。它是对各组成环进行公差分配,用于产品设计、加工和装配工艺计算等方面。

3. 中间计算

中间计算是已知封闭环和其他组成环的基本尺寸和极限偏差,求尺寸链中某一组成环的基本尺寸和极限偏差。它既可用于工艺尺寸计算,也可用于验算。

8.2.3　尺寸链计算的常用方法

根据机械产品的设计要求、结构特征、精度等级、生产批量和互换程度的不同,尺寸链的计算可采用极值法(完全互换法)、概率法(大数互换法、统计法)、选择法、修配法和调整法等。下面着重对应用极值法和概率法计算尺寸链加以介绍。

1. 极值法(完全互换法)

极值法又称为完全互换法,是指从尺寸链各环的最大与最小极限尺寸出发进行尺寸链计算,不考虑各环实际尺寸的分布情况。按照此法计算出来的尺寸加工各组成环,装配时各组成环无须选择或辅助加工。其优点是装配后即能满足封闭环的公差要求,可实现完全互换,安全裕度大;缺点是得到的零件公差值小,制造不经济。

极值法通常用于组成环环数少或封闭环公差大的尺寸链,是尺寸链计算中最基本的方法。

1) 公称尺寸的计算公式

设 A_0 表示封闭环的公称尺寸,A_i 表示第 i 个组成环的公称尺寸,m 表示组成环的环数,ξ_i 表示第 i 个组成环的传递系数。根据封闭环与组成环之间的函数关系可得

$$A_0 = \sum_{i=1}^{m} \xi_i A_i \tag{8-1}$$

对于直线尺寸链,增环的传递系数 $\xi_z = +1$,减环的传递系数 $\xi_j = -1$。设增环数为 n,则减环数为 $m-n$,若以下角标 z 表示增环序号,j 表示减环序号,则式(8-1)可以写为

$$A_0 = \sum_{z=1}^{n} A_z - \sum_{j=n+1}^{m} A_j \tag{8-2}$$

式(8-2)表明,对于直线尺寸链,封闭环的公称尺寸等于所有增环公称尺寸之和减去所有减环公称尺寸之和。

2) 极限尺寸的计算公式

封闭环的上极限尺寸 $A_{0\max}$ 等于所有增环的上极限尺寸 $A_{z\max}$ 之和减去所有减环的下极限尺寸 $A_{j\min}$ 之和;封闭环的下极限尺寸 $A_{0\min}$ 等于所有增环的下极限尺寸 $A_{z\min}$ 之和减去所有减环的上极限尺寸 $A_{j\max}$ 之和,即

$$\begin{cases} A_{0\max} = \sum_{z=1}^{n} A_{z\max} - \sum_{j=n+1}^{m} A_{j\min} \\ A_{0\min} = \sum_{z=1}^{n} A_{z\min} - \sum_{j=n+1}^{m} A_{j\max} \end{cases} \tag{8-3}$$

3) 极限偏差的计算公式

封闭环的上极限偏差 ES_0 等于所有增环的上极限偏差 ES_z 之和减去所有减环的下极限偏差 EI_j 之和;封闭环的下极限偏差 EI_0 等于所有增环的下极限偏差 EI_z 之和减去所有减环的上极限偏差 ES_j 之和,即

$$\begin{cases} ES_0 = \sum_{z=1}^{n} ES_z - \sum_{j=n+1}^{m} EI_j \\ EI_0 = \sum_{z=1}^{n} EI_z - \sum_{j=n+1}^{m} ES_j \end{cases} \qquad (8\text{-}4)$$

4）公差的计算公式

由极限尺寸的计算公式和极限偏差的计算公式可得各组成环与封闭环公差之间的关系：封闭环的公差 T_0 等于各组成环的公差 T_i 之和，即

$$T_0 = \sum_{i=1}^{m} T_i \qquad (8\text{-}5)$$

式(8-5)是直线尺寸链公差的计算公式，由此可知，尺寸链各环公差中封闭环的公差最大，所以，封闭环是尺寸链中精度最低的环。

【典型实例 8-1】　如图 8-5(a)所示，工件设计要求 M 面到 N 面之间的尺寸为 $60_{-0.10}^{\ \ 0}$ mm，N 面到 P 面之间的尺寸为 $25_{\ \ 0}^{+0.25}$ mm。加工中，在以前工序中已加工出平面 M，N，并已保证 M 面 N 面之间的尺寸为 $60_{-0.10}^{\ \ 0}$ mm。现欲以平面 M 定位加工平面 P，试确定本工序的工序尺寸及极限偏差(即铣刀端面至夹具定位面的尺寸调整为多少时，才能保证零件加工后的设计尺寸为 $25_{\ \ 0}^{+0.25}$ mm)。

解：依据题意画出尺寸链图，如图 8-5(b)所示。在该尺寸链中，尺寸 $60_{-0.10}^{\ \ 0}$ mm 是本工序未加工之前已经具有的，尺寸(P 面到 M 面之间的尺寸)A_1 是本工序加工时直接保证的，只有尺寸 $25_{\ \ 0}^{+0.25}$ mm 是依赖于前两个尺寸面间接形成的。所以，$A_0 = 25_{\ \ 0}^{+0.25}$ mm 为封闭环，尺寸 $A_2 = 60_{-0.10}^{\ \ 0}$ mm 为组成环的增环，尺寸 $A_1 = x$ 为组成环的减环。

(1) 求未知尺寸 A_1。按照公称尺寸计算公式计算减环 A_1 的公称尺寸。由 $A_0 = A_2 - A_1$ 得

$$A_1 = A_2 - A_0 = 60 - 25 \text{ mm} = 35 \text{ mm}$$

(2) 计算尺寸 A_1 的极限偏差。由 $ES_0 = ES_2 - EI_1$，$EI_0 = EI_2 - ES_1$ 得

$$EI_1 = ES_2 - ES_0 = 0 - (+0.25) \text{ mm} = -0.25 \text{ mm}$$

$$ES_1 = EI_2 - EI_0 = -0.10 - 0 \text{ mm} = -0.10 \text{ mm}$$

所以，所求的工序尺寸及极限偏差为 $A_1 = 35_{-0.25}^{-0.10}$ mm，按照入体原则标注，则为 $A_1 = 34.9_{-0.15}^{\ \ 0}$ mm。

2. 概率法(大数互换法)

概率法也称大数互换法，是指在绝大多数产品中，装配时各组成环不需要挑选，也不需要改变其大小或位置，装入后即能达到封闭环的公差要求的尺寸链计算方法。

概率法的特点是从保证大数互换着想，由尺寸链各环尺寸分布的实际可能性出发进行尺寸链计算。该方法用统计公差公式计算，适用于成批生产、组成环的环数较多或封闭环精度要求较高的尺寸链。

1）公称尺寸的计算公式

封闭环与组成环的公称尺寸的计算仍然按照极值法的计算公式进行。

2）公差的计算公式

当各组成环的局部尺寸按正态分布时，封闭环的公差为

$$T_0 = \sqrt{\sum_{i=1}^{m} \xi_i^2 T_i^2} \tag{8-6}$$

对于直线尺寸链，增环的传递系数 $\xi_z = +1$，减环的传递系数 $\xi_j = -1$。则概率法公差的计算公式(8-6)可以写为

$$T_0 = \sqrt{\sum_{i=1}^{m} T_i^2} \tag{8-7}$$

各组成环的平均平方公差为

$$T_{av,Q} = \frac{T_0}{\sqrt{m}} \tag{8-8}$$

3）中间偏差的计算公式

各环的中间偏差等于其上极限偏差与下极限偏差的平均值，并且封闭环的中间偏差 Δ_0 等于所有增环的中间偏差 Δ_z 之和减去所有减环的中间偏差 Δ_j 之和，即

$$\begin{cases} \Delta_i = \dfrac{1}{2}(ES_i + EI_i) \\ \Delta_0 = \dfrac{1}{2}(ES_0 + EI_0) \\ \Delta_0 = \displaystyle\sum_{z=1}^{n} \Delta_z - \sum_{j=n+1}^{m} \Delta_j \end{cases} \tag{8-9}$$

式(8-9)同样适用于极值法。

4）极限偏差的计算公式

各环的上极限偏差等于其中间偏差加上该环公差的一半，各环的下极限偏差等于其中间偏差减去该环公差的一半，即

$$\begin{cases} ES_0 = \Delta_0 + \dfrac{T_0}{2}, & EI_0 = \Delta_0 - \dfrac{T_0}{2} \\ ES_i = \Delta_i + \dfrac{T_i}{2}, & EI_i = \Delta_i - \dfrac{T_i}{2} \end{cases} \tag{8-10}$$

式(8-10)同样适用于极值法。

【典型实例 8-2】 在图 8-6(a)所示的装配关系中，轴是固定的，齿轮在轴上回转，要求保证齿轮与挡圈之间的轴向间隙为 0.10～0.35 mm。已知：$A_1 = 30$ mm，$A_2 = 5$ mm，$A_3 = 43$ mm，$A_4 = 3_{-0.05}^{\ 0}$ mm，$A_5 = 5$ mm。组成环的分布皆服从正态分布，且分布中心与公差带中心重合，分布范围与公差范围相同。现采用大数互换法装配，试确定各组成环的公差和极限偏差。

解：本题目属于公差的合理分配问题。

1）绘制装配尺寸链图，校验各环的公称尺寸

按题意，轴向间隙为 0.10～0.35 mm，则封闭环 $A_0 = 0_{+0.10}^{+0.35}$ mm，封闭环公差 $T_0 = 0.25$ mm，本尺寸链共有 5 个组成环，其中 A_3 为增环，A_1，A_2，A_4，A_5 是减环，装配尺寸链如图 8-6(b)所示。

封闭环的公称尺寸为

$$A_0 = \sum_{i=1}^{m} \xi_i A_i = A_3 - (A_1 + A_2 + A_4 + A_5) = [43 - (30 + 5 + 3 + 5)] \text{ mm} = 0 \text{ mm}$$

由计算可知,各组成环的公称尺寸已定,数值正确。

2)确定各组成环的公差

首先按照平均平方公差公式(8-8)计算各组成环的平均平方公差:

$$T_{\text{av},Q} = \frac{T_0}{\sqrt{m}} = \frac{0.25}{2.23} \text{ mm} \approx 0.11 \text{ mm}$$

然后调整各组成环公差。A_3 尺寸为轴上的轴向尺寸,与其他组成环相比加工难度较大,所以先选择 A_3 为协调环,再根据各组成环公称尺寸和零件加工的难易程度,以平均公差为基础,相对从严地选取各组成环公差:$T_1 = 0.14$ mm,$T_2 = T_5 = 0.08$ mm,$T_4 = 0.05$ mm。其公差等级约为 IT11,$A_4 = 3_{-0.03}^{0}$ mm。由式(8-7)可得

$$T_3 = \sqrt{T_0^2 - (T_1^2 + T_2^2 + T_4^2 + T_5^2)}$$
$$= \sqrt{0.25^2 - (0.14^2 + 0.08^2 + 0.05^2 + 0.08^2)} \text{ mm}$$
$$= 0.17 \text{ mm}$$

3)确定各组成环的极限偏差

A_1, A_2, A_3 均为外尺寸,按照偏差人体原则确定其极限偏差:

$$A_1 = 30_{-0.14}^{0} \text{ mm}, \quad A_2 = 5_{-0.08}^{0} \text{ mm}, \quad A_5 = 5_{-0.08}^{0} \text{ mm}$$

按中间偏差计算公式(8-9),可得封闭环 A_0 和组成环 A_1, A_2, A_4, A_5 的中间偏差分别为

$$\Delta_0 = +0.225 \text{ mm}, \quad \Delta_1 = -0.07 \text{ mm}, \quad \Delta_2 = -0.04 \text{ mm},$$
$$\Delta_4 = -0.025 \text{ mm}, \quad \Delta_5 = -0.04 \text{ mm}$$

协调环 A_3 的中间偏差为

$$\Delta_3 = \Delta_0 + (\Delta_1 + \Delta_2 + \Delta_4 + \Delta_5)$$
$$= [+0.225 + (-0.07 - 0.04 - 0.025 - 0.04)] \text{ mm}$$
$$= +0.05 \text{ mm}$$

按照极限偏差计算公式(8-10),可得协调环的极限偏差为

$$ES_3 = \Delta_3 + \frac{1}{2} T_3 = +0.05 + \frac{1}{2} \times 0.16 \text{ mm} = +0.13 \text{ mm}$$

$$EI_3 = \Delta_3 - \frac{1}{2} T_3 = +0.05 - \frac{1}{2} \times 0.16 \text{ mm} = -0.03 \text{ mm}$$

所以,A_3 的极限尺寸为

$$A_3 = 43_{-0.03}^{+0.13} \text{ mm}$$

按以上方法计算各组成环的极限尺寸为

$$A_1 = 30_{-0.14}^{0} \text{ mm}, \quad A_2 = 5_{-0.08}^{0} \text{ mm}, \quad A_3 = 43_{-0.03}^{+0.13} \text{ mm},$$
$$A_4 = 3_{-0.05}^{0} \text{ mm}, \quad A_5 = 5_{-0.08}^{0} \text{ mm}$$

【归纳与总结】

1. 了解尺寸链的基本概念和有关尺寸链的基本术语。

2. 掌握尺寸链的建立及解算方法。

3. 掌握极值法和概率法解尺寸链的基本公式。

4. 能使用极值法和概率法的相关公式解尺寸链。

8.3 课 后 微 训

1. 简答题

(1) 什么是尺寸链？尺寸链具有哪些特征？

(2) 如何确定尺寸链中的封闭环？怎样区分增环和减环？

(3) 为什么封闭环的公差比任何一个组成环的公差都大？

(4) 正计算、反计算和中间计算的特点和应用场合是什么？

(5) 极值法和概率法解尺寸链的根本区别是什么？

2. 计算题

(1) 在图 8-7 所示的齿轮机构尺寸链中，已知各组成环的基本尺寸分别为 $L_1 = 35$ mm，$L_2 = 14$ mm，$L_3 = 49$ mm，要求装配后齿轮右端的轴向间隙为 $0.1 \sim 0.35$ mm。试用极限法计算尺寸链，确定各组成环的极限偏差。

(2) 加工图 8-8(a) 所示的套筒时，外圆柱面加工至 $A_1 = \phi 80 \text{f9} \left({}^{-0.030}_{-0.104} \right)$，内孔加工至 $A_2 = \phi 60 \text{H8} \left({}^{+0.046}_{0} \right)$。外圆柱面轴线对内孔轴线的同轴度公差为 $\phi 0.02$mm。试计算该套筒壁厚尺寸的变动范围。

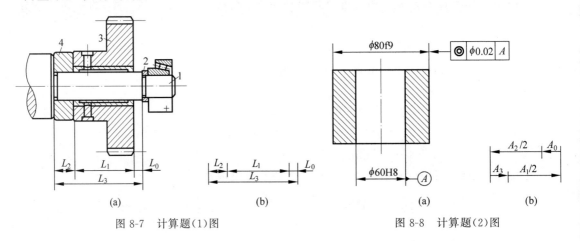

<table>
<tr><td>(a)</td><td>(b)</td><td>(a)</td><td>(b)</td></tr>
<tr><td colspan="2">图 8-7 计算题(1)图</td><td colspan="2">图 8-8 计算题(2)图</td></tr>
</table>

第 9 章　公称尺寸常用的测量工具

【能力目标】

1. 了解游标卡尺、外径千分尺及内径指示表的组成、作用及其刻线原理。
2. 掌握游标卡尺、外径千分尺及内径指示表的读数方法。
3. 会使用游标卡尺、外径千分尺及内径指示表等常用的测量工具。

【学习目标】

1. 游标卡尺、外径千分尺及内径指示表的组成、作用及其刻线原理。
2. 游标卡尺、外径千分尺及内径指示表的读数方法。

【学习重点和难点】

游标卡尺、外径千分尺及内径指示表的读数方法。

【知识梳理】

GB/T 8122—2004《内径指示表》

9.1　游标卡尺的使用与测量

9.1.1　游标卡尺的类型

游标卡尺是生产实际中最常用的测量工具之一,按读数方式可分为普通游标卡尺、带表游标卡尺和数显游标卡尺 3 种,如图 9-1 所示。

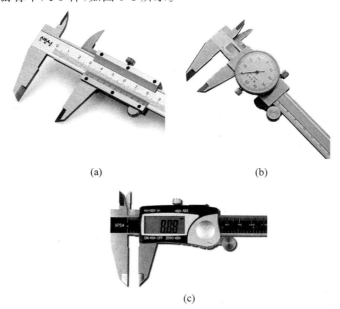

(a)　　　　　　　　　　　　(b)

(c)

图 9-1　游标卡尺的类型

(a)普通游标卡尺;(b)带表游标卡尺;(c)数显游标卡尺

9.1.2　游标卡尺的作用

游标卡尺主要用于测量零件的长、宽、高、外径及内径尺寸,如图 9-2 所示。

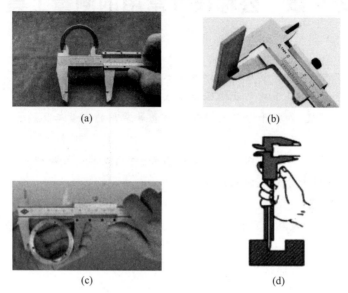

图 9-2　游标卡尺的作用

(a)测量内径;(b)测量高(长、宽);(c)测量外径;(d)测量深度

9.1.3　游标卡尺的组成

游标卡尺主要由主尺、尺身、深度尺、游标尺(表盘)、外测量爪、内测量爪和紧固螺钉等部分组成,其结构如图 9-3 所示。

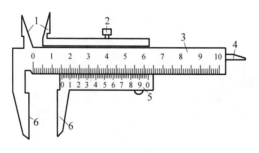

1—内测量爪;2—坚固螺钉;3—主尺;4—深度尺;5—游标尺;6—外测量爪。

图 9-3　游标卡尺的组成

9.1.4 游标卡尺的测量范围及分度值

游标卡尺的测量范围有 0～125 mm，0～150 mm，0～200 mm，0～300 mm，0～500 mm等。

游标卡尺的分度值有 0.01 mm，0.02 mm，0.05 mm 三种。实际使用时常选用的分度值为 0.02 mm。

9.1.5 游标卡尺的刻线原理及读数方法

1. 刻线原理

以 50 分度的游标卡尺(精度为 0.02 mm)为例，主尺每小格 1 mm，当两爪合并时，游标尺上的 50 格刚好等于主尺上的 49 mm，则游标尺每格间距＝49 mm÷50＝0.98 mm，主尺每格间距与游标尺每格间距相差 1－0.98 mm＝0.02 mm，0.02 mm 即为此种游标卡尺的最小读数值。

2. 读数方法

游标卡尺的读数方法分为三步：

(1) 根据游标尺零线以左的主尺上的最近刻度读出整毫米数。

(2) 根据游标尺零线以右与主尺上的刻度对准的刻线数乘上 0.02 读出小数。

(3) 将整数和小数两部分加起来，即为总尺寸。

【典型实例 9-1】 请读出图 9-4 所示游标卡尺的读数。

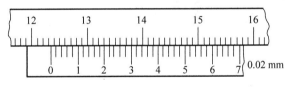

图 9-4 典型实例 9-1 图

解：游标尺零线在 123 mm 与 124 mm 之间，游标尺上的 11 格刻线与主尺刻线对准。所以，被测尺寸的整数部分为 123 mm，小数部分为 11×0.02 mm＝0.22 mm，被测尺寸为 123＋0.22 mm＝123.22 mm。

【典型实例 9-2】 请读出图 9-5 所示游标卡尺的读数。

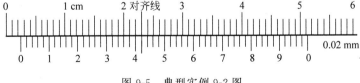

图 9-5 典型实例 9-2 图

解：游标尺零线在 20 mm 与 21 mm 之间，游标尺上的 21 格刻线与主尺刻线对准。所以，被测尺寸的整数部分为 20 mm，小数部分为 21×0.02 mm＝0.42 mm，则被测尺寸为 20＋0.42 mm＝20.42 mm。

【典型实例 9-3】 请读出图 9-6 所示游标卡尺的读数。

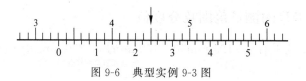

图 9-6　典型实例 9-3 图

解：游标尺零线在 33 mm 与 34 mm 之间,游标尺上的 12 格刻线与主尺刻线对准。所以,被测尺寸的整数部分为 33 mm,小数部分为 12×0.02 mm＝0.24 mm,则被测尺寸为 (33＋0.24) mm＝33.24 mm。

9.1.6　游标卡尺使用的注意事项

(1) 游标卡尺是比较精密的测量工具,要轻拿轻放,不得碰撞或跌落地面。使用时不要用来测量粗糙的物体,以免损坏量爪;还应避免与刃具放在一起,以免刃具划伤游标卡尺的表面。游标卡尺不使用时应置于干燥中性的地方,远离酸碱性物质,防止锈蚀。

(2) 测量前应把卡尺擦干净,检查卡尺的两个测量面和测量刃口是否平直无损,把两个量爪紧密贴合时,应无明显的间隙,同时游标尺和主尺的零位刻线要相互对准。这个过程称为校对游标卡尺的零位。

(3) 移动尺框时,应活动自如,不应过松或过紧,更不能有晃动现象。用紧固螺钉固定尺框时,卡尺的读数不应有所改变。在移动尺框时,不要忘记松开紧固螺钉,亦不宜过松,以免掉了。

(4) 用游标卡尺测量零件时,不允许过分地施加压力,所用压力应使两个量爪刚好接触零件表面为宜。如果测量压力过大,不但会使量爪弯曲或磨损,而且量爪在压力作用下会产生弹性变形,使测量的尺寸不准确(外尺寸小于实际尺寸,内尺寸大于实际尺寸)。

(5) 在游标卡尺上读数时,应水平拿着卡尺,朝着亮光的方向,使人的视线尽可能和卡尺的刻线表面垂直,以免由于视线歪斜造成读数误差。

(6) 为了获得正确的测量结果,可以多测量几次,即在零件的同一截面上的不同方向进行测量。对于较长的零件,则应当在全长的各个部位进行测量,从而获得一个比较正确的测量结果。

9.2　外径千分尺的使用与测量

9.2.1　外径千分尺的类型

外径千分尺又称为螺旋测微器,按读数方式分为普通外径千分尺和数显外径千分尺两种,如图 9-7 所示。

9.2.2　外径千分尺的作用

外径千分尺在生产中也是一种使用广泛的测量工具,主要用于零件的外径、宽(厚)度尺寸的测量,如图 9-8 所示。

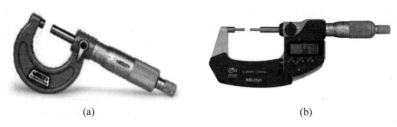

(a)   (b)

图 9-7   外径千分尺的类型

(a) 普通外径千分尺;(b) 数显外径千分尺

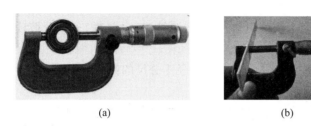

(a)   (b)

图 9-8   外径千分尺的作用

(a) 测量外径尺寸;(b) 测量宽(厚)度尺寸

9.2.3   外径千分尺的组成

外径千分尺主要由尺架、测砧、隔热装置、测微螺杆、固定套筒、微分筒、锁紧装置、活动套筒、测力装置组成,其结构组成如图 9-9 所示。

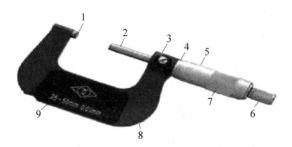

1—测砧;2—测微螺杆;3—锁紧装置;4—固定套筒;5—微分筒;6—测力装置;7—活动套筒;8—尺架;9—隔热装置。

图 9-9   外径千分尺的组成

9.2.4   外径千分尺的测量范围及分度值

外径千分尺的测量范围有 0~25 mm,25~50 mm,…,275~300 mm 等。外径千分尺的分度值有 0.01 mm,0.002 mm,0.001 mm 三种。实际使用时常选用的分度值为 0.01 mm。

9.2.5   外径千分尺的刻线原理及读数方法

1. 千分尺的刻线原理

以测量精度为 0.01 mm 的外径千分尺为例,千分尺测微螺杆上的螺距为 0.5 mm,当微分筒转 1 圈时,就沿轴向移动 0.5 mm。固定套筒上刻有间隔为 0.5mm 的刻线,圆锥面上共刻有 50 个格,因此微分筒每转 1 格,螺杆就移动 0.5 mm/50＝0.01 mm,所以千分尺的测量精度为 0.01mm。

2. 读数方法

千分尺的读数方法分为三步:

(1) 读整数。在固定套筒上读出其与微分筒边缘靠近的刻线数值(包括整毫米数和半毫米数)。

(2) 读小数。从微分筒上读出与固定套筒中线对齐的刻度,将此刻度乘以 0.01 mm 就得到小数部分的读数。

(3) 求和。把以上两个数值相加,即固定套筒读数(整数)＋微分筒读数(小数)就得到尺寸读数。

【典型实例 9-4】 请读出图 9-10 中的外径千分尺的读数。

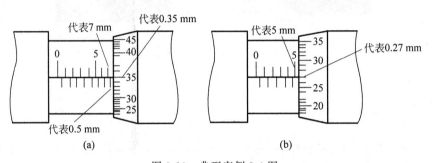

图 9-10　典型实例 9-4 图

解: 图 9-10(a)所示的千分尺读数

$$L=7(整数部分)+0.5(半刻度)+0.35(小数部分)\ mm=7.85\ mm$$

图 9-10(b)所示的千分尺读数为

$$L=5(整数部分)+0.27(小数部分)\ mm=5.27\ mm$$

9.2.6　千分尺使用的注意事项

(1) 千分尺是一种精密的量具,使用时应小心谨慎,动作轻缓,不要使其受到打击和碰撞。千分尺内的螺纹非常精密,使用时要注意:①旋钮和测力装置在转动时不能过分用力;②当转动旋钮使测微螺杆靠近待测物时,一定要改旋测力装置,不能转动旋钮使螺杆压在待测物上;③当测微螺杆与测砧已将待测物卡住或在旋紧锁紧装置的情况下,绝不能强行转动旋钮。

(2) 有些千分尺为了防止手温使尺架膨胀而引起微小的误差,在尺架上装有隔热装置。实验时应手握隔热装置,尽量少接触尺架的金属部分。

(3) 使用千分尺测同一长度时,一般应反复测量几次,取其平均值作为测量结果。

(4) 千分尺用毕,应用纱布擦干净,在测砧与测微螺杆间留出一点空隙,放入盒中。如长期不用可抹上黄油或机油,放置在干燥的地方。注意不要让其接触腐蚀性的气体。

9.3　内径指示表的使用

9.3.1　内径指示表的类型

内径指示表主要有普通内径指示表和数显内径指示表两种,如图 9-11 所示。

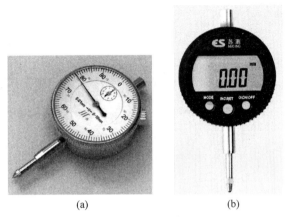

（a）　　　　　　　　　　　（b）

图 9-11　内径指示表的类型

（a）普通内径指示表；（b）数显内径指示表

9.3.2　内径指示表的作用

指示表常用的分度值有 0.01 m(百分表)和 0.001 mm(千分表)两种,如图 9-12 所示为内径指示表的作用,用内径指示表测量孔径。

图 9-12　内径指示表的作用

9.3.3 内径指示表的组成

内径指示表是由借助于指示表的读数机构,配备杠杆传动系统或楔形传动系统的杆部组合而成的。如图 9-13 所示,普通内径指示表主要由百分表(千分表)1、紧固螺钉 2、手柄3、主体 4、定位护桥 5、活动测头 6 和可换测头 7 等部分组成。

1—百分表(千分表);2—紧固螺钉;3—手柄;4—主体;5—定位护桥;6—活动测头;7—可换测头。

图 9-13 内径指示表的组成

9.3.4 测头组及测量范围

内径指示表的测量范围由不同的测头组确定,一般可测量 10~450 mm 的内径,测量时应根据孔的内径大小选择不同的测头。

9.3.5 指示表及分度值

指示表常用的分度值有 0.01 mm(百分表)和 0.001 mm(千分表)两种,如图 9-14所示。

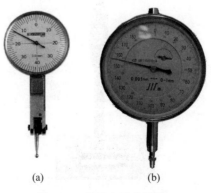

(a)   (b)

图 9-14 指示表及分度值

(a) 百分表;(b) 千分表

9.3.6　指示表的读数值

以百分表为例,先读小指针转过的刻度线(即毫米整数),再读大指针转过的刻度线(即小数部分),并乘以 0.01,然后将两者相加,即得到所测量的数值。

【典型实例 9-5】　请读出图 9-15 所示百分表的示值。

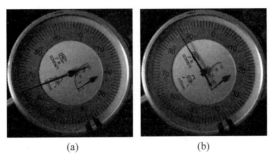

(a)　　　　　　　　　　(b)

图 9-15　典型实例 9-5 图

(1) 图 9-15(a)所示百分表,小表盘刻度值为 1～2 mm(1 小格),大表盘分度值为 0.01 mm,从图中可以看出其读数值为 1.65 mm。

(2) 图 9-15(b)所示百分表,小表盘刻度值为 0 mm(不到 1 mm),大表盘分度值为 0.01 mm,从图中可以看出其读数值为 0.87 mm。

9.3.7　内径指示表使用的注意事项

(1) 内径百分表呈细长形,应避免其受到撞击和摔碰,且直管上不准压放其他物品。

(2) 检查时,按压活动测头要小心,不要用力过大或过快。测量时,不要使活动测头受到剧烈振动。

(3) 装卸百分表时,要先松开弹簧夹头的紧固螺钉或螺母,注意不要损坏百分表和夹头。

(4) 不要让水、油污和灰尘等进入表架内。

(5) 测量完毕,要把百分表和可换测头取下擦净,并在测头上涂防锈油,然后放入盒内保管。

【归纳和总结】

1. 了解游标卡尺、外径千分尺及内径指示表的组成、作用及刻线原理。

2. 掌握游标卡尺、外径千分尺及内径指示表的读数方法。

3. 会使用游标卡尺、外径千分尺及内径指示表等常用的测量工具。

9.4　课 后 微 训

1. 游标卡尺读数训练

(1) 判断图 9-16 中的游标卡尺的精度,并准确读数。

(2) 判断图 9-17 中的游标卡尺的精度,并准确读数。

(3) 判断图 9-18 中的游标卡尺的精度,并准确读数。

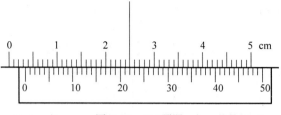

图 9-16　（1)题图

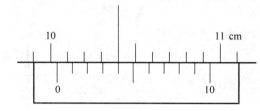

图 9-17　（2)题图

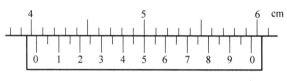

图 9-18　（3)题图

2. 外径千分尺读数训练

（1)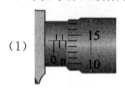

读数：_____

（2)

读数：_____

（3)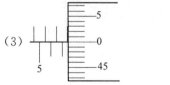

读数：_____

（4)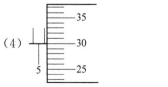

读数：_____

3. 百分表读数训练

读数：_____

参 考 文 献

[1] 张晓宇,刘伟雄.公差配合与测量技术[M].2 版.武汉:华中科技大学出版社,2020.

[2] 薛彦成.公差配合与技术测量[M].2 版.北京:机械工业出版社,2008.

[3] 邢闽芳.互换性与技术测量[M].4 版.北京:清华大学出版社,2022.

[4] 张秀芳,许晖,赵姝娟,等.公差配合与精度测量[M].2 版.北京:电子工业出版社,2014.

[5] 杨昌义.极限配合与技术测量基础[M].3 版.北京:中国劳动社会保障出版社,2007.

[6] 张铁,李旻.互换性与技术测量[M].2 版.北京:清华大学出版社,2018.

[7] 徐红兵,王亚元,杨建风.几何量公差与技术检测实验指导书[M].2 版.北京:化学工业出版社,2012.

[8] 张秀娟.互换性与测量技术基础[M].2 版.北京:清华大学出版社,2018.

[9] 廖念钊.互换性与技术测量基础[M].5 版.北京:中国质检出版社,2013.

[10] 罗冬平.互换性与技术测量基础[M].北京:机械工业出版社,2016.